为当事人、交通警察、律师、法律从业者
以及法官提供有益的知识

U0649852

道路交通事故纠纷
处理规范及实操技巧

范大平　吴爱民　戈　勇　许世祥　主编

事故责任认定　　　证据收集与保全
保险索赔流程　　　调解与诉讼程序

避免烦琐 的法律术语　**用通俗易懂** 的语言　让每个读者都能 **轻松理解**

人民交通出版社
北京

内 容 提 要

本书围绕道路交通事故纠纷处理的全流程,以相关法律法规为依据,结合实际案例,详细介绍了道路交通事故相关概念、认定与复核、车辆和人员鉴定、保险与社会救助基金、损害赔偿及刑事责任等核心内容,帮助读者全面掌握道路交通事故处理的技能和策略。

本书适用于交通警察、律师、保险理赔员及法律工作者等与交通、法律相关的从业人员,也可为道路交通事故纠纷当事人及研究人员提供参考。

图书在版编目(CIP)数据

道路交通事故纠纷处理规范及实操技巧 / 范大平等
主编 . — 北京 : 人民交通出版社股份有限公司, 2025.
8. — ISBN 978-7-114-19996-7

Ⅰ. D922.144

中国国家版本馆 CIP 数据核字第 2025BV9290 号

Daolu Jiaotong Shigu Jiufen Chuli Guifan ji Shicao Jiqiao

书　　　名:	**道路交通事故纠纷处理规范及实操技巧**
著 作 者:	范大平　吴爱民　戈　勇　许世祥
责任编辑:	李　佳　刘　洋
责任校对:	龙　雪
责任印制:	张　凯
出版发行:	人民交通出版社
地　　　址:	(100011)北京市朝阳区安定门外外馆斜街3号
网　　　址:	http://www.ccpcl.com.cn
销售电话:	(010)85285857
总 经 销:	人民交通出版社发行部
经　　　销:	各地新华书店
印　　　刷:	北京交通印务有限公司
开　　　本:	787×1092　1/16
印　　　张:	15.75
字　　　数:	334千
版　　　次:	2025年8月　第1版
印　　　次:	2025年8月　第1次印刷
书　　　号:	ISBN 978-7-114-19996-7
定　　　价:	80.00元

《道路交通事故纠纷处理规范及实操技巧》
编写组

主　编
范大平　吴爱民　戈　勇　许世祥

副主编
徐　刚　吴　敏　顾尔鹏　臧阿月

前言
PREFACE

交通事故作为现代社会中最常见的突发事件之一,其背后往往蕴藏着极为复杂的法律问题。事故发生后,如何认定责任、如何索赔、是否涉及刑事责任、如何收集和保全证据、是否进入调解或诉讼程序……这些环节不仅关系当事人的切身利益,也直接影响到执法的规范、公正与效率。然而,现实中,无论是普通群众,还是部分执法人员和法律工作者,对于交通事故纠纷的处理仍存在一定的误区与困惑。

作为长期从事交通事故案件处理的律师,我深知这一领域的重要性与复杂性,也切实感受到广大当事人对于权威、实用法律指引的迫切需求。我一直希望编写一本兼具系统性与操作性的图书,以通俗的语言、丰富的案例,帮助读者更好地理解交通事故相关法律问题,掌握解决纠纷的有效方法。

在这样的初衷下,我与吴爱民律师共同组织了本书的编写工作,由我拟定初步大纲并与多位律师反复研讨修订,最终由一群热心于交通法律实务的专业人士分工撰写完成。在整个过程中,我们始终坚持"准确、实用、易懂"的写作原则,注重理论与实践相结合,努力将法律的严谨性与内容的可读性统一起来。

对于交通事故当事人,我们希望本书能够成为其应对纠纷、维护权益的重要工具;对于交通管理部门的执法人员,本书可作为开展责任认定与现场处理的参考资料;对于广大律师及法律从业者,本书提供了丰富的办案经验、裁判思路及辩护技巧;而对于审判人员,也可借助书中的实务分析,更准确地把握争议焦点,作出合理裁判。

书中涵盖了交通事故纠纷的多个核心环节:从事故发生后的现场处理、责任认定、证据固定,到保险理赔、民事索赔、刑事追责及行政处罚等,并对调解与诉讼路径进行了梳理和比较。同时,我们精选了大量典型案例,力求使复杂的法律知识直观化、实操化,帮助读者在面对突发情况或处理案件时,有据可依,有章可循。

在本书编写过程中,我们深刻体会到交通事故纠纷的多面性。它不仅是法律问题,更是社会问题、情感问题。在每一个案件中,都可能有伤者的痛苦、家庭的焦虑、执法的两难。我们希望通过本书的出版,能够让更多人理解法律不仅是刚性的规则,也是对公平正义的守护和对人文关怀的体现。

本书的完成离不开各界朋友的支持。特别感谢人民交通出版社李佳、刘洋两位编辑对本书结构、语言表达等方面提出的宝贵意见,他们严谨的工作态度和专业的出版经验,为本书的完善提供了极大帮助。同时,也感谢陈平律师和吴俊律师在资料整理、案例筛选等方面所做的大量工作。

限于时间和能力,书中难免存在疏漏和不足之处,敬请广大读者批评指正。我们也将持续关注法律法规与实务环境的变化,不断对本书内容加以修订和更新,力求与时俱进,增强其实用性和专业性。

衷心希望本书不仅能够为读者提供知识与工具,更能够增强社会公众的法律意识和安全意识。如果每一位交通参与者都能自觉守法,每一位执法者都能依法规范行使权力,每一位法律人都能忠于职责,我们相信,交通事故纠纷将更少,处理将更公正,社会将更安全和谐。

范大平

2024 年 12 月

目录
CONTENTS

第一章

交通事故的基本概念

第一节 交通事故的定义

一、交通事故

道路交通事故(以下简称"交通事故"),是指车辆在道路上因过错或者意外造成的人身伤亡或者财产损失的事件。通常包括行人、机动车、非机动车或其他交通工具之间的意外碰撞或相撞事件。交通事故可能会导致人员伤亡、财产损失或者两者同时发生。交通事故的原因往往包括驾驶人违反交通规则、车辆故障、路面条件不良等多种因素。交通事故的严重程度可以根据人员伤亡情况、财产损失程度、交通拥堵程度等因素进行评估。交通事故的预防和处理对于维护公共安全和保障人身财产安全具有重要意义。

二、道路

按照《中华人民共和国道路交通安全法》第一百一十九条的规定:道路是指公路、城市道路和虽在单位管辖范围但允许社会机动车通行的地方,包括广场、公共停车场等用于公众通行的场所。

1.公路

按照《中华人民共和国公路法》及《公路工程技术标准》(JTG B01—2014)的规定,公路包括公路桥梁、公路隧道和公路渡口,主要组成部分有路基、路面、桥梁、涵洞、渡口码头、隧道、绿化、照明等。按其在公路路网中的地位分为国道、省道、县道和乡道及专用公路;按技术等级分为高速公路、一级公路、二级公路、三级公路和四级公路,不同技术等级定义的公路对车道数、服务水平、速度、交通量等有不同的要求。

2.城市道路

按照《城市道路管理条例》及《城市道路工程设计规范》(CJJ 37)的规定,城市道路是指城市供车辆、行人通行的,具备一定技术条件的道路、桥梁及其附属设施。具体包括:车行道、人行道、高架路、公共广场、街头空地、路肩及其附属的配套管理设施和已经征用或划拨的红线范围内的道路建设用地。城市道路按功能等级可分为干线道路、集散道路和地方道路,在此基础上可分为快速路、主干路、次干路和支路。

3.单位管辖范围但允许社会机动车通行的地方

单位管辖范围但允许社会机动车通行的地方是指虽然不属于上述的公路或城市道路,但凡是社会机动车辆可以自由通行的,均可按道路进行管理的地方。如广场、公共停车场等。

事故发生的地点是否属于道路,影响着事故性质。就"交通事故"的定义而言,《中华人民共和国道路交通安全法》第一百一十九条明确了其含义为"车辆在道路上因过错或者意外造成的人身伤亡或者财产损失的事件",从该条文出发,"交通事故"应具备以下要件:车辆、道路、行为人主观过错或意外事件、损害的发生。《最高人民法院关于审理道路交通事故损害赔偿案件适用法律若干问题的解释》第二十八条规定:"机动车在道路以外的地方通行时引发的损害赔偿案件,可以参照适用本解释的规定。"机动车在通行状态中发生的事故应当属于交通事故范畴,若案涉车辆在行驶过程中发生事故临时停靠路边,在维修时又发生事故,是否属于交通事故呢? 此时车辆停靠地点并未脱离道路通行场所范畴,仍属公共通行的道路或场所领域,应符合法律关于"交通事故"含义解释的范畴。

CASE 案例

（2021）湘3127民初249号民事判决书

基本案情:2020年12月9日,被告陈某胜雇请被告彭某明驾驶吊装自卸货车到施工工地吊装电杆。彭某明在驾驶过程中因车辆突然出现挡位卡死故障,无法正常行驶,便将车辆停放路边,并在车辆驾驶位的后轮垫了一个三角木以维持车辆的稳定。车辆停放地位于稍斜坡位置,且车辆上装有电杆及部分线盘。彭某明随后联系修车师傅杜某奎前往修理车辆故障。杜某奎在维修过程中,车辆突然后退,压伤了车下维修人员杜某奎。杜某奎在被送往医院途中经抢救无效死亡。永顺县公安局交通警察大队认为该事故属安全事故,故并未对事故出具责任认定书。

彭某明驾驶的货车系被告物流公司所有并登记为所有人,被告陈某胜通过托管经营取得该车辆经营权并向物流公司缴纳经营管理费。物流公司在被告财产保险公司为该车投保了机动车交通事故责任强制保险和100万元限额的第三者责任保险,保险期限为2020年10月11日0时起至2021年10月10日24时止。

原告欧阳某兰、杜某艳、杜某诉讼请求:(1)判决被告物流公司、陈某胜、彭某明、财产保险公司向原告连带赔偿死亡赔偿金、丧葬费、被抚养人生活费、精神抚慰金等共计649186元;(2)判令被告财产保险公司在机动车交通事故责任强制险(简称交强险)承保责任内优先承担赔偿责任。

被告陈某胜辩称:(1)案涉车辆在道路上正常行驶过程中突然发生断锁故障被迫停在

公路上,杜某奎在对该车进行维修作业时车辆突然倒退,被车辆轧伤后死亡。本案应属机动车交通事故责任纠纷案件;(2)财产保险公司对杜某奎死亡所造成的各项损失费用应承担保险理赔责任。

被告财产保险公司辩称:(1)本案并非系机动车在道路通行状态下发生,不应属于交通事故,属于侵权责任纠纷,不存在原告主张保险理赔的情形;(2)本保险公司不承担任何责任。

被告彭某明辩称应由雇主陈某胜承担赔偿责任。

被告物流公司缺席未答辩。

裁判理由: 经审理认为:本案的争议焦点是本案属于机动车交通责任事故还是安全责任事故。根据《中华人民共和国道路交通安全法》第一百一十九条第五项的规定,"交通事故"是指车辆在道路上因过错或者意外造成的人身伤亡或者财产损失的事件。案涉车辆是在正常行驶过程中出现车辆故障,在车辆不能移动的情况下临时停在路边维修,并非在维修厂内进行修理,该维修行为并未脱离"道路"而存在。该维修行为也是涉案车辆进行正常运行必要的维修,应视为运行期间内。车辆在维修过程中发生后退致人受损,属于道路交通事故范畴。本案应属于机动车交通责任事故,不属于安全责任事故。

本案中,杜某奎作为专业的修车人员,自身未尽到安全注意和安全防护义务是造成本次事故发生的主要原因,应承担60%的责任;物流公司是案涉车辆登记所有人,未对该车辆故障问题尽到监管义务,具有一定过错,应与陈某胜对原告方的损失共同承担赔偿责任。彭某明不应承担赔偿责任。陈某胜为原告方垫付的101272.5元应在其应承担的赔偿责任内抵减。

财产保险公司主张案涉车辆性质为"非营业货车",物流公司将没有营运证的该车交给陈某胜从事营运并造成本次事故,使投保车辆的危险程度增加,属于改变投保车辆的使用性质,应对本次事故承担过错责任,因而该保险公司在本次事故中不承担责任。在庭审过程中,对于该免除保险人责任的条款,该保险公司未向法院提供证据证明已尽到提示的义务,不能据此主张免除保险赔偿责任。财产保险公司应按照法律及司法解释规定以及保险合同约定,承担保险赔偿责任。对于原告方在本次交通事故中的损失,应由财产保险公司在交强险及商业险限额内支付保险赔偿款411652.3元,扣除陈某胜已经向原告支付的101272.5元,该保险公司尚需给原告方支付保险赔偿款310379.8元。陈某胜已为原告方垫付的101272.5元,由财产保险公司直接向陈某胜支付。

湖南省永顺县人民法院依照《中华人民共和国道路交通安全法》第一百一十九条,《中华人民共和国侵权责任法》[1]第六条、第十五条、第十六条、第二十二条、第四十九条,《最高人民法院关于审理道路交通事故损害赔偿案件适用法律若干问题的解释》第一条第四款,《最高人民法院关于审理人身损害赔偿案件适用法律若干问题的解释》第九条、第十七条、第十八条、第二十七条、第三十五条,《中国银保监会关于调整交强险责任限额和费率浮动

---

[1] 2021年1月1日废止,相关内容并入《中华人民共和国民法典》。

系数的公告》《中华人民共和国民事诉讼法》第一百四十四条之规定,并经本院审判委员会讨论决定,判决如下:

(1)被告财产保险公司于本判决生效后三十日内支付原告欧阳某兰、杜某艳、杜某保险赔偿款共计310379.8元;

(2)被告财产保险公司于本判决生效后三十日内支付原告陈某胜已垫付的赔偿款101272.5元;

(3)驳回原告欧阳某兰、杜某艳、杜某的其他诉讼请求。

三、车辆

交通事故必须是涉及车辆的事件,交通事故至少一方是车辆,不涉及车辆的事件不能称为交通事故。根据《中华人民共和国道路交通安全法》第一百一十九条规定,车辆包括机动车和非机动车。

1.机动车

根据《机动车运行安全技术条件》(GB 7258—2017)的有关规定,机动车是指以动力装置驱动或牵引,上道路行驶的供人员乘用或者用于运送物品以及进行工程专项作业的轮式车辆,包括汽车及汽车列车、摩托车、拖拉机运输机组、轮式专用机械车、挂车。具体如下:

(1)汽车。

汽车是由动力驱动,具有四个或四个以上车轮的非轨道承载的车辆,主要用于:载运人员和/或货物(物品);牵引载运货物(物品)的车辆或特殊用途的车辆;专项作业。还包括与电力线相连的车辆,如无轨电车;整车整备质量超过400kg的不带驾驶室的三轮车辆;整车整备质量超过600kg带驾驶室的三轮车辆。

(2)汽车列车。

由汽车(低速汽车除外)牵引挂车组成的机动车,包括乘用车列车、货车列车(包括牵引杆挂车列车和中置轴挂车列车,其中牵引杆挂车列车也称全挂拖斗车、全挂汽车列车)、全挂拖斗车和铰接列车(也称半挂汽车列车)。

(3)摩托车。

由动力装置驱动的,具有两个或三个车轮的道路车辆,但不包括:①整车整备质量超过400kg的不带驾驶室的三轮车辆;②整车整备质量超过600kg的带驾驶室的三轮车辆;③最大设计速度、整车整备质量、外廓尺寸等指标符合相关国家标准和规定的,专供残疾人驾驶的机动轮椅车;④电驱动的,最大设计速度不大于20km/h,具有人力骑行功能,且整车整备质量、外廓尺寸、电动机额定功率等指标符合相关国家标准规定的两轮车辆。

摩托车可细分为普通摩托车(包括两轮普通摩托车、边三轮摩托车和正三轮摩托车)和轻便摩托车(包括两轮轻便摩托车和正三轮轻便摩托车)。

(4)拖拉机运输机组。

由拖拉机牵引一辆挂车组成的用于载运货物的机动车,包括轮式拖拉机运输机组和手扶拖拉机运输机组。

(5)轮式专用机械车。

有特殊结构和专门功能,装有橡胶车轮可以自行行驶,最大设计速度大于20km/h的轮式机械,如装载机、平地机、挖掘机、推土机等,但不包括叉车。

(6)挂车。

设计和制造上需由汽车或拖拉机牵引,才能在道路上正常使用的无动力道路车辆,包括牵引杆挂车(也称全挂车)、中置轴挂车和半挂车,用于载运货物或专项作业。

2.非机动车

非机动车是指以人力或者畜力驱动,上道路行驶的交通工具,以及虽有动力装置驱动但设计最高时速、空车质量、外形尺寸符合有关国家标准的残疾人机动轮椅车、电动自行车等交通工具。根据《电动自行车安全技术规范》(GB 17761—2018)规定:电动自行车应当具有脚踏骑行能力;最高设计速度不超过25km/h,整车质量(含蓄电池)不超过55kg,电动机额定连续输出功率不超过400W,蓄电池标称电压不超过48V。

超标电动自行车并未按照机动车进行管理,无法取得机动车牌照,也无法申领机动车驾驶证和行驶证。即使公安机关交通管理部门出具的交通事故认定书将超标电动自行车认定为机动车,也是基于交通事故发生后从技术角度对电动自行车的动力、速度、质量等因素作出的一种推定,是为处理交通事故赔偿作出的认定,用以区分事故责任。因此,在适用保险条款时,不宜将公安机关交通管理部门在处理交通事故时按机动车处理的超标电动车纳入保险条款约定的"机动车交通工具"理解范畴。

CASE 案例

(2021)苏02民终4276号民事判决书

基本案情:吉甲、谌甲系死者吉某之父母。2015年10月20日,某学校为吉某向保险公司投保了学生意外伤害保险,保险金额为50000元。合同约定被保险人酒后驾驶、无有效驾驶证照驾驶,或驾驶无有效行驶证的机动车交通工具发生的交通事故属于免赔情形。2016年4月15日,吉某驾驶无号牌二轮电动车(交通事故后,该车经公安机关交通管理部门鉴定为机动车)时发生交通事故,后经送医抢救无效于当日死亡。同时,公安机关交通管理部门认定吉某未依法取得机动车驾驶证。保险公司认为,吉某驾驶机动车发生交通事故,未取得机动车驾驶证,且车辆无有效行驶证,符合免责条款约定,因此拒赔。后吉甲、谌甲诉至人民法院,要求保险公司赔偿保险理赔款 5000 元。

裁判理由：江苏省无锡市滨湖区人民法院经审理认为：在保险条款对"机动车交通工具"的定义未约定的情况下，"机动车交通工具"应按照普通人的理解和识别力进行判断，解释成具有普遍意义上的机动车外观等，且可以办理机动车驾驶证照等手续的机动车。公安机关交通管理部门出具的交通事故认定书将超标电动车认定为机动车，是基于交通事故发生后从技术角度对电动车的动力、速度、质量等因素作出的一种推定，是为处理交通事故赔偿作出的认定，用以区分事故责任。但是站在管理规范的角度，相关法律法规未明确规定超标电动车属于机动车，而且按照电动自行车交通管理的相关规定，超标电动车并未按照机动车进行管理，无法取得机动车牌照，也无法申领机动车驾驶证和行驶证。因此，免责条款中所列的情形应该是针对驾驶人怠于履行申领证照义务的制约和风险提示，该条款中"机动车交通工具"应理解为可以取得有效驾驶证和车辆牌照的机动车，不应包括公安机关交通管理部门在处理交通事故时按技术参数鉴定后按机动车处理的超标电动车。江苏省无锡市滨湖区人民法院依照《中华人民共和国保险法》❶第十七条、第三十条之规定，判决：保险公司支付吉甲、谌甲保险金 50000 元。二审法院同意一审法院裁判意见。

四、过错或意外

1.过错

过错是当事人的主观心理状态，包括故意和过失。所谓故意，是指行为人明知自己的行为会发生危害社会的结果，并且希望或者放任这种结果发生。所谓过失，是指行为人应当预见自己的行为可能发生危害社会的结果，因为疏忽大意而没有预见，或者已经预见而轻信能够避免，以致发生这种结果。道路交通事故当事人的过错一般表现为违反交通规则等。

2.意外

意外是指非故意和过失的原因，而是由于行为人意志以外的原因造成危害结果。如由于客观原因使道路状况变化、制动失效等。

五、道路交通事故

道路交通事故是指有人员或财产损失结果的事件，没有损害结果的发生不能称为事故，同时损害结果与过错行为、意外事件之间需存在因果关系。

---

❶ 2021年1月1日废止，相关内容并入《中华人民共和国民法典》。

第二节　交通事故的分类

根据不同的分类标准,交通事故可以进行多种分类,以下是常见的几种分类方式。

一、按照交通工具的类型分类

按照交通工具的类型分类,交通事故包括机动车辆事故、非机动车辆事故(如自行车、电动自行车等)、行人事故等。

1.机动车辆事故

机动车辆事故是指由汽车、摩托车等机动车辆引发的交通事故。机动车辆事故可能涉及车辆之间的碰撞、车辆与行人之间的碰撞、单车事故等形式。机动车辆事故是造成人员伤亡和财产损失的主要原因之一。

机动车辆事故的原因往往包括驾驶人的驾驶技术不熟练、超速行驶、酒后驾驶、疲劳驾驶、违反交通规则等因素。此外,车辆故障、路面状况不良等也可能导致机动车辆事故的发生。

为了预防机动车辆事故的发生,需要从多个方面入手,如加强驾驶人的安全教育和培训、完善交通规则和交通管理制度、加强路面维护等。此外,车辆制造商也应该提高车辆的安全性能,减少机动车辆事故的发生。

2.非机动车辆事故

非机动车辆事故是指由自行车、电动自行车、三轮车、手推车等非机动车辆引发的交通事故。非机动车辆事故可能涉及车辆之间的碰撞、车辆与行人之间的碰撞、单车事故等形式。非机动车辆事故虽然造成的人员伤亡和财产损失较机动车辆事故要少,但其发生率较高,也需要引起足够的重视。

非机动车辆事故的原因往往包括非机动车辆驾驶人的驾驶技术不熟练、违反交通规则、安全意识淡薄等因素。此外,路面状况不良、车辆设计缺陷等也可能导致非机动车辆事故的发生。

为了预防非机动车辆事故的发生,需要从多个方面入手,如加强非机动车辆驾驶人的安全教育和培训、完善交通规则和交通管理制度、改善道路交通环境、提高非机动车辆的安全性能等。

3.行人事故

行人事故是指行人与机动车辆或非机动车辆之间发生的交通事故。行人事故通常包括行人被机动车撞击、行人被非机动车辆撞击、行人摔倒等情况。由于行人在交通中的弱势地位,行人事故常常导致严重的人员伤亡和财产损失。

行人事故的原因往往包括行人违反交通规则、疲劳或分心、视力、听力障碍等。此外,机动车或非机动车的驾驶人也可能由于驾驶技术不熟练或注意力不集中等原因,导致行人事故的发生。

为了预防行人事故的发生,需要从多个方面入手,如完善交通规则和交通管理制度、加强行人安全教育和培训、改善道路交通环境、提高机动车和非机动车的安全性能等。此外,行人也需要加强安全意识,遵守交通规则,如避让车辆、走人行道等。

二、按照交通事故的性质分类

按照交通事故的性质分类,包括人车碰撞事故、车车碰撞事故、自身单车事故等。

1.人车碰撞事故

人车碰撞事故是指行人与车辆之间发生的交通事故。这种事故形式通常包括车辆撞击行人、行人被车辆碾压、车辆撞击行人后行人受到二次伤害等情况。由于行人在交通中的弱势地位,人车碰撞事故常常导致严重的人员伤亡和财产损失。

2.车车碰撞事故

车车碰撞事故是指车辆之间发生的交通事故。这种事故形式通常包括追尾事故、侧面碰撞、正面碰撞、倒车事故等情况。车车碰撞事故在交通事故中是比较常见的一种,但往往因为车速较快等原因造成较严重的后果。

3.自身单车事故

自身单车事故是指在交通事故中,只有一辆车发生事故,没有涉及其他车辆、行人或非机动车的情况。

这类事故通常由驾驶人自身操作失误、道路条件不良、车辆故障或突发意外情况导致。常见的自身单车事故包括车辆侧翻、撞击路边障碍物(如护栏、树木、电线杆等)、坠入沟渠、因轮胎爆裂或制动失灵而失控等。

预防自身单车事故主要需要从驾驶人安全意识、车辆维护和道路环境适应等方面入手。驾驶人要时刻保持专注,避免疲劳驾驶、酒驾、超速等不良驾驶行为,特别是在夜间、恶劣天气、弯道或坡道等易发事故的路段,应降低车速、保持安全操作。驾驶人要确保车辆处于良好状态,定期检查轮胎、制动系统等关键部件。驾驶人在行驶过程中应根据实际道路情况进行调整,例如,在湿滑、泥泞、结冰的路面上,要减速行驶,避免紧急制动和猛打转向盘,防止车辆侧滑或失控。

三、按照交通事故的严重程度分类

按照交通事故的严重程度分类,包括轻微事故、一般事故、重大事故和特大事故等。

1. 轻微事故

轻微事故,是指一次造成轻伤[1]1至2人,或者财产损失机动车事故不足1000元,非机动车事故不足200元的事故。

轻微交通事故通常包括小剐蹭、轻微碰撞等,事故造成的财产损失不大,双方车辆损坏较轻,可以自行处理或通过调解达成协议解决。如果双方当事人无法达成协议,可以向公安机关交通管理部门求助。

在处理轻微交通事故时,当事人需要保持冷静,记录现场证据,如拍照、录像等,以便后续的理赔和索赔。同时,当事人还需要相互理解、互相尊重,进行善意协商,尽量达成和解。如果双方当事人无法达成协议,可以寻求第三方调解或仲裁,避免无谓的纠纷和损失。

总之,轻微交通事故虽然不会造成重大的人员伤亡和财产损失,但仍然需要及时处理和妥善解决,以维护交通秩序和社会稳定。

2. 一般事故

一般事故,是指一次造成重伤1至2人,或者轻伤3人以上,或者财产损失不足3万元的事故。

发生一般事故时,首要的任务是保证生命安全。如果有人受伤,应该及时拨打急救电话并提供必要的救助。同时,应该尽可能保护现场,防止二次事故发生。

在处理一般事故时,应该根据当地的法律法规,及时报警并等待交警的到来。交警会调查事故原因并处理相关责任。如果交通事故造成财产损失或人身伤害,当事人可以向保险公司申请赔偿。

3. 重大事故

重大事故,是指一次造成死亡1至2人,或者重伤3人以上10人以下,或者财产损失3万元以上不足6万元的事故。

在处理重大事故时,首先需要保障现场安全,防止二次事故的发生,并及时报警,通知相关部门到场处理。同时,应该尽快组织救援,抢救伤者,并协调医疗资源,做好伤者转运和治疗。

处理重大事故时需要进行详细的调查,确定事故原因,并查清责任。一般由公安机关交通管理部门负责调查处理,并依法追究相关责任人的法律责任。

4. 特大事故

特大事故,是指一次造成死亡3人以上;或者重伤11人以上;或者死亡1人,同时重伤8

---

[1] 在事故统计中,死亡以事故发生后7天内死亡为限;重伤,按司法部、最高人民法院、最高人民检察院、公安部发布的《人体重伤鉴定标准》执行;轻伤,按最高人民法院、最高人民检察院、公安部、司法部发布的《人体轻伤鉴定标准(试行)》执行;财产损失,是指道路交通事故造成的车辆、财产直接损失折款,不含现场抢救(险)、人身伤亡善后处理的费用,也不含停工、停产、停业等所造成的财产间接损失。在事故处理中,死亡不以事故发生后7天内死亡的为限;重伤、轻伤同样按上述标准确定;财产损失,还应包括现场抢救(险)、人身伤亡善后处理的费用,但不包括停工、停产、停业等所造成的财产间接损失。

人以上;或者死亡2人,同时重伤5人以上;或者财产损失6万元以上的事故。如重大火车脱轨、飞机失事等。这种事故一般会引起社会广泛关注,需要及时采取应对措施,处理现场和调查责任,以保护生命财产安全,维护社会稳定。

在处理特大事故时,需要采取紧急措施,确保现场安全,并立即启动应急预案,组织救援和抢救伤者。同时,需要通知相关部门、媒体和公众,并及时发布事故情况和救援进展。

特大事故的调查需要按照相关法律法规进行,由公安机关交通管理部门、交通运输部门、应急管理部门等联合进行。需要查清事故原因、责任人以及相关责任单位,依法追究责任。

特大事故发生单位在事故发生后,必须做到:(1)立即将所发生特大事故的情况,报告上级归口管理部门和所在地地方人民政府,并报告所在地省(自治区、直辖市)人民政府和国务院归口管理部门。(2)在24h内写出事故报告,报本条(1)中所列部门。

为了防止特大交通事故的发生,需要加强相关部门的管理和监管,完善应急预案和救援体系,增强各类交通参与者交通安全意识,提升驾驶人驾驶技能,改善交通设施和车辆安全技术条件。

四、按照交通事故的责任划分分类

按照交通事故的责任划分分类,包括全责事故、主要责任事故、同等责任事故、次要责任事故和无责任事故等。

1.全责事故和无责任事故

全责事故和无责任事故是指责任完全在一方,而另一方没有责任的事故。例如,一辆车在红灯停车等待时,被后面的车追尾,那么责任完全在追尾车的驾驶人。

在此类事故中,责任方需要承担全部的赔偿责任,包括人身伤害赔偿和财产损失赔偿。而无责任的一方则不需要承担赔偿责任。在交通事故中,如果发生机动车与非机动车、行人之间的事故,即使机动车一方无责任,也可能需要承担一定的赔偿责任,其承担的赔偿责任一般不超过10%。

2.主要责任事故和次要责任事故

主要责任事故和次要责任事故是指责任主要在一方,而另一方也存在一定的责任或者过失的事故。例如,一辆车因为超速导致事故,而另一辆车也存在一定的过失,但是过失程度较轻,责任相对较小。

在此类事故中,责任方需要承担相应的赔偿责任,比例根据双方责任大小而定。如果责任主要在一方,则该方需要承担大部分的赔偿,而另一方承担少部分的赔偿。

3.同等责任事故

同等责任事故是指双方承担相同责任的事故。

此类事故中,如果双方都是机动车的,双方用各自的机动车交通事故责任强制保险(简称交强险)赔偿对方,交强险不够赔偿的,超出部分,对方赔偿50%,自己承担50%。

五、按照交通事故的地点分类

按照交通事故的地点分类,包括城市道路事故、乡村道路事故、高速公路事故等。

1.城市道路事故

城市道路事故指在城市范围内的各种道路,如主干道、次干道、支路等发生的交通事故。城市道路一般交通流量大,路口多,行人与非机动车穿梭频繁,交通状况较为复杂,常见的事故类型包括车辆追尾、碰撞行人、变道剐蹭等。城市道路事故对驾乘人员和行人的生命财产造成威胁,也会影响到交通的畅通和社会的正常秩序。

如果发生城市道路交通事故,需要立即采取措施保护现场,及时报警,通知交警和保险公司人员到场处理,并积极配合调查和处理。同时,也要注意保持冷静和理性,避免引起纠纷和冲突。

2.乡村道路事故

乡村道路事故指在乡村地区的道路上发生的事故。乡村道路事故发生的原因可能会因地区而异,主要原因包括:

(1)道路条件不佳。乡村道路通常比城市道路更狭窄、弯曲,路面也更加崎岖不平。这种道路状况容易导致驾驶人失控或发生交通事故。

(2)驾驶人的驾驶技能不足。由于缺乏驾驶经验或训练不足,一些驾驶人往往无法适应乡村道路的特殊条件,例如弯道、下坡路段等。

(3)驾驶人的疲劳或分心驾驶。部分乡村道路车辆较少,驾驶人往往会感到无聊而昏昏欲睡,或者分心于其他事情,例如手机或收音机,从而导致交通事故的发生。

(4)驾驶人违规驾驶。一些驾驶人会在乡村道路上超速行驶、违反交通规则或者酒后驾驶等。

(5)交通设施缺乏。一些乡村道路缺少交通标志标线、交通信号灯和警示设备等交通设施,这可能会导致驾驶人迷路或者无法及时发现交通危险。

(6)某些动物在道路上穿行。许多乡村地区有大量野生动物活动,如鹿、兔、野猪等。这些动物往往会突然从路边跑出来,可能导致驾驶人紧急制动或避让,从而引发事故。

(7)恶劣天气条件。在乡村地区,天气条件可能比城市更加恶劣,例如雨、雪、雾、强风等,这种天气状况可能会影响驾驶人的能见度和控制车辆的能力,从而导致交通事故。

为减少乡村道路事故,需要提高驾驶人的技能和素质、完善交通设施、加强路面维护和采取防范措施等。

3.高速公路事故

高速公路事故指在高速公路上发生的交通事故。高速公路具有车速快、车流量大等特点,一旦发生事故,往往后果较为严重,常见的有车辆爆胎导致的失控、多车连环追尾、疲劳驾驶引发的碰撞等事故类型。预防和减少高速公路事故具有重要的意义。高速公路事故发生的原因主要有：

（1）驾驶人超速行驶。高速公路上车速较高,但一些驾驶人仍可能会超速行驶,易导致车辆失控、侧翻或者发生碰撞。

（2）驾驶人疲劳或分心驾驶。长时间的驾驶会让驾驶人感到疲劳,而高速公路车流量大、车速快,驾驶人的分心或者疲劳极易导致车辆失控或发生碰撞。

（3）车辆技术问题。一些车辆可能存在技术问题,例如制动系统故障、轮胎漏气、转向盘失灵等,这些问题可能会导致车辆失控或者行驶不稳定。

（4）恶劣的天气条件。恶劣的天气条件,例如雨、雪、雾、强风等,可能会影响驾驶人的能见度和控制车辆的能力,导致交通事故。

（5）驾驶人违规驾驶。一些驾驶人可能会违反交通规则,例如闯红灯、不按规定车道行驶、酒后驾驶等,导致交通事故发生。

（6）驾驶人操作失误。驾驶人可能会因为不熟悉路况或者驾驶经验不足而导致操作失误,例如误踩加速踏板或者制动踏板,导致车辆失控或者发生碰撞。

（7）道路建设和维护问题。一些高速公路可能存在设计或者施工问题,路面存在坑洼或者其他道路瑕疵,这些问题可能会导致车辆失控或者发生碰撞。

为了减少高速公路交通事故,需要加强对驾驶人的安全教育和技能培训、加强对车辆技术的检测和维护、完善交通设施和加强路面维护等。同时,驾驶人也需要增强安全意识,遵守交通规则,不超速行驶、不疲劳驾驶,确保自身和他人的安全。

六、按照交通事故的时间分类

按照交通事故的时间分类,包括白天事故和夜间事故。

1.白天事故

白天发生交通事故是指在日出到日落期间,即白天发生的交通事故。白天道路上机动车、非机动车、行人较多,因此交通事故的发生率相对较高。白天交通事故的原因可能包括驾驶人的疲劳、分心驾驶、超速、不遵守交通规则等。导致白天交通事故的原因主要有：

（1）分心驾驶。白天驾驶时,驾驶人可能会被周围的环境分散注意力,例如美丽的风景、行人或其他车辆等。

（2）疲劳驾驶。部分驾驶人可能会因为疲劳而无法专注驾驶。

（3）超速行驶。部分驾驶人在白天觉得视野良好,不易发生交通事故,因此会超速行驶。

（4）酒驾。虽然白天酒驾的概率较低,但仍然存在驾驶人白天饮酒后驾车的情况。

（5）天气因素。一些天气条件也可能导致白天发生交通事故,如强烈的阳光、雨、雪等。

为了避免白天交通事故的发生,驾驶人应该专注于驾驶、遵守交通规则、不酒驾、不超速行驶、保持车辆安全等。同时,如果天气条件恶劣,驾驶人应该特别小心谨慎。

2.夜间事故

夜间事故是指在日落到日出期间,即晚上发生的交通事故。由于夜间能见度降低,驾驶环境暗淡,驾驶人容易出现疲劳、分心、注意力不集中等情况,夜间交通事故的发生概率通常比白天要高。

夜间交通事故的原因多种多样,主要包括:

(1)疲劳驾驶:夜间驾驶时,驾驶人容易疲劳,导致反应速度减慢,注意力不集中。

(2)酒后驾车:夜间酒后驾车是导致交通事故的主要原因之一。

(3)超速行驶:夜间驾驶人可能会因为道路环境通畅而放松警惕,超速行驶导致事故发生。

(4)不良天气:夜间不良天气如雨雪天气,能见度更低,更容易导致交通事故。

为了避免夜间交通事故的发生,驾驶人应该注意保持清醒、不疲劳驾驶、不酒驾、遵守交通规则、正确使用车灯和反光装备等。此外,驾驶人还应该尽量避免夜间长时间连续驾驶,适当休息,保持良好的驾驶状态。

第三节　交通事故的形式

交通事故的形式主要包括以下几种。

(1)碰撞事故:机动车之间碰撞,如路口不按信号行驶或高速上车距过近引发的追尾、侧面碰撞;机动车与非机动车碰撞,多发生在混合交通道路或路口;机动车与行人碰撞,多发生在人行横道、路口或行人横穿马路时。

(2)剐蹭事故:同向剐蹭,即车辆并行时因一方变道、车身摆动等导致两车侧面剐蹭;对向剐蹭,即在狭窄道路或行驶轨迹异常时,对向车辆侧面接触剐蹭。

(3)碾压事故:车辆碾压行人或非机动车,如行人或非机动车在车辆路径上,驾驶人未及时发现或采取措施导致的事故;车辆自身碾压事故,如爆胎失控后碾压到路边物体或其他车辆。

(4)翻车事故:侧翻,因速度过快、转弯过急、避让不当等原因,车辆向一侧翻倒;翻滚,在路况复杂、车辆失控时,车辆可能连续翻滚。

(5)坠车事故:坠崖,常见于山区道路,车辆偏离车道坠入悬崖。坠河,在靠近水域的道路上,车辆因各种原因冲入水中。

（6）起火事故:车辆自燃,即由车辆电路、燃油、机械故障等引发火灾;碰撞后起火,可能由于严重碰撞致燃油系统破裂,燃油泄漏遇火源或火花引发。

不同形式的交通事故可能造成的人员伤亡和财产损失程度不同,在日常生活中应该注意交通安全,防止交通事故的发生。

第四节　交通事故发生的原因

交通事故的发生可能有多种原因,以下是其中一些常见的原因。

（1）人为因素:驾驶人的疏忽、疲劳、酒驾、超速、违法行驶、不遵守交通规则、使用手机等。

（2）车辆故障:汽车零部件损坏、制动失灵、轮胎磨损、润滑油不足等。

（3）道路条件:路面湿滑、狭窄、缺少标志、坑洼路面或正在施工等。

（4）天气条件:雨雪天气、大雾、强风等。

（5）其他因素:动物穿越道路,驾驶人突发疾病,行人、自行车、摩托车或其他车辆等的不恰当行为。

交通事故往往是由多种因素共同作用造成的,作为驾驶人,确保车辆安全、严格遵守交通规则、注意观察道路状况以及天气条件,是预防交通事故的关键。

第二章

交通事故处理

第一节　交通事故处理的基本概念

交通事故处理是指在交通事故发生后,采取一系列措施进行现场处理、事故认定、赔偿处理等工作的过程。当事人可以根据事故的严重程度,对事故事实、事故成因是否存在争议等具体情况选择不同的处理方式:自行协商或报警处理。

以下是交通事故处理中的基本概念。

一、现场处理

现场处理是指在交通事故发生现场,采取必要措施保护现场,收集证据,协调当事人处理交通拥堵,及时处理伤员等工作。

根据《道路交通事故处理程序规定》,交通警察到达事故现场后,应当立即进行下列工作:

(1)按照事故现场安全防护有关标准和规范的要求划定警戒区域,在安全距离位置放置发光或者反光锥筒和警告标志,确定专人负责现场交通指挥和疏导。因道路交通事故导致交通中断或者现场处置、勘查需要采取封闭道路等交通管制措施的,还应当视情况在事故现场来车方向提前组织分流,放置绕行提示标志。

(2)组织抢救受伤人员。

(3)指挥救护、勘查等车辆停放在安全和便于抢救、勘查的位置,开启警灯,夜间还应当开启危险报警闪光灯和示廓灯。

(4)查找道路交通事故当事人和证人,控制肇事嫌疑人。

(5)其他需要立即开展的工作。

二、事故认定

事故认定是指公安机关交通管理部门运用道路交通事故现场勘验、检查、调查和有关的检验、鉴定意见等制作道路交通事故认定书,作出关于事故事实、事故成因及当事人事故责任等结论性的活动。道路交通事故认定应当做到事实清楚、证据确实充分、适用法律正确、责任划分公正、程序合法。公安机关交通管理部门应当自现场调查之日起十日内制作道路交通事故认定书。交通肇事逃逸案件在查获交通肇事车辆和驾驶人后十日内制作道路交通事故认定书。对需要进行检验、鉴定的,应当在检验报告、鉴定意见确定之日起五日内制作道路交通事故认定书。道路交通事故认定书应当由当事人签名,并现场送达当事人。当事人拒绝签名或者接收的,交通警察应当在道路交通事故认定书上注明情况。

公安机关交通管理部门应当根据当事人的行为对发生道路交通事故所起的作用以及过错的严重程度,确定当事人的责任。因一方当事人的过错导致道路交通事故的,承担全部责任;因两方或者两方以上当事人的过错发生道路交通事故的,根据其行为对事故发生的作用以及过错的严重程度,分别承担主要责任、同等责任和次要责任;各方均无导致道路交通事故的过错,属于交通意外事故的,各方均无责任。一方当事人故意造成道路交通事故的,他方无责任。

三、赔偿处理

赔偿处理是指根据交通事故责任认定结果,进行赔偿协商或诉讼等程序,实现受害人的合法权益。发生交通事故后,当事人可以采取以下方式解决交通事故损害赔偿争议。

(1)申请人民调解委员会调解:当事人申请人民调解委员会调解,达成调解协议后,双方当事人认为有必要的,可以根据《中华人民共和国人民调解法》共同向人民法院申请司法确认。

(2)申请公安机关交通管理部门调解:当事人申请公安机关交通管理部门调解的,应当在收到道路交通事故认定书、道路交通事故证明或者上一级公安机关交通管理部门维持原道路交通事故认定的复核结论之日起十日内一致书面申请。公安机关交通管理部门应当自调解开始之日起十日内制作道路交通事故损害赔偿调解书或者道路交通事故损害赔偿调解终结书。公安机关交通管理部门应当与当事人约定调解的时间、地点,并于调解时间三日前通知当事人。口头通知的,应当记入调解记录。调解参加人因故不能按期参加调解的,应当在预定调解时间一日前通知承办的交通警察,请求变更调解时间。公安机关交通管理部门应当按照合法、公正、自愿、及时的原则进行道路交通事故损害赔偿调解。道路交通事故损害赔偿调解应当公开进行,但当事人申请不予公开的除外。

当事人申请公安机关交通管理部门调解,调解未达成协议的,当事人可以依法向人民法院提起民事诉讼,或者申请人民调解委员会进行调解。

(3)向人民法院提起民事诉讼:当事人未能达成一致赔偿协议,可向人民法院提起民事诉讼,依法维权。

四、交通事故责任

交通事故责任是指造成交通事故发生的原因和责任归属的问题,包括主要责任、次要责任、全部责任、无责任，及同等责任。

五、交通事故报警

交通事故报警是指在交通事故发生后，及时拨打报警电话向公安机关交通管理部门报告，并请求交通警察前往现场处置。发生死亡事故、伤人事故的，或者发生财产损失事故，例如：驾驶人有饮酒、服用国家管制的精神药品或者麻醉药品嫌疑的；驾驶人有从事校车业务或者旅客运输，严重超过额定乘员载客，或者严重超过规定时速行驶嫌疑的；机动车无号牌或者使用伪造、变造的号牌的；当事人不能自行移动车辆的；一方当事人离开现场的；有证据证明事故是由一方故意造成的等情形的，当事人应当保护现场并立即报警。驾驶人必须在确保安全的原则下，立即组织车上人员疏散到路外安全地点，避免发生次生事故。驾驶人已因道路交通事故死亡或者受伤无法行动的，车上其他人员应当自行组织疏散。

六、交通事故处理程序

交通事故处理程序是指交通事故处理工作的一系列程序，包括现场处理、事故认定、赔偿处理等。《中华人民共和国道路交通安全法》第七十二条规定："公安机关交通管理部门接到交通事故报警后，应当立即派交通警察赶赴现场，先组织抢救受伤人员，并采取措施，尽快恢复交通。交通警察应当对交通事故现场进行勘验、检查，收集证据；因收集证据的需要，可以扣留事故车辆，但是应当妥善保管，以备核查。对当事人的生理、精神状况等专业性较强的检验，公安机关交通管理部门应当委托专门机构进行鉴定。鉴定结论应当由鉴定人签名。"公安机关交通管理部门对道路交通事故的处理程序有简易程序和普通程序两类。

（1）简易程序：当发生的交通事故属于财产损失事故或受伤当事人伤势轻微，各方当事人一致同意适用简易程序处理的伤人事故时，公安机关交通管理部门可以适用简易程序处理交通事故，但有交通肇事、危险驾驶犯罪嫌疑的除外。适用简易程序的，可以由一名交通警察处理。在固定现场证据后，责令当事人撤离现场，恢复交通。拒不撤离现场的，予以强制撤离。当事人无法及时移动车辆影响通行和交通安全的，交通警察应当将车辆移至不妨碍交通的地点。

（2）普通程序：除适用简易程序处理的情形之外，其余的将按普通程序处理。普通程序和简易程序主要有以下几点不同。第一，处理事故的交通警察人数不一样。适用简易程序的，可以由一名交通警察处理。适用普通程序，公安机关交通管理部门对道路交通事故进行调查时，交通警察不得少于二人。交通警察调查时应当向被调查人员出示《人民警察证》，告知被调查人依法享有的权利和义务，向当事人发送联系卡。联系卡载明交通警察姓名、办公地址、联系方式、监督电话等内容。第二，作出的道路交通事故认定书内容上有所区别。在简易程序中道路交通事故认定书重在对基本信息的记录，对事实及责任予以简单描述。而普通程序中除上述基本信息外,重在详细描述道路交通事故的基本事实,对道路交通事故证据及形成原因进行分析,划分当事人导致交通事故的过错及责任或者意外原因。第三,作出文书的期限不一样。简易程序中,交通警察在撤离现场后应当制作事故认定书,不具备当场制作条件的,交通警察应当在三日内制作道路交通事故认定书。而普通程序,从发生交通事故之日起,至少可以计算十日。如果涉及逃逸或者需要检验鉴定的时间将会更长。第四,调解的期限和方式不一样。在简易程序中,当事人共同请求调解的,交通警察应当当场进行调解,并在事故认定书上记录调解结果,由当事人签名,交付当事人。而普通程序中,调解期限是十日,起算时间依照不同情况有不同的起算方法。简易程序是在事故认定书上记录调解结果即可,普通程序则必须制作专门的调解书。

第二节　交通事故处理相关术语

一、事故责任

事故责任是指交通事故中哪一方或哪几方承担事故的全部责任、主要责任、同等责任、次要责任。公安机关交通管理部门依据事故现场勘查和相关证据,对当事人在道路交通事故中事故责任的划分。

二、交通事故认定书

交通事故认定书是由公安机关交通管理部门出具的,对交通事故责任进行认定的文书,可作为处理交通事故相关事项的证据使用。

交通事故认定书的法律性质,司法理论界和实务界的争议由来已久,比较有代表性的观点有两种:"行政行为说"和"证据说",但随着《中华人民共和国道路交通安全法》的颁布实施,两种学说的争论暂时告一段落。《中华人民共和国道路交通安全法》第七十三条规定:"公安机关交通管理部门应当根据交通事故现场勘验、检查、调查情况和有关的检验、鉴定结论,及时制作交通事故认定书,作为处理交通事故的证据。"至此,交通事故认定书作为证据的法律性质在立法上已经明确确立下来。从司法实务角度,交通事故认定书作为证据的价值主要作用表现在三个方面:公安机关交通管理部门进行行政处罚的重要证据、追究肇事者刑事责任的重要证据、划分民事赔偿责任的重要证据。

公安机关交通管理部门的责任认定,是根据道路交通运输管理法规认定事故责任,这种认定通常是出于交通行政管理的需要,不等同于刑法上或民法上的责任。虽然在多数情况下法院在审理案件时会根据案件具体情况采纳交通管理部门的责任认定,但并不意味着交通事故认定书中认定的事故责任等同于民事责任或刑事责任,不能将事故责任直接作为刑事责任的法律依据,而应当根据案件的构成要件进行实质性的分析判断。

CASE 案例

（2015）聊刑再终字第6号

基本案情:2013年2月16日10时35分许,被告人杜某驾驶冀E×××××–EV877挂号货车,沿G309线由东向西行驶至茌平县温陈丁块路口时,挂车左后侧轮胎脱离车体,脱落轮胎撞到在路口等候的王某甲骑的电动自行车,造成王某甲死亡、电动自行车乘车人王某乙受伤、电动自行车损坏的道路交通事故。公安机关交通管理部门认定被告人杜某负事故的全部责任(民事赔偿部分已调解处理)。

原审法院认定上述事实的证据有:被告人供述、证人张五江等人的证言、法医学鉴定书、聊城市公安局交通巡逻警察支队茌平大队(以下简称茌平交警大队)道路交通事故现场勘查笔录、事故现场图及照片、交通事故认定书等。

原审法院一审认为,被告人杜某违反道路交通安全法规,交通肇事致一人死亡,且负事故全部责任,其行为已构成交通肇事罪,公诉机关指控的罪名成立,依法应予惩处。但念其在开庭审理过程中认罪态度较好,有悔罪表现,又积极赔偿被害人一方的经济损失,并得到被害人一方的谅解,且有自首情节,依法可对其从轻处罚。纵观全案情节,对被告人杜某不予羁押不致再危害社会,故依法对其宣告缓刑。判决:被告人杜某犯交通肇事罪,判处有期徒刑一年,缓刑二年。

聊城市人民检察院抗诉认为:茌平县人民法院(2013)茌刑初字第105号判决在认定事实上确有错误,理由是:现有证据不能证实原案被告人杜某主观上有过失行为。其行为不符合《最高人民法院关于审理交通肇事刑事案件具体应用法律若干问题的解释》第二条第三款第(三)项"明知是安全装置不全或者安全机件失灵的机动车而驾驶"的规定。理由如下:(1)根据山东交通学院交通司法鉴定中心(2013)痕鉴字第0319号鉴定意见书,证实事故的发生是因为该半挂车第五轴左侧车轮轴头锁止销缺失,螺母松脱,导致轴头外轴承松脱损坏,致使轮胎失去固定而脱落。根据《道路运输车辆维护管理规定》,该故障不属于驾驶人日常维护的范围,应是由维修企业进行二级维护的范围,且该故障在日常维护时不能被发现,同时也没有证据证实驾驶人应当知道且继续行驶。(2)该肇事车辆检验有效期至2013年4月,证实该车上路行驶在检验有效期内。综上所述,原判决认定事实不清,证据不足,为维护司法公正,准确惩治犯罪,依照《中华人民共和国刑事诉讼法》第二百四十三条第三款的规定,对茌平县人民法院(2013)茌刑初字第105号刑事判决提出抗诉,请依法判处。

原审法院再审查明:诉辩双方对原审认定的交通事故发生的时间、地点、过程、损害结果及轮胎脱落原因的认定均无异议。原审查明的事实正确。

再审过程中,诉辩双方均对认定原审被告人存在过失并据此承担刑事责任提出异议,认为锁止销缺失不属于驾驶人日常维护的范围,且日常维护中难以发现该机械故障,应属于维修企业二级维护的范围,但始终未能提供该肇事车辆的一、二级维护记录。

原审法院再审还查明:茌平县交警大队没有向原审被告人杜某直接送达交通事故认定书,而是由车主儿子陈某代领。原审庭审质证时,原审被告人对事故认定书作为民事赔偿的证据没有异议。

原审法院再审认定事实的证据有:原审被告人供述、证人陈某等人的证言、法医学鉴定书、茌平交警大队道路交通事故现场勘验笔录、事故现场图及照片、山东交通学院交通事故鉴定意见书、交通事故认定书等。

原审法院再审认为:《中华人民共和国道路交通安全法》第二十一条规定:"驾驶人驾驶机动车上道路行驶前,应当对机动车的安全技术性能进行认真检查;不得驾驶安全设施不全或者机件不符合技术标准等具有安全隐患的机动车。"原审被告人杜某违反道路交通安全法规,驾驶车轮轴头锁止销缺失的安全隐患车辆交通肇事致一人死亡,且负事故的全部责任。虽辩称该故障不属于驾驶人日常维护的范围,应是维修企业二级维护的范围,但没有提供该肇事车辆依规进行二级维护的车辆维修记录,应认定原审被告人杜某驾驶具有安全隐患的车辆上道路行驶,存在主观过失。其不存在主观过失的辩解理由和辩护意见不能成立,法院不予采纳。道路事故认定书虽未向杜某本人送达,但原审经其质证没有异议,故不影响作为证据采信。原审以交通肇事罪对被告人杜某定罪处罚,定罪准确,量刑得当,应予维持。依据《中华人民共和国刑事诉讼法》第二百四十五条和《最高人民法院关于适用〈中华人民共和国刑事诉讼法〉的解释》第三百八十九条第一款第一项的规定,裁定:维持茌平县人民法院(2013)茌刑初字第105号刑事判决。

杜某不服再审裁定,提起上诉,请求:撤销再审裁定,改判其无罪。理由是:(1)再审裁定认定事实不清,上诉人不负证明自己无罪的举证责任。车辆已通过年检,该车上路行驶在检验有效期内。国家法律并无"没有车辆二级维护记录就不得上路行驶"的规定。再审裁定认为上诉人"没有提供肇事车辆依规进行二级维护的车辆维修记录,应认定杜某驾驶隐患车辆上路行驶,存在主观过失"不当。(2)再审裁定书认定未送达的"道路交通事故认定书"不影响作为证据采信的观点错误。刑事案件的证明标准是排除合理怀疑,比民事和行政诉讼中盖然性占优势的证明标准要高得多。因此,交通事故责任认定书中认定的事实,在刑事诉讼中,必须按照刑事诉讼的标准重新论证。上诉人对事故认定书没有异议,是对交通事故发生的时间、地点、过程、损害结果的发生没有异议,而不是据此追究刑事责任没有异议。综上,本案中交通事故的发生是由于不可抗拒、不能预见的原因所引起的,是意外事件。恳请二审人民法院依法查明事实,还上诉人一个公道。

二审法院经审理查明:2013年2月16日10时35分许,被告人杜某驾驶冀E×××××-EV877挂号货车,沿G309线由东向西行驶至茌平县温陈丁块路口时,挂车左后侧轮胎脱离车体,脱落轮胎撞到在路口等候的王某甲骑的电动自行车,造成王某甲死亡、乘车人王某乙受伤、电动自行车损坏的道路交通事故。

2013年2月19日,茌平交警大队委托山东交通学院交通司法鉴定中心对轮胎脱落原因进行鉴定。该鉴定中心于2013年2月22日作出(2013)痕鉴字第0319号鉴定意见书,该鉴定意见书对轮胎脱落原因分析意见是:(1)根据对半挂车第五轴左侧轮轴及脱落轮胎的检验可知:半挂车第五轴左侧轮轴轴头处外轴承损坏脱落,轴头螺纹下底面磨损,轴头锁止销孔完好,孔某未发现有锁止销;轴头螺母脱落,脱落的轴头螺母未发现有明显的损坏变形痕迹,螺纹完好。脱落的轮胎为双胎,脱落的轮胎表面完好,轮轴外端盖完好。(2)根据半挂车第五轴车轮的构造可知:半挂车第五轴左侧双胎车轮安装于车轴上,在轮轴轴头处用螺母固定,之后再用锁止销将轴头螺母锁止。综合上述结合事故现场照片、事故现场勘查资料分析认为:半挂车第五轴左侧车轮轴头锁止销缺失,螺母松脱,导致轴头外轴承松脱损坏,致使轮胎失去固定而脱落。

2013年3月4日,茌平交警大队作出(2013)聊茌公交认字第00025号道路交通事故认定书,认定:杜某驾驶具有安全隐患的机动车是事故发生的原因;各方当事人导致交通事故的过错及责任:冀E×××××-EV877挂号货车驾驶人杜某驾驶具有安全隐患机动车的行为违反了《中华人民共和国道路交通安全法》第二十一条的规定,即"驾驶人驾驶机动车上道行驶前,应当对机动车的安全技术性能进行认真检查;不得驾驶安全设施不全或者机件不符合技术标准等具有安全隐患的机动车";电动自行车驾驶人王某甲无过错行为;电动自行车乘车人王某乙无过错行为。根据《中华人民共和国道路交通安全法实施条例》第九十一条(公安机关交通管理部门应当根据交通事故当事人的行为对发生交通事故所起作用以及过错的严重程度,确定当事人的责任)、《道路交通事故处理程序规定》第四十六条第一款第一项(公安机关交通管理部门应当根据当事人的行为对发生道路交通事故所起的作用以及过错的严重程度,确定当事人的责任。因一方当事人的过错导致道路交通事故的,承担全部责任)的规定认定,杜某承担此事故的全部责任,王某甲、王某乙对此事故不承担责任。

2013年3月5日,茌平交警大队应送达给杜某的(2013)第00025号道路交通事故认定书由陈某代收。

另查明:茌平交警大队于2013年2月27日对陈某询问时,陈某的证言是:对该车的维修"不固定人,不固定地方",本次事故前最后一次维护是在"河西镇一个维修店,想不起是哪个人维护的了,大约在1月10日"。

二审法院还查明:2013年3月5日,本案受害人王某甲的继承人王某丁、王某丙及受害人王某乙作为原告,将被告杜某、李盟、陈守栋、中国人民财产保险股份有限公司临西支公司、永安财产保险股份有限公司河北分公司营业总部诉至茌平县人民法院,要求赔偿各项损失共计533964.03元。茌平县人民法院于2013年5月15日作出(2013)茌民一初字第533号民事判决,认定:杜某驾驶的冀E×××××-EV877挂号货车,系实际车主李某、陈某合伙购买,杜某系李某、陈某的雇员。该车在被告中国人民财产保险股份有限公司临西支公司投保了两份交强险,在被告永安财产保险股份有限公司河北分公司营业总部投保了第三者责任险1000000元,且投有不计免赔特约险，事故发生后李某已给付原告方现金20000元。该民事判决的内容是：（1）被告中国人民财产保险股份有限公司临西支公司支付原告王某乙、王某丁、王某丙各项费用共计222382.15元；（2）被告永安财产保险股份有限公司河北分公司营业总部支付原告王某丁、王某丙各项费用共计330987.32元。（3）驳回原告王某丁、王某丙、王某乙的其他诉讼请求。该判决生效后于2013年7月2日执行完毕。

又查明：冀E××××重型半挂牵引车和冀E××××重型厢式半挂车的机动车行驶证记载的车辆所有人为李某，检验有效期至2013年4月。

被告人杜某供述，其是受雇于李某、陈某后第一次出车即发生了本次事故。

裁判理由：二审法院认为，对于车辆行驶过程中轮胎脱落致人死亡，是否构成交通肇事罪，不能一概而论；车辆发生故障，车辆驾驶人、车辆所有者以及车辆维修单位都可能负有责任。交通肇事罪作为过失犯罪，其过失表现为：行为人对自己违反交通运输管理法规的行为导致的严重后果应当预见，由于疏忽大意而未预见，或者虽然预见，但轻信能够避免。本案中，杜某显然不存在"预见到轮胎将要脱落、伤人，但轻信能够避免"这种过于自信的过失；就是否存在疏忽大意的过失而言，疏忽大意的过失是指对结果的发生存在预见义务的前提下，行为人由于疏忽大意，没能履行注意义务，导致了本可避免的危害结果的发生。从山东交通学院交通司法鉴定中心（2013）痕鉴字第0319号鉴定意见书可以看出，车轮轴头锁止销缺失是轮胎脱落的原因，而"脱落的轮胎表面完好，轮轴外端盖完好"；根据《道路运输车辆维护管理规定》，"拆检轮胎"属于车辆二级维护的内容，系车辆维修企业的职责范围。这足以说明，本案中的轴头锁止销缺失在驾驶人日常维护作业中，即便是尽到了注意义务，也是无法检查发现的。因此，作为驾驶人的杜某也就不存在疏忽大意的过失可言。原审法院再审裁定以"杜某没有提供该肇事车辆依规进行二级维护的车辆维修记录"为由认定其存在主观过失，系举证责任分配错误。二级维护的车辆维修记录是否做出、做出后由谁保管，不是仅仅作为驾驶人的杜某所能控制，还可能涉及道路运输经营业户以及维修企业是否依规范办理的问题。在不能排除合理怀疑的情况下，一审时检察机关以交通肇事罪提起公诉、一审法院判处杜某构成交通肇事罪，系以民事案件的证明标准来裁判刑事案件，属于适用法律错误；聊城市人民检察院的抗诉意见成立。在本案中，还涉及公安机关交通管理部门作出的交通事故认定书认定的责任是否可以直接作为定罪量刑责任的问题，本院认为，交通事故认定书在刑事诉讼中属于书证的一种，因其制作机关的特殊性，属于公文书证，相较其他书证有更高的证明力，但在认定事实时仍须依据审查书证的方式进行审查。最高人民法院于2000年颁布的《关于审理交通肇事罪刑事案件具体应用法律若干问题的解释》中有"负事故全部或主要责任"的规定，但该解释并没有直接指向交通事故认定书中的责任认定。2012年的《最高人民法院关于审理道路交通事故损害赔偿案件适用法律若干问题的解释》第二十七条规定："公安机关交通管理部门制作的交通事故认定书，人民法院应依法审查并确认其相应的证明力，但有相反证据推翻的除外"。在民事诉讼中尚且要审查其相应的证明力，何况在对证据审查更为严格的刑事诉讼中。故交通事故认定书中认定的责任不能直接拿来作为交通肇事罪定罪、量刑的责任，还应通过分析案件的全部证据，还原事故的发生过程，分析事故产生的原因，从而确定行为人是否承担刑事责任。本案中，机动车的轴头锁止销缺失属于"安全装置不全"的范畴，《最高人民法院关于审理交通肇事刑事案件具体应用法律若干问题的解释》第二条第二款第三项规定："明知是安全装置不全或者安全机件失灵的机动车辆而驾驶的"，以交通肇事罪定罪处罚；本案中没有证据证明杜某明知轴头锁止销缺失而仍然驾驶这一事实。另外，机动车一方的责任，也并不完全等同于驾驶人的责任。驾驶人不承担刑事责任，并不必然得出机动车所有人不承担民事责任的结论；故在本事故民事诉讼中机动车一方承担损害赔偿责任与刑事诉讼中杜某不构成交通肇事罪，并不存在着必然的矛盾。综上，原审裁定认定事实不清，适用法律错误，依法应予纠正。经本院审判委员会研究决定，依照《中华人民共和国刑事诉讼法》第五十条、第二百四十五条，《最高人民法院关于适用〈中华人民共和国刑事诉讼法〉的解释》第三百八十九第一款第三项的规定，判决如下：上诉人杜某无罪。

三、交强险

交强险：被保险机动车发生道路交通事故，造成本车人员、被保险人以外的受害人人身伤亡、财产损失的，由保险公司依法在机动车交通事故责任强制保险责任限额范围内予以赔偿的强制性责任保险。

《机动车交通事故责任强制保险条例》第一条规定，为了保障机动车道路交通事故受害人依法得到赔偿，促进道路交通安全，根据《中华人民共和国道路交通安全法》《中华人民共和国保险法》，制定本条例；第三条规定，本条例所称机动车交通事故责任强制保险，是指由保险公司对被保险机动车发生道路交通事故造成本车人员、被保险人以外的受害人的人身伤亡、财产损失，在责任限额内予以赔偿的强制性责任保险。由此可见，交强险制度的设立目的在于通过法律规定强制机动车的所有人或管理人依法投保，保障机动车责任事故受害人及时得到经济赔偿。法院在办理涉及交强险理赔相关案件时，应当充分考虑交强险的社会保障功能。

特种车辆在工地等道路以外的场所作业时发生责任事故，是否属于交强险赔付范围，该争议由来已久。以下案例就涉及特种车辆，可供大家参考。

CASE
案例

（2021）皖03民终1911号民事判决书

基本案情：2019年7月27日，郭某在驾驶吊车的过程中触碰到低压线，导致下方正在作业的王某触电身亡。郭某于2019年6月24日在财保蚌埠支公司为吊车投保了机动车交通事故责任强制险和50万元工程机械设备综合附加第三者责任保险,保险期限自2019年6月26日起至2020年6月25日止。经法院判决认定,郭某关于案涉保险事故所应承担的责任比例为80%;王某因保险事故所产生的医疗费用为2265.38元;财保蚌埠支公司在工程机械设备综合保险附加第三者责任保险限额内赔付王某亲属435038.3元。前述判决生效后,财保蚌埠支公司又就工程机械设备综合附加第三者责任保险向郭某理赔64961.7元。2020年12月31日,郭某向财保蚌埠支公司提出理赔申请,财保蚌埠支公司于2021年1月17日告知郭某拒绝理赔,理由是不符合交强险的规定,遂成讼。

裁判理由:安徽省蚌埠市蚌山区人民法院经审理认为:首先,《机动车交通事故责任强制保险条例》第三条规定,本条例所称机动车交通事故责任强制保险,是指由保险公司对被保险机动车发生道路交通事故造成本车人员、被保险人以外的受害人的人身伤亡、财产损失,在责任限额内予以赔偿的强制性责任保险。第四十三条规定,机动车在道路以外的地方通行时发生事故,造成人身伤亡、财产损失的赔偿,比照适用本条例。该条例规定被保险车辆发生道路交通事故或在非道路通行时发生事故均可请求保险公司赔偿。其次,交强险的设立本意是通过法律规定强制机动车的所有人或管理人依法投保,让保险人来承担、分散社会风险,保障机动车责任事故受害人能及时从保险公司得到经济赔偿。本案原告郭某所驾驶的特种机动车辆,其在道路上行驶的时间显然少于作业时间,若将该特种机动车辆在作业时造成的人身伤亡或财产损失排除在交强险赔偿范围之外,则该特种车辆受害人获得交强险救济的概率将大大降低,投保人投保交强险的目的也难以实现,该结果显然不符合交强险的设立宗旨。最后,被保险车辆作为特种车辆,主要用途在于特殊作业而非道路行驶,且现实生活中特种车辆发生事故也多是在特殊作业过程中,保险公司作为保险人对此应明确清楚,本案被告财保蚌埠支公司在承保时亦明知涉案车辆为重型专项作业车。特种车辆在作业时本身处于起动状态和运动状态,亦可理解为《机动车交通事故责任强制保险条例》所规定的"通行"。综上,涉案事故虽为施工作业事故,但郭某仍有权依据交强险合同向财保蚌埠支公司索赔。关于本案交强险保险金赔付数额的问题,原告郭某在庭审时明确其诉请的112333.58元包含交强险中死亡伤残赔偿限额11万元及医药费用2333.58元,但生效民事判决所认定的医疗费用为2265.38元、郭某承担赔偿责任的比例为80%,故本院仅对原告诉请的医药费用金额中的1812.3元予以支持。

安徽省蚌埠市蚌山区人民法院依照《中华人民共和国保险法》第十四条、第二十三条,《中华人民共和国民事诉讼法》第六十四条之规定,判决如下:

(1)被告财保蚌埠支公司给付原告郭某机动车交通事故责任强制险保险金111812.3元,于判决生效后十日内付清;

(2)驳回原告郭某的其他诉讼请求。

财保蚌埠支公司不服,提起上诉。安徽省蚌埠市中级人民法院经审理认为:根据《中华人民共和国道路交通安全法》第一百一十九条第三款规定,机动车是指以动力装置驱动或者牵引,上道路行驶的供人员乘用或者用以运送物品以及进行工程专项作业的轮式车辆。本案被保险车辆虽为特种车辆，但亦属于机动车，其主要用于特殊作业而非行驶，案涉吊车交强险投保单对车辆性质亦明确标注为"特种车"，财保蚌埠支公司作为保险人对此应明确清楚。交强险作为一种强制保险制度，其目的为保障受害人及时获得经济保障和医疗救治，具有较强的保障性和强制性。如果仅将交强险的理赔范围限于道路通行状态下发生的事故，显然有违特种车辆投保交强险的目的，不利于受害人权益的保护，也有悖于《中华人民共和国道路交通安全法》的立法意图。郭某为案涉吊车在财保蚌埠支公司投保了交强险并缴纳了相应保费，双方在保险合同中亦未约定涉案吊车在作业过程中发生的事故财保蚌埠支公司不予赔偿。故本案事故亦可比照适用交强险条例处理，财保蚌埠支公司应在交强险保险范围内予以赔偿。综上所述，财保蚌埠支公司上诉请求不能成立，应予驳回；一审判决认定事实清楚，适用法律正确，应予维持。

安徽省蚌埠市中级人民法院依据《中华人民共和国民事诉讼法》第一百七十条第一款第一项之规定，判决如下：驳回上诉，维持原判。

四、车辆损失险

车辆损失险是车主购买的保险，用于赔偿自己的车辆在交通事故中造成的损失。

五、第三者责任险

第三者责任险是车主购买的保险，用于赔偿车主在交通事故中对第三方造成的人身伤害或财产损失。第三者责任险是赔偿因被保险机动车发生意外事故使第三者受到人身伤亡或者财产损失的保险，其中的第三者不包括被保险机动车本车上人员、投保人和保险人。被保险人或驾驶人以及他们的家庭成员的人身伤亡及其所有或保管的财产的损失；车上人员的人身伤亡以及保险车辆的财产损失这些都是第三者责任险的免责内容。

第三者的范围：无论是交强险还是商业三者险，在赔付时，均涉及第三者这一范围的确定问题，机动车第三者责任保险中的第三者是指除保险人、被保险人和保险车辆上的人员以其财产以外，因保险车辆的意外事故遭受人身、财产损害的其他人或物。

车上人员：判断因车辆发生交通事故而受害的人属于第三者还是车上人员须以该受害人在事故发生时是否在保险车上为依据，在车上即为车上人员，反之为第三者。

CASE 案例

（2021）豫01民终6139号民事判决书

基本案情：宋某与袁某系夫妻关系，2019年4月24日晚，宋某驾驶小型客车送袁某至某地。当晚22时许，宋某驾车从某地驶出至门口处时，将从小型客车内下车的袁某剐倒后碾压，致袁某受伤。公安机关出具的道路交通事故认定书认定宋某负事故的全部责任,袁某无责任。

公安机关在调查时,宋某称其听见袁某下车关车门的声音后便开车走了。袁某也自述事故发生当天,其身穿中长款开衫,坐在车后排。下车将车门关上后,才发现衣服被夹在车门里,随后宋某在不知情的状况下起动汽车,将其挂倒,并从其身上碾压。

事故发生后,袁某在医院住院治疗。后经鉴定车祸致袁某肋骨骨折,构成十级伤残。涉案豫小型客车在甲财产保险公司投保有交强险,在乙财产保险公司投保有商业三者险,事故发生时均在保险期间内。

裁判理由:河南省郑州市上街区人民法院经审理认为:交强险和商业三者险均属于第三者责任险范畴,而"第三者"是指除投保人、被保险人和保险人外的,因保险车辆发生意外事故遭受人身伤亡或者财产损失的保险车辆的受害者。"第三者"和"车上人员"均为在特定时空下的临时性身份,二者可以因特定时空条件的变化而转化。判断因保险车辆发生意外交通事故而受害的人属于第三者还是属于"车上人员",应以该受害人在交通事故发生当时这一特定的时间是否身处保险车辆之上为依据。本案中,袁某系下车关闭车门后,仅衣服被夹在车门上,其在本次交通事故发生时已脱离车辆,系该事故中的"第三者"身份,属于交强险及商业三者险的赔付对象。甲财产保险公司、乙财产保险公司辩称袁某衣服被涉案车辆夹住,尚未完全与涉案车辆分离,其仍然属于"车上人员",该辩称系对"车上人员"的扩大理解。袁某在完成下车关车门动作后,其本人已完全与车分离,不属于保险车辆的"车上人员",故上述辩称不予采信。袁某因本次交通事故造成的各项损失应由甲财产保险公司、乙财产保险公司分别在交强险限额内和商业三者险限额内承担赔偿责任,因袁某未起诉实际侵权人,仍有不足的部分由其自行承担。

河南省郑州市上街区人民法院依照《中华人民共和国民法典》第一千一百七十九条、第一千二百零八条、第一千二百一十三条,《最高人民法院关于审理人身损害赔偿案件适用法律若干问题的解释》第六条、第七条、第八条、第九条、第十条、第十一条、第十二条、第十七条之规定,判决如下:

(1)甲财产保险公司应于本判决生效后十日内赔偿袁某120000元;

(2)乙财产保险公司应于本判决生效后十日内赔偿袁某79272.22元;

(3)驳回袁某的其他诉讼请求。

甲财产保险公司不服一审判决,提起上诉。

河南省郑州市中级人民法院依照《中华人民共和国民事诉讼法》第一百七十条第一款第一项之规定,判决如下:驳回上诉,维持原判。

被保险人:是指投保人及其允许的合法驾驶人。被保险人不能成为责任保险中的第三者。《中华人民共和国保险法》第六十五条第四款明确规定,责任保险是以被保险人对第三者依法应负的赔偿责任为保险标的的保险。责任保险的目的在于通过订立责任保险合同,将被保险人潜在的、可能承担的民事赔偿责任转化为责任保险的保险标的。从保险条款看,交强险条款以及三者险条款均将被保险人排除在第三者范围之外。《机动车交通事故责任强制保险条例》规定:本条例所称机动车交通事故责任保险,是指由保险公司对被保险机动车发生道路交通事故造成本车人员、被保险人以外的受害人的人身伤亡、财产损失,在责任限额内予以赔偿的强制性责任保险。同样交强险条款和第三者责任险条款内容也均未将被保险人列为第三者。因此,被保险人无论何种情形均不构成责任保险中的第三者。

六、"零时生效"的保单

"零时生效"的保单是保险合同约定次日零时起生效的条款,属于格式条款,应认定无效。保险合同是一种典型的格式合同,制定格式合同的本意是为合同双方的相对人节约大量的时间和精力,促使合同目的尽快达成,节约大量的社会成本。《中华人民共和国民法典》第四百九十六条第二款规定:"采用格式条款订立合同的,提供格式条款的一方应当遵循公平原则确定当事人之间的权利和义务,并采取合理的方式提示对方注意免除或者减轻其责任等与对方有重大利害关系的条款,按照对方的要求,对该条款予以说明。提供格式条款的一方未履行提示或者说明义务,致使对方没有注意或者理解与其有重大利害关系的条款的,对方可以主张该条款不成为合同的内容。"第四百九十七条规定:"有下列情形之一的,该格式条款无效:(一)具有本法第一编第六章第三节和本法第五百零六条规定的无效情形;(二)提供格式条款一方不合理地免除或者减轻其责任、加重对方责任、限制对方主要权利;(三)提供格式条款一方排除对方主要权利。"第四百九十八条规定:"对格式条款的理解发生争议的,应当按照通常理解予以解释。对格式条款有两种以上解释的,应当作出不利于提供格式条款一方的解释。格式条款和非格式条款不一致的,应当采用非格式条款。"第四百六十六条规定:"当事人对合同条款的理解有争议的,应当依据本法第一百四十二条第一款的规定,确定争议条款的含义。"次日零时起生效明显属于格式条款,而且该条款实质上形成了对保险人一定责任的免除,该条款应属无效,不产生法律效力。保险人在保险单上关于保险期限的规定,属格式合同中加重投保人责任、排除其主要权利的条款,应对投保人无效。

合同的成立与生效是两个不同的概念。合同未成立当然不生效,但合同成立后,其生效时间却不一定与合同成立的时间一致。合同成立,是指当事人就合同的主要条款达成合意,其具体表现就是将要约人单方面的意思表示转化为双方一致的意思表示;合同的生效,指当事人约定的合同条款获得法律的认可,因而对当事人双方已发生法律上的效力,要求当事人双方遵守合同,全面履行合同约定的义务。《中华人民共和国保险法》第十条第一款规定:"保险合同是投保人与保险人约定保险权利义务关系的协议。"本案原告作为投保人,提出以订立保险合同为目的的保险要求,视为向保险人发出申请订立保险合同的要约。被告作为保险人愿意接受投保人的保险要求并表示同意承保,视为承诺。被告向原告出具保险单,视为就双方的保险合同的条款达成协议,即合同成立。《中华人民共和国民法典》第一百一十九条规定:"依法成立的合同,对当事人具有法律约束力。"第一百三十六条规定:"民事法律行为自成立时生效,但是法律另有规定或者当事人另有约定的除外。行为人非依法律规定或者未经对方同意,不得擅自变更或者解除民事法律行为。"故,依法成立的保险合同具有法律效力,也产生相应的法律后果,对投保人和保险人具有约束力,双方当事人中任何一方不得擅自变更和解除。总体来说,保险合同的生效条件有三个:第一,主体适格,即在订立保险合同时具有相应的民事行为能力。投保人须是具有完全民事行为能力的自然人、依法成立的法人或者其他经济组织,保险人是依法设立的保险公司,且须在其营业执照核准的营业范围内订立保险合同。第二,意思表示真实,即双方当事人在订立保险合同时的意思表示必须符合自己的真实内在意思。投保人不得隐瞒保险标的真实情况而与保险人签订保险合同,即双方意思表示真实一致。第三,合同内容合法。

CASE 案例

(2021)苏0682民初7404号民事判决书

基本案情:2020年7月22日17时40分,祝某副驾驶小型轿车与顾某美驾驶的三轮电动车碰撞,致顾某美受伤,两车损坏。经公安机关交通管理部门认定,祝某付、顾某美分别负事故的同等责任。后双方就伤者赔偿问题未达成一致赔偿意见,顾某美诉至法院,请求判如所请。另查明,小型轿车保险费收费确认时间和投保确认时间均是2020年7月22日10时36分,此时小型轿车的交强险已处于脱保状态。

裁判理由:江苏省如皋市人民法院经审理认为:《中华人民共和国保险法》第十三条规定,投保人提出保险要求,经保险人同意承保,保险合同成立。依法成立的保险合同,自成立时生效。投保人和保险人可以对合同的效力约定附条件或附期限。《中华人民共和国合同法》❶第三十九条第一款规定,"采用格式条款订立合同的,提供格式条款的一方应当遵循公平原则确定当事人之间的权利和义务,并采取合理的方式提请对方注意免除或者限制其责任的条款,按照对方的要求,对该条款予以说明"。交强险设置的目的是保障道路交通事故中的受害人依法得到赔偿。案涉交强险的收费确认时间和投保确认时间均为2020年7月22日10时36分,此时,小型轿车的交强险已处于脱保状态。被告财产保险公司作为承保该车辆上一年度交强险的保险公司,充分掌握着该车辆的保险信息,在明知投保人缴纳保费时交强险已经脱保的情况下,应当就保险期间可以选择的事宜,以及选择的不利后果向投保人尽到必要、充分的提示说明义务。现无证据证明被告财产保险公司已经尽到相应的提示说明义务。因此,该"次日零时生效"的条款对被告祝某不产生法律效力,案涉交强险保险合同应自被告财产保险公司收取保费并确认承保时即成立并生效。被告财产保险公司抗辩应由投保人在投保时主动提出保单即时生效,显然与

---

❶ 2021年1月1日废止,相关内容并入《中华人民共和国民法典》。

一般消费者的基本预期和生活经验不符,故对其所辩,不予采纳。综上,被告财产保险公司应对原告顾某美的损失先行在交强险限额内承担赔偿责任。江苏省如皋市人民法院依照《中华人民共和国侵权责任法》**❶**第十六条,《中华人民共和国道路交通安全法》第七十六条,《最高人民法院关于审理人身损害赔偿案件适用法律若干问题的解释》第十七条、第十八条、第十九条、第二十条、第二十一条、第二十二条、第二十三条、第二十四条、第二十五条,《最高人民法院关于适用〈中华人民共和国民法典〉时间效力的若干规定》第一条第二款之规定,判决如下:(1)被告财产保险公司于本判决发生法律效力后立即给付原告顾某美赔偿款142673.96元;(2)驳回原告顾某美的其他诉讼请求。

七、保险理赔

保险理赔是指保险公司根据保单约定,向被保险人提供的赔偿服务。

八、索赔

索赔是指被害人向保险公司提出赔偿要求的行为。

九、理赔

理赔是指保险公司根据索赔要求,对被保险人进行赔偿的行为。

十、事故现场勘查

事故现场勘查是指交通事故发生后,由公安机关交通管理部门对事故现场进行勘查,确定事故的原因、责任等情况。交通警察勘查道路交通事故现场,应当按照有关法规和标准的规定,拍摄现场照片,绘制现场图,及时提取、采集与案件有关的痕迹、物证等,制作现场勘查笔录。现场勘查过程中发现当事人涉嫌利用交通工具实施其他犯罪的,应当妥善保护犯罪现场和证据,控制犯罪嫌疑人,并立即报告公安机关主管部门。现场图、现场勘查笔录应当由参加勘查的交通警察、当事人和见证人签名。当事人、见证人拒绝签名或者无法签名以及无见证人的,应当记录在案。

十一、费用结算

费用结算是指保险公司和被保险人之间进行的赔偿费用的结算过程。

十二、拖车

拖车是指将交通事故现场的车辆拖离现场的行为。交通警察处理交通事故时,应当在

---

❶ 2021年1月1日废止,相关内容并入《中华人民共和国民法典》。

固定现场证据后,责令当事人撤离现场,恢复交通。当事人无法及时移动车辆影响通行和交通安全的,交通警察应当将车辆移至不妨碍交通的地点。同时为查明事故原因,交通警察将事故处理拖离至规定地点进行鉴定。

十三、报案

报案是指交通事故当事人向公安机关报告事故的行为。发生道路交通事故时,当事人应当组织车上人员疏散到路外安全地点,在确保安全的原则下,及时报警处理。公安机关及其交通管理部门接到报警的,应当受理,制作受案登记表。

十四、交通事故社会救助基金

交通事故社会救助基金是指依法筹集用于垫付机动车道路交通事故中受害人人身伤亡的丧葬费用、部分或者全部抢救费用的社会专项基金。

(1)救助基金的来源包括:①按照机动车交通事故责任强制保险的保险费的一定比例提取的资金;②对未按照规定投保交强险的机动车的所有人、管理人的罚款;③依法向机动车道路交通事故责任人追偿的资金;④救助基金孳息;⑤地方政府按照规定安排的财政临时补助;⑥社会捐款;⑦其他资金。

(2)救助基金的使用。《道路交通事故社会救助基金管理办法》第十四条规定,有下列情形之一时,救助基金垫付道路交通事故中受害人人身伤亡的丧葬费用、部分或者全部抢救费用:抢救费用超过交强险责任限额的;肇事机动车未参加交强险的;机动车肇事后逃逸的。救助基金一般垫付受害人自接受抢救之时起7日内的抢救费用,特殊情况下超过7日的抢救费用,由医疗机构书面说明理由。具体费用应当按照规定的收费标准核算。第十五条规定,依法应当由救助基金垫付受害人丧葬费用、部分或者全部抢救费用的,由道路交通事故发生地的救助基金管理机构及时垫付。

(3)途径:

①公安机关交通管理部门通知救助基金管理机构。《道路交通事故社会救助基金管理办法》第十六条规定:发生本办法第十四条所列情形之一需要救助基金垫付部分或者全部抢救费用的,公安机关交通管理部门应当在处理道路交通事故之日起3个工作日内书面通知救助基金管理机构。

②医疗机构申请。《道路交通事故社会救助基金管理办法》第十七条规定:医疗机构在抢救受害人结束后,对尚未结算的抢救费用,可以向救助基金管理机构提出垫付申请,并提供需要垫付抢救费用的相关材料。受害人或者其亲属对尚未支付的抢救费用,可以向救助基金管理机构提出垫付申请,医疗机构应当予以协助并提供需要垫付抢救费用的相关材料。

③受害人家属申请。《道路交通事故社会救助基金管理办法》第十九条规定:发生本办法第十四条所列情形之一需要救助基金垫付丧葬费用的,由受害人亲属凭处理该道路交通

事故的公安机关交通管理部门出具的《尸体处理通知书》向救助基金管理机构提出书面垫付申请。对无主或者无法确认身份的遗体,由县级以上公安机关交通管理部门会同有关部门按照规定处理。

十五、赔偿标准

赔偿标准是指根据不同的赔偿项目,对被保险人进行赔偿时的具体标准。

第三节　交通事故处理管辖

交通事故处理的管辖主要涉及以下几个方面。

一、公安机关

根据《中华人民共和国道路交通安全法》等法律法规的规定,公安机关是交通事故处理的主管部门。公安机关可以对涉及人员轻伤及以下的交通事故进行调查处理,认定事故责任,并制作交通事故认定书。交通事故由事故发生地的县级公安机关交通管理部门管辖。未设立县级公安机关交通管理部门的,由设区的市公安机关交通管理部门管辖。交通事故发生在两个以上管辖区域的,由事故起始点所在地公安机关交通管理部门管辖。对管辖权有争议的,由共同的上一级公安机关交通管理部门指定管辖。指定管辖前,最先发现或者最先接到报警的公安机关交通管理部门应当先行处理。上级公安机关交通管理部门在必要的时候,可以处理下级公安机关交通管理部门管辖的交通事故,或者指定下级公安机关交通管理部门限时将案件移送其他下级公安机关交通管理部门处理。案件管辖权发生转移的,处理时限从案件接收之日起计算。

二、保险公司

交通事故中涉及保险理赔的,由被保险人向保险公司提出索赔要求,保险公司根据保单约定进行理赔。保险公司可以要求被保险人提供相关证明材料,或者进行现场勘查等调查取证工作。

三、人民法院

如果交通事故当事人对公安机关认定的事故责任不满意,或者涉及重伤或死亡等情况,可以向人民法院提起民事诉讼。人民法院可以对交通事故的责任认定、赔偿标准等进行判决。交通事故责任作为一种特殊的侵权责任,根据《中华人民共和国民事诉讼法》的相关规定,由"侵权行为地"或"被告住所地"人民法院管辖。对公民提起的民事诉讼,由被告住所地人民法院管辖;被告住所地与经常居住地不一致的,由经常居住地人民法院管辖。对法人或者其他组织提起的民事诉讼,由被告住所地人民法院管辖。同一诉讼的几个被告住所地、经常居住地在两个以上人民法院辖区的,各该人民法院都有管辖权。发生交通事故提起诉讼时,结合当事人的诉讼成本,选择向有利于自己的有管辖权法院提起诉讼。

四、交通管理部门

如果交通事故涉及道路交通管理方面的问题,如道路标志、信号灯等存在缺陷或不规范,交通管理部门可以对该问题进行调查处理。

总体来说,公安机关是交通事故处理的主要管辖部门,但不同的情况可能需要不同的部门进行协调处理。

第三章

交通事故认定与复核

第一节 交通事故的认定

一、交通事故认定的含义

交通事故认定是指公安机关交通管理部门根据交通事故现场勘验、检查、调查情况和有关的检验报告、鉴定意见,制作交通事故认定书,作出关于事故事实、事故成因以及当事人事故责任的意见性结论的交通事故证据调查工作。

二、交通事故认定的基本原则

《道路交通事故处理程序规定》第五十九条规定:道路交通事故认定应当做到事实清楚、证据确实充分、适用法律正确、责任划分公正、程序合法。

(1)事实清楚:与交通事故当事人责任及损害后果有关的事实清楚;基本事实清楚是指交通事故发生的时间、地点、原因清楚;交通事故当事人如驾驶人、机动车所有人、乘车人、保险人、肇事嫌疑人等清楚;造成何种后果如当事人受伤情况、财产损失等清楚;当事人有无违法行为如无证驾驶、醉酒驾驶、超载、闯红灯、超速、逆行等事实清楚。

(2)证据确实充分:一是道路交通事故认定的事实都有证据证明,是指作为确定交通事故的事实的证据包括交通事故当事人的情况、交通事故发生的过程、当事人的交通安全违法行为、交通事故的损害后果等各种情节,都有办案机关经法定程序收集的证据证明。这是认定"证据确实、充分"的基础。二是作为分析交通事故发生和确定当事人责任的证据均经法定程序查证属实,是指经过公安机关交通管理部门按照法律规定的程序查证,作为定案根据的证据被认定属实。这一条件侧重认定证据"确实"的方面。三是综合全案证据,对所认定事实已排除合理怀疑,是指办案人员在每一证据均查证属实的基础上,经过对证据的综合审查,运用法律知识和逻辑、经验进行推理、判断,对认定的案件事实达到排除合理怀疑的程度。

(3)适用法律正确:交通事故认定的过程是适用法律、法规和规章的过程,对法律的适用要做到准确、适当。

(4)责任划分公正:交通事故责任划分实际是当事人过错的对比和衡量,要公正、平等地对当事人行为的原因进行分析。交通事故认定应充分考虑行为与责任、因果关系与责任、路权与责任、安全与责任等原则,公正划分事故责任。

(5)程序合法:程序指的是进行法律活动所必须遵循的步骤、方式、顺序和时限等,程序具有独立的价值和作用,它不仅是实现正义的重要手段,还是保护公民权利、维护法律权威的重要保障。只有通过正当、公正、公开的程序,才能保护法律活动的合法性和有效性,才能保障公民的合法权益不受侵犯。因此,程序和实体是一对相应的法律概念,它们共同构成了法律制度的完整体系。

三、交通事故当事人责任的确定

《中华人民共和国道路交通安全法实施条例》第九十一条规定:公安机关交通管理部门应当根据交通事故当事人的行为对发生交通事故所起的作用以及过错的严重程度,确定当事人的责任。

道路交通事故责任定量分类有主要责任、次要责任、同等责任、全部责任、无责任五类。

(1)由于一方当事人的过错导致道路交通事故的,应该承担全部责任。《道路交通事故处理程序规定》第六十一条规定了推定承担全部责任的道路交通事故情形,包括发生道路交通事故后逃逸的和故意破坏、伪造现场、毁灭证据的。

(2)由于两方或者两方以上当事人的过错导致道路交通事故的,根据其行为对事故发生的作用以及过错的严重程度,分别承担主要责任、同等责任和次要责任。

(3)各方均无导致道路交通事故的过错,属于交通意外事故的,各方均无责任。

下面列举两起交通事故责任认定的案例。

CASE
案例

案例一:

2023年6月某日凌晨,罗某某醉酒后(体内酒精含量为137.71mg/100ml)驾驶江×××××小型轿车,沿A市经开区高安街道白象路自北向南行驶在道路西侧机动车道内,途经中丞地产附近路段时,遇前方同向行驶尚某某驾驶的无号牌"雅迪"牌二轮电动车,在道路西侧机动车道内,江×××××小型轿车右前部与二轮电动车后部接触。造成尚某某受伤后经医院抢救无效死亡,两车受损的道路交通事故。事故发生时江×××××小型轿车行驶速度约为65km/h,该路段限速为40km/h,江×××××小型轿车超速行驶。经过A市某某大队的调查,取得以下证据:(1)受案登记表:证明事故发生时间、地点。(2)现场勘查笔录、现场图、现场照片、私人监控:固定、记录了交通事故现场情况。(3)当事人询问材料及证人证言。(4)A市鉴定所司法鉴定意见书表明:所送罗某某的血液样品中检出乙醇,含量为137.71mg/100ml。(5)痕迹鉴定意见书表明,江×××××小型轿车事故发生后(事发后2s内的视频截图区间)的行驶速度约为65km/h,而事故发生路段城市道路限速为40km/h。(6)网上查询材料。

分析结果如下：罗某某醉酒后驾驶机动车上道路行驶时，疏于观察，且超速行驶，是导致本起道路交通事故发生的直接原因；尚某某驾驶非机动车未在非机动车道内行驶，与本起道路交通事故发生无因果关系。故A市某某大队作出《道路交通事故认定书》，罗某某醉酒后驾驶机动车上道路行驶时，疏于观察，且超速行，其行为违反了《中华人民共和国道路交通安全法》第二十二条第二款"饮酒、服用国家管制的精神药物或者麻醉药品，或者患有妨碍安全驾驶机动车的疾病，或者过度疲劳影响安全驾驶的，不得驾驶机动车。"第二十二条第一款"机动车驾驶人应当遵守道路交通安全法律法规的规定，按照操作规范安全驾驶、文明驾驶。"第四十二条第一款"机动车上道路行驶，不得超过限速标志标明的最高时速。在没有限速标志的路段，应当保持安全车速。"之相关规定。尚某某没有与本起道路交通事故发生有因果关系的违法行为。根据《中华人民共和国道路交通安全法实施条例》第九十一条"公安机关交通管理部门应当根据交通事故当事人的行为对发生交通事故所起的作用以及过错的严重程度，确定当事人的责任。"之规定，认定罗某某负本起道路交通事故的全部责任；尚某某在本起道路交通事故中无责任。

案例二：

2023年3月某日下午，张某某驾驶悬挂"临时×××××"号牌的电动二轮车（事发时搭载李夏某、李某）沿A市北京东路由东向西行驶，行驶至北京东路与梦溪路交叉路口时，因违反交通信号灯指示通行与沿北京东路由西向东行驶至该路口绿灯左转弯的由陈某某驾驶的江×××××号重型半挂牵引车发生碰撞，导致两车受损及张某某受伤、电动车乘坐人李某受伤的道路交通事故。经过A市某某大队的调查，取得以下证据予以证实：(1)受案登记表：证明事故发生时间、地点。(2)现场勘查笔录、现场图、现场照片：固定、记录了交通事故现场情况，现场勘查情况详见《道路交通事故现场勘查笔录》。(3)当事人张某某询问材料一份、当事人陈某某询问材料一份及t现场监控视频证实了道路交通事故发生的经过。(4)A市司法鉴定所出具鉴定意见书显示：①江×××××重型半挂牵引车（江×××××挂号重型平板半挂车）前侧左部与悬挂"临时×××××"两轮电动车左侧发生过碰撞接触。②江×××××重型半挂牵引车（江×××××挂号重型平板半挂车）沿A市北京东路由西向东行驶至北京东路与梦溪路交叉路口左转弯时，其前侧左部与沿北京东路非机动车道由东向西行驶至该路口的悬挂"临时×××××"两轮电动车左侧发生碰撞，碰撞后悬挂"临时×××××"两轮电动车右侧翻倒地向北滑移一段距离后停止。(5)现场监控视频。A市某某大队作出《道路交通事故认定书》，张某某驾驶非机动车在道路上行驶，违反了交通信号指示通行及驾驶非机动车搭载两名未成年人的行为是导致本起事故发生的主要原因；陈某某驾驶机动车在道路上行驶时行经交叉路口疏于观察未确保安全、畅通原则通行的行为是导致本起事故发生的另一原因。张某某驾驶非机动车违反交通信号灯指示通行及驾驶非机动车搭载两名未成年人的行为违反了《中华人民共和国道路交通安全法》的第三十八条"车辆、行人应当按照交通信号通行；遇有交通警察现场指挥时,应当按照交通警察的指挥通行;在没有交通信号的道路上,应当在确保安全、畅通的原则下通行"以及《安徽省道路交通安全管理规定》第五章第二十三条"电动自行车准予搭载一名12周岁以下的未成年人。搭载学龄前儿童的,应当使用安全座椅"之规定。陈某某驾驶机动车在道路上行驶时,行经交叉路口疏于观察未确保安全、畅通原则通行的行为违反了《中华人民共和国道路交通安全法》第二十二条第一款"机动车驾驶人应当遵守道路交通安全法律法规的规定,按照操作规范安全驾驶、文明驾驶"之规定。根据《中华人民共和国道路交通安全法实施条例》第九十一条的规定"公安机关交通管理部门应当根据当事人的行为对交通事故的作用以及过错的严重程度,确定当事人的责任。"认定交通事故责任如下:当事人张某某负本起事故主要责任;当事人陈某某负本起事故次要责任;当事人李某无责任;当事人夏某无责任。

四、交通事故责任认定的原则

1.行为责任原则

如果当事人对某一起交通事故负有责任,则事故必定因其行为引起,没有实施行为的当事人不负事故责任。

交通事故鉴定是确定当事人行为在事故中所起作用的技术鉴定。认定交通事故责任时,应当实事求是地表述当事人的行为在事故中的作用,不考虑法律责任。《道路交通事故处理程序规定》要求,公安机关交通管理部门应当根据当事人的行为对发生道路交通事故所起的作用以及过错的严重程度,确定当事人的责任。在认定交通事故责任时,首先要看当事人的行为在交通事故中所起的作用,然后再确定行为的过错严重程度。

2.因果关系原则

在进行交通事故责任认定时,不能只看当事人是否有违法行为,还得看其违法行为在事故中的作用。违法行为的严重程度与其在事故中的作用不成比例。有些行为并不违法,但在事故中也起了作用;有些违法行为很严重,但在事故中不起作用,该行为与事故的发生没有因果关系,也不加重事故后果。同样,交通事故当事人的一些违法行为也不一定是事故发生的原因。确定交通事故当事人的责任,其行为必须与事故有因果关系。交通事故鉴定是技术鉴定,在确定行为与事故的因果关系时,只需确定行为人的行为是否实际属于事故原因即可。事实上,原因的检验方法可以借鉴《中华人民共和国民法典》侵权责任❶中关于因果关系的理论。根据必要条件规则,所有构成后果发生的必要条件的条件都是事实原因。检验方法如下:

(1)使用排除法。如果将行为人的行为从交通事故事实中排除,事故仍会按照原来的

---

❶ 《中华人民共和国民法典》第一千一百六十六条:行为人造成他人民事权益损害,不论行为人有无过错,法律规定应当承担侵权责任的,依照其规定。

因果顺序和方式发生,则行为人的行为与事故发生和损害结果之间不存在因果关系;反之,则构成事实原因。

(2)使用替代法。如果行为人原本有过错的行为被改变为无过错行为,或者其不适当的不作为改变为适当的行为,仍会发生交通事故和损害结果,则行为人的原行为不是事故原因;反之,则构成事实原因。必要条件规则最明显的缺点是,即使行为没有发生,结果无论如何都会发生,所以行为不是结果的事实原因。这源于追因逐果的思维逻辑。

(3)根据因果关系的推定规则。在某些情况下,通常的规则不能用于证明事实因果关系,法律规定了特殊的确定规则,包括因果关系的推定规则。这一规则要求责任人证明他所负责的行为或事件不是损害的原因。如果他不能证明,就认定有事实因果关系。该规则还采用了因果关系的推定规则。根据《中华人民共和国道路交通安全法》第七十六条规定,机动车与非机动车驾驶人、行人发生交通事故的,非机动车驾驶人、行人没有过错的,由机动车一方承担赔偿责任;有证据证明非机动车驾驶人、行人有过错的,根据过错程度适当减轻机动车一方的赔偿责任;机动车一方没有过错的,承担不超过百分之十的赔偿责任。交通事故的损失是由非机动车驾驶人、行人故意造成的,机动车一方不承担责任。除非能够证明损害是由受害人自己的故意造成的,否则认为行为与结果之间存在因果关系,由侵权人或者相关事件、行为的责任人承担民事责任。

3.路权原则

路权原则即各行其道原则。广义的路权是指人们依法对属于自己的道路享有的所有权。即对道路的占有、使用、收益和处分权。狭义的路权是指人们依法在一定空间、一定时间使用道路的权利,这也是道路交通安全法规中所指的路权。《中华人民共和国道路交通安全法》第三十八条规定:"车辆、行人应当按照交通信号通行;遇有交通警察现场指挥时,应当按照交通警察的指挥通行;在没有交通信号的道路上,应当在确保安全、畅通的原则下通行。"路权原则是交通安全的重要保障,也是交通参与者参与交通的基本原则。现代交通设施为所有交通参与者提供了他们自己的路线。行人、非机动车、机动车都有自己的通行路线。但是在目前的交通环境下,绝对的专用道路是很少的,"借道通行"必然存在。在强调交通参与者各行其道的同时,也要规范交通参与者使用非其法定优先的道路的行为。路权其实是对道路交通安全管理法规中关于交通参与者在交通活动中享有的权利的高度概括和提升。路权由通行权、先行权和占用权三部分组成,在科学的管理制度下,交通参与者在使用非其法定优先使用的道路时,必须遵守一定的原则,以确保安全。

在交通事故认定中如何体现"各行其道"的原则,应考虑以下两个方面:一是借道避让原则。各行其道要求交通参与者必须按照法律法规的规定各行其道。为了合理利用交通资源,在法律法规允许的情况下,交通参与者可以借用非其专用的道路通行。当然,法律法规明令禁止的除外,如高速公路禁止非机动车和行人通行。交通参与者实施借道通行时,有可能与被借道路本车道的参与者产生冲突,为保证安全,必须明确谁有义务主动防止冲突的发生。借道避让原则在调整交通行为和交通事故认定中仍应起到规范性作用。二是行人在没有交通信号控制的路段横过道路与机动车发生事故的特殊原则。既然确定了借道避让原则,对此类事故的认定思路已经有一定的概念,即借道通行者应较本道通行者承担更多的安全义务。但此原则存在特殊性,《中华人民共和国道路交通安全法》第四十七条规定:"机动车行经人行横道时,应当减速行驶;遇行人正在通过人行横道,应当停车让行。机动车行经没有交通信号的道路时,遇行人横过道路,应当避让。"《中华人民共和国道路交通安全法》第六十二条规定:"行人通过路口或者横过道路,应当走人行横道或者过街设施;通过有交通信号灯的人行横道,应当按照交通信号灯指示通行;通过没有交通信号灯、人行横道的路口,或者在没有过街设施的路段横过道路,应当在确认安全后通过。"人行横道是保护行人横过道路的通行区域,机动车遇行人通过人行横道时,负有避让行人的义务;行人在没有交通信号的路段横过机动车道时,虽属借道通行,但在此情况,机动车有避让行人的义务,同时行人也有确保安全的义务。这是行人在没有交通信号控制的路段横过道路的特殊通行规定,也是《中华人民共和国道路交通安全法》以人为本指导思想的具体体现,充分表现出重点保护弱者的特点。各行其道原则认定交通事故责任,其本质就是认定事故当事人在通行规定上应承担的安全义务大小,如借道通行者应承担确保安全的义务应大于本车道正常通行参与者的义务,在划分责任时,应承担较大义务的参与者也应负主要及以上的责任,反之负次要及以下责任。确保安全义务是衡量当事人交通事故责任的标尺,这也是各行其道原则的本质。

横过道路的行人和机动车谁应承担的义务大呢?机动车和横过道路的行人应承担同等的安全义务。主要有这两个方面的原因:一是充分体现以人为本的思想。法律已经明确规定了机动车应避让横过道路的行人,就不能简单地将行人横过道路的情形等同于其他借道通行的行为,即不能认为行人应承担比机动车更大的安全义务。二是行人应当受到保护,但行人也应当维护交通秩序。个体的利益需要法律保护,但社会的利益需要每个人共同维护。行人横过道路与机动车发生交通事故,行人固然是受害者,但社会的利益也受到了侵害,行人同样有义务维护社会的利益。

同时,在认定机动车与行人横过道路发生的交通事故责任时,还应考虑以下两个问题:一是行人横过道路与机动车发生事故的特殊原则适用仅限于《中华人民共和国道路交通安全法》第四十七条第二款的情形,即行人在没有交通信号的路面上横过道路与机动车发生事故的情形,并非适用于所有行人与机动车发生的事故。《中华人民共和国道路交通安全法》第七十六条所规定的,机动车与行人或非机动车发生交通事故后所承担的责任,仅限于民事责任,并非交通事故责任。二是客观对待不同交通参与者的交通特性。《中华人民共和国道路交通安全法》着重保护行人和非机动车等交通环境中的弱者,同样也强调交通参与者遵守交通法律法规。在分析机动车与行人发生的交通事故时,不但要立足于法律法规,还要客观、具体地分析机动车与行人的交通特性。机动车相对行人来说,速度快,但操作不灵活,驾驶人在行车过程中如遇险情,控制能力低。行人则速度慢,但行动灵活,控制能力强。行人在横过道路时,其观察交通环境的能力强于机动车在运行中观察行人动态的能力,在认定机动车与行人的交通事故时,不能一味强调法律条文而忽视机动车和行人的交通特性。既不能要求机动车像行人那样灵活控制,也不能要求行人像机动车那样行动迅速。

4.安全原则

安全原则包括合理避让原则与合理操作原则。

(1)合理避让原则。交通事故的形态千变万化,事故原因多种多样,交通参与者在享受通行权利的同时,如遇他人侵犯己方的合法通行权,必须做到合理避让,主动承担维护交通安全的义务。如果发生了交通事故,应怎样分析双方的行为在事故中所起的作用呢?事故责任的划分,先确定一方是否违反了通行规定,后分析另一方如何处置,再以事故发生时双方是否尽到了安全义务来衡量双方行为的作用并划分责任。有以下几点需要注意:第一是一方存在过错,其行为影响了另一方的交通安全,这是运用合理避让原则的基本条件,如果一方没有过错或即使有过错但行为没有影响另一方的交通安全,则不适用此原则。第二是被妨碍安全一方应该发现危险的存在却未发现,未尽到一般注意义务,若被妨碍安全一方尽到了一般注意义务后能够发现危险存在,视为应当发现,反之视为不应当发现。第三是被妨碍一方尽到了符合其身份的义务,能够采取有效的避让措施但没有采取或没有采取正确的措施。如果被妨碍方尽到了符合其身份的一般义务要求,能够采取正确措施而没有采取的,则适用本原则,反之不适用。第四是被妨碍方虽有条件采取措施避让妨碍方,但其所采取的措施不妨碍第三方的交通安全,如果会对正常参与交通的第三方产生危险的,不适用本原则。一般来说,以各行其道原则划分事故责任相对比较简单,因为此类事故的路面痕迹及车辆停放位置通常能够相对客观地反映当事人的行为。而根据合理避让原则,直接证据取证比较困难。虽然大多数交通事故都是民事侵权案件,但与其他民事侵权案件存在着不同,交通事故多在动态运行中发生,交通事故中各方当事人的相互作用性较其他民事侵权案件强,为使每一个交通参与者都建立维护交通安全的意识,用合理避让原则划分交通事故责任有其合理性。

(2)合理操作原则。合理操作原则是指交通参与者在参与交通运行时,为了保证交通安全,应主动杜绝一些法律法规未禁止,但有可能存在危险隐患的行为。如果实施了上述行为且造成了交通事故,应负事故责任。《中华人民共和国道路交通安全法》第二十二条第一款规定:"机动车驾驶人应当遵守道路交通法律法规的规定,按照操作规范安全驾驶、文明驾驶。"首先,每个交通参与者在参与交通运行时,都有自己的操作习惯,一些习惯存在着危害交通安全的隐患,而法律不可能列举在参与交通事故时可能出现的所有行为;其次,再完善的法律也难以对全部交通行为做出无遗漏的规定。在法律实施后,社会上会出现新的事物参与到道路交通运行中,这些新事物也许存在危害交通安全的隐患。适用合理操作原则认定交通事故责任,应着重考虑"虽未违法,但存在交通过错"的行为。

5.结果责任原则

行为人的行为虽未造成交通事故的发生,但加重了事故后果,应负事故责任,即结果责任原则。确定该原则主要有两个原因:一是技术认定的客观性。从技术的角度出发,造成交通事故的原因可分为发生原因和结果原因两种,这两种原因共同导致了交通事故发生的结果。严格来说,这两类原因在交通事故中的作用和地位有一定的区别。发生原因是主动打破交通平衡环境的因素,有一定的主动性;结果原因是在外在因素的作用下,才能造成结果的因素,有一定的被动性。但这两类原因并不是完全孤立的,有时一种原因既含有发生因素也含有结果因素。比如,货车超载运输硫酸,车辆在转弯时,驾驶人因车辆超载而不能有效控制,致使车辆占用对向车道,与对向车辆碰撞,此时超载表现为发生原因。由于车辆超载,捆绑不牢固,硫酸罐落下地面后摔裂,硫酸泄漏腐蚀车辆和路面,超载在此表现为结果原因。一般认为,发生原因的作用大于结果原因,但发生原因和结果原因在一起事故中的作用方式不尽相同,在事故中的作用大小也不能一概而论,必须从实际出发,在充分调查取证的情况下综合考虑。交通事故认定是全面、客观反映交通事故成因的技术认定,应该客观、科学、公正地表述事故成因。作为证据,当事人的过错客观地造成了事故后果或是造成后果的原因之一,有过错的当事人就应该负事故责任。二是增强交通参与者维护交通安全的意识。交通环境是一个复杂的大系统,交通参与者是其中的子系统,为了维护大系统的正常运转,子系统必须正常运转,这就要求每一个交通参与者都必须自觉遵守交通法律法规。任何一个违反交通法律法规的行为,都存在影响交通环境正常运转和导致交通事故发生的可能。为了保障交通安全,任何人在参与交通事故时都要自觉遵守交通法律法规。同时,对违反交通法律法规,且加大事故后果的违法者认定事故责任是非常必要的。

公安机关交通管理部门经过调查后,应当根据当事人的道路交通安全违法行为对导致交通事故的作用及其行为的严重程度,确定当事人的过错时,同时还应注意以下两点:一是应强调驾驶人职业上的注意义务,避免对行人、非驾驶方要求过于苛刻。判断驾驶人责任时,不应仅看其是否违章(不违章不意味着已尽注意义务),还应看其是否遵守一般安全义务,因为任何发达的交通规则都不能完全概括现实交通的复杂状况。二是如果双方均未报案,一般应认定驾驶方有条件报案而未报案,使其承担赔偿责任。

五、特殊车辆的责任认定

1.车辆被盗后出事故,责任人的确定

在车辆被盗后发生事故,责任人的确定需要根据具体情况来确定。

(1)如果车辆被盗后未报警或报警后未及时通知保险公司,且事故中无法确定肇事人,那么责任可能会由车主或驾驶人承担,因为车辆被盗并不等同于车主或驾驶人的责任被免除。

(2)如果车辆被盗后及时报警,并且保险公司已经得到通知,那么责任可能由保险公司承担。这需要根据具体的保险合同条款来确定。

（3）如果车辆被盗后被人故意驾驶并发生事故，责任可能由实际驾驶人承担。如果实际驾驶人无法确定，那么责任可能由保险公司承担。

总之，在车辆被盗后发生事故时，需要尽快报警并及时通知保险公司，以便在事故责任的确定方面获得更多的帮助和支持。

2. 出借车辆发生事故车主的责任

出借车辆发生事故时，车主需要承担哪些责任？以下是一些可能的情况。

（1）如果出借方与使用方之间签订了书面协议，且该协议详细规定了车辆使用的条件及责任，则在事故发生时，应严格依据协议条款确定责任归属。

（2）在无书面协议的情况下，一旦出借方将车辆交付给使用方，使用方即成为车辆的实际控制者。在此情形下，使用方承担车辆使用期间产生的所有责任，包括交通事故责任。若使用方在事故发生时无法承担或仅能承担部分责任，出借方需根据其是否履行了必要的注意义务来分担责任。例如，若出借方未能核实使用方的驾驶资格或未能提供车辆的准确信息，则可能需承担相应的责任。

（3）若出借方在出借车辆时已知晓或理应知晓使用方不具备合法驾驶资格，或使用方在驾驶过程中违反了交通规则，且事故正是由于这些违规行为导致的，则出借方应承担相应的法律责任。

（4）如果出借方在事故发生前已明确要求使用方归还车辆，而使用方未履行归还义务并因此造成了事故损害，则出借方被免除责任。

总之，在出借机动车辆前，车主应该尽可能了解使用方的驾驶资格和信用记录，并且建议通过书面协议明确车辆使用条件和责任。在事故发生时，如果车主已经尽到了合理的谨慎义务，车主可能不需要承担责任。

3. 挂车致害的索赔

如果挂车发生交通事故造成人身伤亡或财产损失，受害人可以通过以下途径进行索赔。

（1）向肇事车辆的保险公司索赔：如果肇事车辆有保险，受害人可以直接向保险公司提出索赔要求。挂车的保险一般属于车险中的第三者责任险，该险种的保险金额可以覆盖因车辆使用而造成的人身伤亡或财产损失。索赔流程需要提供相关证据，如事故证明、医院诊断书等。

（2）向肇事人要求赔偿：如果肇事人没有购买保险或保险赔偿金额不足以赔偿受害人的损失，受害人可以直接向肇事人要求赔偿。此时，需要受害人提供事故证明、医院诊断书、损失清单等相关证据。

（3）向保险公司或肇事人提起诉讼：如果保险公司或肇事人拒绝赔偿或赔偿金额不足以弥补受害人的损失，受害人可以通过司法程序向保险公司或肇事人提起诉讼，争取更多的赔偿。

总之，如果挂车发生交通事故造成人身伤亡或财产损失，受害人应该及时采取行动，向保险公司或肇事人提出索赔要求，或者通过司法程序维护自己的合法权益。

4.套牌车辆发生交通事故，登记车主的责任

如果套牌车辆发生交通事故，登记车主的责任根据具体情况和法律规定而定。一般情况下，可以从以下几个方面来考虑。

（1）车辆的实际控制人：如果车辆实际控制人是套牌人员，他应该承担主要责任，包括交通事故责任和违法行为责任。

（2）车辆的登记所有人：如果车辆的登记所有人是套牌人员，他应该承担一定的责任，包括协助查明车辆实际控制人的责任。根据《中华人民共和国道路交通安全法》规定，车辆所有人应当对其名下的车辆交通违法行为负主要责任，但是如果车主能够证明车主没有过错或无法证明事故责任在自己身上，那么车主可以免除或减轻责任。

（3）其他可能承担责任的人员：如果车辆的套牌人员和登记所有人都无法确定或难以确定，还需要进一步调查确定其他可能承担责任的人员，如汽车修理厂、汽车销售公司等。

总之，如果套牌车辆发生交通事故，登记车主需要配合相关部门的调查工作，并尽快提供相关证据和信息，以确定事故责任并尽快解决问题。

5.报废车辆出事故，保险公司的责任

如果报废车辆出事故，保险公司的责任需要根据具体情况和保险合同来确定。

（1）如果保险合同已经到期或被取消：如果报废车辆出事故时保险合同已经到期或被取消，保险公司通常不承担赔偿责任。因此，受害人只能通过司法程序向肇事方要求赔偿。

（2）如果保险合同仍然有效：如果报废车辆出事故时保险合同仍然有效，保险公司可能会对事故造成的人身伤害和财产损失进行赔偿，具体赔偿范围和金额需要根据保险合同条款来确定。但是，保险公司可能会调查事故原因并考虑车辆的使用情况，如果发现车主故意使用报废车辆来进行危险驾驶，保险公司可能会拒绝赔偿。

总之，如果报废车辆出事故，保险公司的责任需要根据保险合同和具体情况来确定。如果保险合同已经到期或被取消，保险公司通常不承担赔偿责任；如果保险合同仍然有效，保险公司可能会对事故造成的人身伤害和财产损失进行赔偿。

6.车辆登记人与实际使用人不一致时的责任主体

当车辆登记人与实际使用人不一致时，责任主体的确定需要考虑以下几个方面。

（1）车辆登记人的责任：根据《中华人民共和国道路交通安全法》的规定，车辆登记人应当对其名下的车辆交通违法行为负主要责任。如果登记人授权他人使用车辆，应当确保授权人符合相关条件，并尽到告知义务。如果未尽告知义务，导致授权人违法行为或者车辆使用不当造成损害的，登记人应当承担一定的责任。

（2）实际使用人的责任：实际使用人在驾驶车辆时，应当符合相关法律法规的规定，并

保证车辆的安全运行。如果实际使用人违反交通规定或者因车辆使用不当造成损害的,应当承担相应的责任。

(3)其他可能承担责任的人员:如果出现争议,还需要进一步调查确定其他可能承担责任的人员,如汽车销售公司、汽车维修厂等。

总之,当车辆登记人与实际使用人不一致时,责任主体的确定需要根据具体情况和法律规定来综合考虑。登记人应当尽到告知义务,授权人应当合法合规地使用车辆,实际使用人应当符合相关法律法规的规定。如果实际使用人违反交通规则或者因车辆使用不当造成损害的,应当承担相应的责任。

7.交强险赔偿金追偿权

交强险是指机动车交通事故责任强制保险,其主要目的是保障第三方受害人的合法权益。如果发生交通事故,导致第三方受害人遭受人身伤害或财产损失,交强险公司应当依法承担相应的赔偿责任。

对于交强险赔偿金的追偿权,一般来说,具有追偿权的主体为受害人及其代理人。如果交强险公司在赔偿后获得了追偿权,也可以向责任方进行追偿。

与此同时,如果交通事故的责任在于车辆生产者,受害人还可以向车辆生产者追偿。根据《中华人民共和国产品质量法》的规定,产品生产者因产品质量问题造成他人损害的,应当依法承担民事责任。因此,如果车辆生产者的设计、制造、销售等环节存在问题,导致车辆存在安全隐患,造成交通事故并给第三方受害人造成损害,受害人有权向车辆生产者追偿。

总之,交强险赔偿金的追偿权主要由受害人及其代理人享有,交强险公司也可以获得追偿权。如果交通事故的责任在于车辆生产者,受害人还可以向车辆生产者追偿。

8.擅自更改投保车辆用途,保险公司可免赔

根据《中华人民共和国保险法》的规定,被保险人对保险标的或者保险事项作出虚假陈述或者故意不履行告知义务或者重大过失未说明真实情况的,保险人有权解除合同,不承担赔偿责任,并不返还保险费。

因此,如果被保险人未经保险公司同意,擅自更改投保车辆的使用性质,导致发生交通事故,保险公司可以免除赔偿责任。

但是,如果被保险人更改投保车辆的使用性质是经过保险公司同意的,保险公司应当按照约定承担相应的赔偿责任。同时,如果被保险人更改投保车辆的使用性质是因为客观情况变化,而保险公司未能及时调整保险合同内容,导致保险合同与实际情况不符,保险公司也应当承担相应的赔偿责任。

综上所述,被保险人未经保险公司同意擅自更改投保车辆的使用性质,保险公司可以免除赔偿责任。但如果更改是经过保险公司同意的,或因客观情况变化,而保险公司未能及时调整保险合同内容,保险公司应当承担相应的赔偿责任。

9.驾驶与准驾车型不符车辆出事故,保险公司可拒赔

根据《中华人民共和国道路交通安全法》的规定,驾驶机动车应当持有相应准驾车型的机动车驾驶证。如果驾驶人驾驶车辆与其准驾车型不符,将会构成违法行为,并且可能会导致保险公司拒绝承担赔偿责任。

对于保险公司而言,其保险责任主要是基于保险合同的约定来决定的。根据保险合同约定,保险公司通常只对被保险人合法驾驶的车辆提供保险赔偿。如果被保险人驾驶的车辆与其准驾车型不符,属于违法行为,因此保险公司可以拒绝承担赔偿责任。

但是,如果保险合同中有明确的约定,规定被保险人驾驶与准驾车型不符的车辆也可以获得保险赔偿,那么保险公司应当按照合同约定承担相应的赔偿责任。此外,如果驾驶人在事故发生前已经申请了相应的驾驶证,并且保险公司已经承认了驾驶人的驾驶证有效性,那么保险公司也应当承担相应的赔偿责任。

综上所述,驾驶与准驾车型不符车辆出事故,保险公司可以拒绝承担赔偿责任,但具体是否可以拒赔还需根据保险合同中的约定以及驾驶人是否有相关有效的驾驶证来决定。

10.车险过期仍承保,保险公司需要承担责任

如果车险在过期后保险公司仍继续承保,那么在随后的保险事故发生时,保险公司可能需要承担相应的赔付责任。因为依据保险公司与被保险人之间签订的保险合同,明确界定了保险的有效期限及保险责任的具体范围。一旦保险期限届满且未得到续期,保险公司从法律上讲便不再负有承保义务,因此,理论上也不应依据原保险合同的条款向被保险人提供赔偿。然而,若保险公司实际上继续承保,则可能被视为默认延长了合同有效期,从而在事故发生时需面对赔付责任的问题。

在实际情况中,如果保险公司出于一些原因而错误地承保了已过期的保险,一旦发生保险事故,保险公司可能需要承担相应的赔偿责任。在这种情况下,保险公司可能会以被保险人违反保险合同约定为由拒绝赔偿,但是如果被保险人能够证明保险公司在错误地承保后确实承担了相应的保险费用,并且在保险期间内也没有进行过退保操作,那么保险公司可能需要承担相应的赔偿责任,包括但不限于财产损失、人身伤害赔偿等。

因此,对于车险过期仍承保的情况,建议被保险人在购买保险时务必了解保险合同的约定,遵守保险期限规定,以避免在事故发生时无法获得相应的保险赔偿。同时,保险公司在承保时也应当认真审核被保险人的保险申请,确保保险合同的有效性。

11.发生交通事故后,有五种情形车主不能免责

发生交通事故后,以下五种情况车主是不能免责的:

(1)车辆超速行驶或违反交通信号灯指示造成交通事故的,车主应承担相应的责任。

(2)车辆行驶途中发生故障或失控,造成交通事故的,车主应当承担相应的责任,除非车主能够证明该故障或失控是由于制造、装配、维修等方面的缺陷造成的。

(3)车辆未经年检或者技术鉴定合格,或者未经过验车合格或者未购买强制保险,造成交通事故的,车主应当承担相应的责任。

(4)车辆行驶中存在违法行为,例如酒驾、毒驾等,造成交通事故的,车主应承担相应的责任。

(5)车辆被盗抢、非法拘禁等情况下造成的交通事故,车主仍需承担相应的责任,但车主可以向保险公司申请理赔。

总之,交通事故责任的划分需要考虑事故发生的具体情况和车主的责任情况,不能一概而论。但在以上五种情况下,车主基本上都不能免责。

12.使用伪造驾驶证驾驶车辆的处罚

使用伪造驾驶证驾驶车辆属于交通违法行为,根据中国《中华人民共和国道路交通安全法》的规定,违法行为将被处以罚款、拘留等惩罚。

具体的处罚标准包括以下几个方面。

(1)罚款:使用伪造驾驶证驾驶车辆的,将会被处以2000元以上5000元以下的罚款。

(2)拘留:使用伪造驾驶证驾驶车辆的处15日以下拘留;如果使用伪造驾驶证的行为构成犯罪,将会被追究刑事责任。

此外,如果使用伪造驾驶证造成了交通事故,还需要承担相应的赔偿责任。因为使用伪造驾驶证驾驶车辆,其驾驶技能和安全意识都无法得到有效的验证和监管,极易造成交通事故,给他人的生命财产安全带来严重威胁,因此不仅需要受到行政处罚,也需要承担民事责任。

六、交通事故中特殊情况

1.雇员酒后工作途遇交通事故,雇主担责

如果道路运输企业雇员在饮酒后工作,导致交通事故,那么雇主可能会承担相应的责任。根据《中华人民共和国劳动法》和《中华人民共和国民法典》侵权责任编的规定,雇主应对雇员的安全和健康负有保护义务。如果雇主未能履行这一义务,导致了雇员的损害,雇主应当承担相应的赔偿责任。

具体来说,如果雇员在工作期间饮酒并导致交通事故,造成他人人身或财产损害,受害人可以向雇主提出赔偿请求。如果受害人能够证明雇主未履行保护义务,如未进行安全教育和管理,未监管雇员饮酒等,雇主应当承担全部或部分的赔偿责任。

当然,如果雇员饮酒并非在工作期间,或者并非在工作范围内,那么雇主不应该对此承担责任。此外,如果雇主能够证明其已经采取了必要的安全措施,如对饮酒行为进行了禁止或者限制,并加强了安全监管和管理等,也可以减轻赔偿责任。

2.工作时发生交通事故,可以获得侵权、工伤双重赔偿

如果员工在工作期间发生交通事故,根据《工伤保险条例》的规定,员工可以享受工伤保险的赔偿。具体来说,员工需要经过工伤鉴定,证明事故是在工作期间发生,并与工作有

因果关系。如果符合条件,员工可以获得工伤保险赔偿,包括医疗费、护理费、伤残津贴和生活补助金等。

另外,如果发生交通事故是由于其他车辆或者行人的过错导致,员工也可以向责任方主张侵权赔偿。如果责任方已经承担了相应的赔偿责任,那么员工可以获得双重赔偿。

需要注意的是,如果员工发生交通事故是因为自己的过错,如酒驾、超速等,那么员工可能无法获得工伤保险赔偿,并且侵权赔偿也可能会减少或者免除。此外,如果员工没有购买商业保险,那么侵权赔偿可能会受到限制。因此,建议员工在工作期间使用车辆时,必须遵守交通法规,保证自身和他人的安全,同时购买商业保险以充分保障自身权益。

3.道路施工引发交通事故的过错认定

如果道路施工引发了交通事故,需要根据实际情况对责任进行认定。

一般来说,如果施工方在施工期间没有采取必要的安全措施,如设置路障、警示标志等,导致其他车辆的交通安全受到威胁,那么施工方应该承担相应的责任。此外,如果施工方在施工期间不合理地占用了道路,导致其他车辆行驶受到阻碍,也应该承担相应的责任。

另一方面,如果交通事故是由于其他车辆的过错导致,如驾驶人超速、酒驾等违法行为,那么责任应该由其他车辆的驾驶人承担。

需要注意的是,在道路施工期间,驾驶人也需要遵守交通规则,采取必要的安全措施,如减速慢行、注意路况等。如果驾驶人没有采取必要的安全措施,导致交通事故的发生,那么驾驶人也应该承担相应的责任。

因此,在道路施工期间,施工方需要采取必要的安全措施,驾驶人也需要遵守交通规则和采取必要的安全措施,以保证交通安全。如发生交通事故,需要根据实际情况对责任进行认定。

4.路面施工未设警示标志,事故责任的承担

如果路面施工未设警示标志而导致交通事故的发生,责任的承担取决于具体情况。

首先,根据《中华人民共和国道路交通安全法》的规定,道路施工的施工方应当设置明显的警示标志和安全设施,保证道路施工期间交通的安全。如果施工方没有按照规定设置警示标志,且因此导致交通事故的发生,施工方应当承担主要责任。

其次,如果驾驶人在行驶过程中没有遵守交通规则,如没有按照规定减速慢行,超速行驶等违法行为导致交通事故的发生,那么驾驶人应当承担相应的责任。

5.路面障碍物引发事故,事故责任的承担

如果路面障碍物(如水泥块、钢板等)引发交通事故,事故责任的承担取决于具体情况。

首先,根据《中华人民共和国道路交通安全法》的规定,道路管理者应当保证道路畅通和交通安全,及时清理路面障碍物。如果道路管理者未能及时清理路面障碍物,导致交通事故的发生,道路管理者应当承担相应的责任。

其次,如果驾驶人在行驶过程中没有遵守交通规则,如没有按照规定减速慢行,超速行

驶等违法行为导致交通事故的发生,那么驾驶人应当承担相应的责任。

6.道路设计缺陷引发交通事故,责任的承担

如果道路设计缺陷导致交通事故的发生,责任的承担需要根据具体情况来确定。

首先,道路设计缺陷可能是由于设计者或者施工单位的过错导致的,这时责任主体可以是设计者或者施工单位。设计者或者施工单位在设计或者施工道路时必须遵守相关的标准和规范,如果未能遵守规范导致道路设计缺陷,则应当承担相应的责任。

其次,如果交通事故是由于驾驶人在行驶过程中没有遵守交通规则导致的,那么驾驶人也应当承担相应的责任。例如,如果驾驶人因超速行驶而导致交通事故发生,那么驾驶人应当承担相应的责任,即使道路设计存在缺陷。

最后,道路管理者也应当承担一定的责任。道路管理者应当对道路进行定期检查和维护,及时发现和处理道路设计缺陷,确保道路安全。如果道路管理者未能及时发现和处理道路设计缺陷,导致交通事故的发生,那么道路管理者应当承担相应的责任。

因此,如果道路设计缺陷导致交通事故的发生,责任的承担需要根据设计者、施工单位、驾驶人和道路管理者的过错程度来确定。

7.交强险中"未取得驾驶资格"的认定

交强险是指机动车交通事故责任强制保险,由保险公司根据国家有关法律规定的责任范围和保险金额进行承保。机动车交通事故责任强制保险的赔偿范围包括人身伤亡和财产损失。

"未取得驾驶资格"的认定,一般指驾驶人没有取得相应的驾驶证或者驾驶证被吊销、注销等情况。如果发生交通事故,保险公司在进行理赔时会对驾驶人是否具备合法的驾驶资格进行认定,从而决定是否承担相应的赔偿责任。

根据《中华人民共和国道路交通安全法》的规定,未取得驾驶证或者驾驶证被吊销、注销的人员驾驶机动车上道路行驶,属于违法行为,公安机关有权对其进行处罚。而在交通事故中,如果驾驶人没有取得合法的驾驶证或者驾驶证被吊销、注销等情况,那么保险公司可能会认定驾驶人属于无证驾驶,不具备驾驶资格,因此不承担相应的赔偿责任。

需要注意的是,对于交通事故的具体责任认定,还需要考虑其他因素,例如道路情况、车辆状况、交通规则等因素。因此,在交通事故中,保险公司会根据具体情况进行综合考虑和判断,以确定赔偿责任。

8.驾驶人无证驾驶未投保交强险是否承担事故全责

在道路交通事故中,驾驶人无证驾驶并未投保交强险,一般情况下应当承担事故的全部责任。

首先,根据《中华人民共和国道路交通安全法》的规定,驾驶人没有取得相应的驾驶证或者驾驶证被吊销、注销等情况,驾驶机动车上道路行驶就属于违法行为,违法行为的发生导致的一切后果均由违法行为的责任人承担。

其次,根据《机动车交通事故责任强制保险条例》的规定,机动车交通事故责任强制保险是指,机动车在道路上发生交通事故造成他人人身伤亡或者财产损失的,依照法律规定应当由机动车所有人、管理人或者使用人承担的经济赔偿责任。因此,如果驾驶人未投保交强险,意味着车辆所有人或管理人未履行强制保险义务,也应当承担相应的赔偿责任。

最后,需要注意的是,在道路交通事故中,涉及责任的认定还需要考虑其他因素,例如道路情况、车辆状况、交通规则等因素。因此,具体责任的认定需要根据实际情况进行综合判断。

9.将车辆借给无驾驶证人员,车主承担的责任

如果车主将车辆借给无驾驶证人员,并且该人员发生交通事故,车主可能需要承担相应的责任。

首先,根据《中华人民共和国道路交通安全法》的规定,未取得机动车驾驶证或者被吊销、注销、暂扣期间驾驶机动车的,或者驾驶与其驾驶证准驾车型不符合的机动车的,属于违法行为。如果车主借车给无证人员,相当于授权他人进行违法行为,因此,在该人员发生交通事故后,车主可能需要承担相应的法律责任。

其次,根据《中华人民共和国民法典》的规定,借款合同、租赁合同等契约关系中,当事人应当按照约定的方式、范围和期限使用借款、租赁物等。如果车主将车辆借给无证人员,超出了原本的约定范围,也可能需要承担相应的法律责任。

最后,根据《机动车交通事故责任强制保险条例》的规定,机动车交通事故责任强制保险是由机动车所有人、管理人或者使用人购买并支付保险费用的。因此,如果车主将车辆借给无驾驶证人员,发生交通事故后,可能需要承担交通事故的赔偿责任。

总之,车主需要对借出的车辆进行谨慎管理,避免将车辆借给无驾驶证人员或其他不具备驾驶资格的人员使用,以避免发生交通事故带来的法律风险。

10.驾驶人吸毒无证驾驶并肇事逃逸,责任的承担

根据《中华人民共和国道路交通安全法》规定,驾驶人吸毒无证驾驶并逃逸是违法行为,涉及多项违法行为,责任的承担如下。

在交通事故中,如果驾驶人吸毒无证驾驶导致事故并逃逸,其应承担全部事故责任。如果事故造成他人伤亡或财产损失,除了承担刑事责任和行政责任外,还需要承担相应的赔偿责任。如果车辆投保了商业车险,则商业保险公司可能不予理赔,并有权向驾驶人追偿。

11.无证驾驶撞伤醉酒人,责任的划分

根据一般的交通法规和司法实践,无证驾驶撞伤醉酒人的责任应当分为以下两个方面。

民事责任:无证驾驶人应承担全部的民事赔偿责任,包括被撞人的医疗费用、交通事故损失、残疾赔偿、死亡赔偿等费用。醉酒人也要承担自己的过错责任,例如过度饮酒,但这

并不影响无证驾驶人的全部责任。

刑事责任:无证驾驶者造成醉酒人员受伤或死亡的,根据《中华人民共和国刑法》第一百三十三条的规定,可能构成交通肇事罪。在这种情况下,无证驾驶者可能会面临三年以下有期徒刑或者拘役;如果肇事后逃逸或者有其他特别恶劣情节的,可能会被判处三年以上七年以下有期徒刑;因逃逸致人死亡的,可能会被判处七年以上有期徒刑。

12.驾驶证过期,保险公司是否仍应承担责任

驾驶证过期期间驾驶车辆属于违法行为,因此在发生交通事故时,驾驶证过期的驾驶人可能会面临一定的处罚。保险公司在承担赔偿责任时,也会对驾驶人的驾驶证情况进行考虑。

一般情况下,如果发生交通事故时驾驶人的驾驶证已经过期,那么保险公司可能会根据相关法律法规和保险合同的规定,进行责任的划分。具体情况可能因国家、地区、保险公司等不同而异。

在某些情况下,保险公司可能会拒绝承担赔偿责任,或者按照一定比例降低赔偿金额。因此,在购买车辆保险时,建议车主了解相关条款,确保自身合法权益得到保障,及时续期驾驶证,避免违法行为的产生。

13.将未投保交强险车辆借予他人,车主应在交强险范围内承担连带责任

根据《中华人民共和国道路交通安全法》规定,机动车辆所有人或管理人未按规定投保交通事故责任强制保险的,应当承担全部损害赔偿责任。因此,如果车主未对其车辆投保交强险并将其借给他人使用,发生交通事故造成他人财产损失或人身伤亡的,车主应当承担全部的赔偿责任。

具体来说,车主应当为其借出的未投保交强险的车辆承担连带责任。这意味着,如果借车人在驾驶该车辆时发生交通事故,车主与借车人将共同承担赔偿责任,即车主需要和借车人一起承担因交通事故造成的损失。

因此,作为车主,为了保障自身的利益和避免承担不必要的损失,应当在借车时要求借车人出示有效的驾驶证件,借车人要求出借人出示有效的交通事故责任强制保险证明或其他具有相应保险保障的证明文件,以确保借车人在使用车辆时已经具备了相应的保险保障。

14.驾校学员出事故,驾校和教练员承担一定的责任

根据《中华人民共和国道路交通安全法》的规定,驾驶机动车的人员应当具备相应的驾驶技能和安全意识。如果驾校学员在学车过程中发生交通事故,那么驾校和教练员应当承担一定的责任。

具体来说,驾校应当按照国家有关规定和标准,认真组织学员的理论教学和实际操作,对学员进行科学、严格、细致、耐心的训练,确保学员的驾驶技能和安全意识得到有效提高。如果驾校存在教学质量或管理不善等问题,导致学员发生交通事故,那么驾校应当承担相

应的责任,包括承担交通事故的赔偿责任。

此外,驾校的教练员也应当尽到职责,对学员进行严格的指导和监督,确保学员遵守交通规则和驾驶安全。如果教练员存在指导不当或监管不严等问题,导致学员发生交通事故,那么教练员也应当承担相应的责任。

总之,驾校和教练员在学员学车过程中应当认真履行职责,确保学员的驾驶技能和安全意识得到有效提高,避免发生交通事故。如果发生交通事故,驾校和教练员应当承担相应的责任。

15.保险公司不当行使保险标的收回权,应承担责任

根据《中华人民共和国保险法》的规定,保险人在保险标的遭受损失的情况下有权行使保险标的收回权。但是,如果保险公司在行使保险标的收回权时出现不当行使的情况,例如没有提供合理的解释或违反了相关法律法规,就应当承担相应的责任。

具体来说,如果保险公司在行使保险标的收回权时未按照法律规定进行,例如未及时向被保险人告知收回标的的原因、程序和期限等信息,或者未经合理的调查和判断就收回保险标的,导致被保险人遭受经济损失,那么保险公司应当承担相应的责任,包括赔偿被保险人的损失和承担相应的违约责任。

此外,被保险人在与保险公司签订保险合同时,应当仔细阅读保险合同的条款和约定,了解保险公司的权利和义务,特别是在涉及保险标的的收回权时,应当了解相关规定,以避免不必要的损失。

总之,保险公司在行使保险标的收回权时应当依据法律规定和合同约定进行,如果保险公司不当行使保险标的收回权导致被保险人遭受经济损失,保险公司应当承担相应的责任。

16.交通事故后又发生医疗损害的获赔技巧

如果在交通事故中受伤后发生医疗损害,可以按照以下获赔技巧进行处理。

(1)及时就医并保存证据:在发生医疗损害后,应当尽快前往医院就医,并保存好相关证据,例如医疗记录、检查报告、治疗费用等。

(2)提供证据证明医疗损害与事故有关:在获得医疗证明后,需要提供证据证明医疗损害与事故有关。例如提供交通事故责任认定书、事故报告等证明文件。

(3)寻求专业律师的帮助:医疗损害的赔偿涉及比较专业的法律知识和程序,建议寻求专业律师的帮助,协助处理医疗损害的赔偿事宜。

(4)要求合理的赔偿金额:在处理医疗损害赔偿时,应当要求合理的赔偿金额。具体金额应当根据医疗损害的严重程度、治疗费用、住院费用、误工费用、精神抚慰金等综合因素来确定。

总之,在处理交通事故后发生医疗损害的获赔过程中,需要注意保留好相关证据并及时寻求专业律师的帮助,以获得合理的赔偿金额。

17.试驾发生交通事故,汽车销售服务4S店(以下简称4S店)应承担责任

如果在试驾车辆时发生交通事故,4S店应当承担一定的责任。具体来说,4S店的责任主要体现在以下几个方面。

(1)车辆的安全保障责任:4S店在出售或出租汽车时,应当对车辆进行全面的检查和维修,确保车辆的安全性能符合国家相关标准。如果试驾车辆发生事故,且事故是车辆存在安全隐患导致的,那么4S店应当承担相应的责任。

(2)试驾过程的安全管理责任:4S店在提供试驾服务时,应当制定相关的安全管理制度和规范,确保试驾过程中驾驶人的安全。如果试驾过程中发生事故,且事故是由于4S店未采取必要的安全措施导致的,那么4S店也应当承担相应的责任。

(3)监管责任:4S店在试驾过程中应当对试驾人进行监管和指导,确保驾驶人符合相关的驾驶条件和驾驶规范。如果试驾人违反交通法规或者驾驶技术不过关导致事故,那么4S店应当承担一定的监管责任。

需要注意的是,在进行试驾前,试驾人应当签署试驾协议,并确认自己具有驾驶资格和相应的驾驶技术。如果试驾人在试驾过程中存在违规行为或者驾驶不当导致事故,那么4S店的责任可以相应减轻。但是,如果4S店没有对试驾人进行相应的筛选和审查,也没有对试驾过程进行有效的监管和管理,那么4S店仍然应当承担相应的责任。

18.小区倒车致人死亡,应按道路交通事故处理

如果在小区内发生倒车事故致人死亡,也应该按照道路交通事故的程序进行处理。

根据《中华人民共和国道路交通安全法》规定,道路交通事故是指在道路上行驶中,因车辆、行人、动物等原因,造成人员伤亡、车辆损坏或者其他财产损失的事件。这个定义中并没有明确规定只限于公共道路上的交通事故,所以在小区内发生的倒车事故同样也属于道路交通事故的范畴。

因此,如果在小区内发生倒车事故造成人员死亡,应当立即报警并通知相关的交通管理部门进行处理。相关部门将会对事故进行调查,依据调查结果作出相应的责任认定,并处理事故的善后工作。

需要注意的是,小区内的道路并不属于公共道路,通常是由业主委员会或者物业管理公司负责管理和维护。因此,在小区内行车时,驾驶人应当注意谨慎驾驶,尤其在倒车时更应当保持警惕,避免发生事故。同时,物业管理方也应当对小区内的交通环境进行有效的管理和监督,防止交通事故发生。

19.做完车辆检验检测后车辆自燃,4S店应当承担责任

如果车辆在做完车辆检验检测后发生自燃,那么4S店需要承担一定的责任。

根据《中华人民共和国消费者权益保护法》和《机动车维修管理规定》等法律法规,4S店作为汽车维修服务提供者,应当向消费者提供安全、合格的服务。如果4S店在做完车辆检验检测后未发现车辆存在问题,而车辆在车主使用过程中出现安全问题(例如自燃),那么

4S店需要承担一定的责任。

当然,在此情况下,也需要分析具体情况,例如车辆是否存在潜在问题,车主是否有不当操作等。如果是车辆自身原因导致自燃,那么4S店的责任可能会相对较小。如果是4S店在检查过程中存在疏忽大意或者未按照规定进行检查而导致安全问题,那么4S店的责任则会比较大。

如果发生此类情况,车主可以向4S店索赔,要求赔偿车辆损失以及由此产生的其他损失(例如人身伤害等),并要求4S店承担相应的法律责任。建议车主在索赔前保留相关证据,并及时向相关机构(例如交通管理部门)报案,以确保权益得到有效保护。

20."拼车"受伤,责任人是谁

如果在拼车的过程中发生事故导致人员受伤,责任的划分需要考虑以下几个方面。

(1)拼车平台责任:如果是在使用拼车平台(如滴滴顺风车、快滴拼车等)的过程中发生事故,那么拼车平台需要承担一定的责任。根据《网络预约出租汽车经营服务管理暂行办法》的规定,网约车平台公司承担承运人责任,应当保证运营安全,保障乘客合法权益。如果拼车平台未能履行相应的审核、保障等义务,导致事故发生,那么拼车平台应当承担相应的法律责任。

(2)驾驶人责任:如果是拼车驾驶人的过错导致事故发生,那么驾驶人应当承担主要责任。例如,如果驾驶人驾驶不当、违反交通规则等行为导致事故发生,那么驾驶人应当承担相应的法律责任。

(3)其他责任人:如果拼车乘客存在过错或者其他责任人存在过错导致事故发生,那么他们也需要承担相应的法律责任。例如,如果拼车乘客在车内干扰驾驶人驾驶,导致事故发生,那么拼车乘客也应当承担相应的法律责任。

因此,在发生拼车事故导致人员受伤的情况下,责任的划分需要考虑多个因素,并根据具体情况进行判断。如果受伤人员需要获得赔偿,建议尽快寻求专业的法律援助,以获得更好的法律支持和保障。

21.肇事驾驶人逃逸的索赔程序

如果发生肇事驾驶人逃逸的情况,受害人应该尽快报警,并寻求专业的法律援助。以下是一般的索赔程序。

(1)报警:在发生肇事驾驶人逃逸的情况下,受害人应该尽快报警,提供肇事车辆的车牌号码、颜色、品牌等信息,以及肇事的时间、地点、车辆行驶方向等信息。警方会立案调查,并寻找肇事驾驶人。

(2)寻找证据:在等待警方处理的同时,受害人也应该尽可能收集相关证据,如事故现场的照片、视频、证人证言等,以证明肇事驾驶人逃逸的事实和肇事的过错。

(3)联系保险公司:如果受害人购买了车险,可以联系自己的保险公司,向保险公司报案,申请索赔。保险公司会派出定损员进行现场勘查,并根据事故责任认定,赔偿相应的损失。

（4）起诉肇事驾驶人：如果警方无法找到肇事驾驶人，或者肇事驾驶人不承认过错，受害人可以选择向法院提起诉讼，要求肇事驾驶人承担相应的民事责任。在诉讼过程中，受害人需要提供相关证据，证明肇事驾驶人的过错和索赔的损失。

需要注意的是，肇事驾驶人逃逸的情况下，受害人索赔的难度较大。因此，建议受害人尽早采取相应的措施，保护自己的权益。同时，驾驶人也需要加强交通安全意识，尽量避免发生交通事故。

22.代办保险的法律效力

代办保险是指保险代理人或保险经纪人代表被保险人或投保人购买保险，或代表其处理保险事务。代办保险的法律效力如下：

（1）代办保险的行为具有代理性质，代理人必须遵守代理法律关系的基本原则和规定，保护被代理人的合法权益。

（2）代办保险必须在法律规定的范围内行使代理权，如果代理人违反了法律规定或者超出代理权限行事，被保险人或投保人有权拒绝其代理行为，并要求代理人承担相应的法律责任。

（3）代办保险的效力需要符合保险法的相关规定，代理人必须具备相应的从业资格和法律知识，了解保险合同的基本条款和保险标的的相关规定，确保代理行为合法有效。

总之，代办保险是一种合法的保险业务形式，其法律效力取决于代理人是否遵守代理法律关系的基本原则和规定，以及代理行为是否符合保险法的相关规定。如果代理人违反法律规定或超出代理权限，被保险人或投保人可以拒绝代理行为，要求代理人承担相应的法律责任。

23.正确解释保险合同中的格式条款

保险合同中的格式条款是指在保险公司与投保人或被保险人订立合同时，由保险公司提前确定并以格式方式表述的条款。这些条款是在保险公司与众多投保人或被保险人之间进行过大量交易的基础上形成的，具有统一、标准、固定的表述方式，通常具有一定的约束力和普遍适用性。

格式条款通常涉及保险合同的各个方面，如保险标的、保险责任、免赔额、赔偿限额、保险费、理赔程序等。在保险合同中，格式条款通常使用较为简洁、明确的语言表述，便于被保险人或投保人理解。

保险合同中的格式条款具有约束力，但并不是绝对的。如果某一格式条款与法律或行业惯例相冲突，则该格式条款的效力将被限制或者排除。此外，如果保险公司在签订保险合同时未能向被保险人或投保人充分解释格式条款，或者在格式条款中存在明显的不公平条款，被保险人或投保人也有权拒绝受到格式条款的约束。

因此，投保人或被保险人在签订保险合同前应认真阅读格式条款，了解保险合同的基本内容,并在必要时向保险公司提出疑问或者要求修改某些条款。

24.保险合同双方相关义务不履行的后果

保险合同是保险公司与投保人或被保险人之间的合同,双方在签订合同时都有相关的义务需要履行。如果任何一方未能履行其在保险合同中的义务,都可能会对合同的履行产生影响,甚至可能导致合同无效。

具体来说,如果保险公司未能履行保险合同中的相关义务,例如未能按时支付赔偿金,未能及时处理理赔申请等,则被保险人或投保人有权向保险公司要求履行合同义务,甚至有权解除合同,要求赔偿由此产生的损失。

相反,如果被保险人或投保人未能履行保险合同中的相关义务,例如未能履行披露真实信息的义务,未能按时支付保险费等,则保险公司有权拒绝履行合同义务,甚至有权解除合同,要求对已发生的风险不承担赔偿责任。

在保险合同履行过程中,双方应当遵守合同约定,积极履行合同义务,保持联系沟通,并及时处理合同中的争议和纠纷。如果双方因未能履行相关义务而导致合同争议,可以通过仲裁、诉讼等方式解决纠纷。

25.公车私用发生交通事故责任承担

如果公务车辆在私人使用时发生交通事故,那么由驾驶人个人承担事故责任。这是因为公务车辆只能在履行公务时使用,如果驾驶人私自使用公务车辆,就属于违规行为。

同时,根据《中华人民共和国道路交通安全法》规定,驾驶人在道路上行驶车辆,发生交通事故造成他人死亡、财产损失等后果的,应当承担民事赔偿责任。因此,如果公务车辆在私人使用时发生交通事故,造成他人死亡、财产损失等后果,驾驶人应当承担相应的民事赔偿责任。

另外,公务车辆的保险责任一般只覆盖在履行公务的过程中发生的交通事故,因此如果驾驶人私自使用公务车辆时发生交通事故,公务车辆的保险公司不承担相应的赔偿责任。

26.车辆出借者的责任

车辆出借者在借出车辆时,应当对借车人的驾驶能力和驾驶证明进行审查,确保借车人有合法的驾驶资格和足够的驾驶经验。如果出借者未对借车人的驾驶能力和驾驶证明进行审查,或者知道借车人没有合法的驾驶资格和驾驶经验却仍然借车,那么出借者应当承担相应的法律责任。

具体来说,如果借车人在借车时已经有违法记录或者驾驶事故,而出借者仍然借车给他,那么出借者在借车人发生交通事故时,可能会被认定为侵权责任人,承担相应的民事赔偿责任。出借者还应当注意,在借车时应明确告知借车人驾驶过程中应该遵守的交通规则和安全事项,以及告知借车人保险的相关情况。

此外,如果借车人在驾驶过程中发生交通事故,被害人可以选择向出借者或借车人追偿。如果被害人选择向出借者追偿,出借者可以向借车人追偿。如果出借者向借车人追偿,而借车人无力承担相应的赔偿责任,那么出借者可能需要自行承担相应的赔偿责任。因此,出借者在出借车辆时应当慎重考虑,并严格遵守相关的法律规定。

27.车辆出让而未登记,转让人和受让人的责任

如果在车辆出让但未进行登记的情况下,发生了交通事故的,转让人和受让人都需承担一定的法律责任。

首先,对于转让人而言,未进行车辆过户登记可能会面临以下问题。

(1)消失车辆维权:如果车辆出售后未进行过户登记,而车辆在未来发生交通事故或者其他意外情况,那么车辆所有权可能会被认定为未转移,车辆维权和索赔就会面临困难。

(2)侵权赔偿:如果车辆在未进行过户登记的情况下被他人使用发生交通事故,并造成他人损失,那么转让人可能会被认定为侵权责任人,承担相应的法律责任。

(3)税费缴纳:如果车辆未进行过户登记,那么车辆所应缴纳的相关税费就会一直由转让人承担。

对于受让人而言,未进行车辆过户登记可能会面临以下问题。

(1)法律风险:车辆未进行过户登记的情况下,受让人无法成为车辆的合法所有人,可能会面临法律风险。

(2)交通管理处罚:如果车辆未进行过户登记而受让人使用车辆行驶时发生交通违法行为,那么处罚的罚款或扣分等处理结果也可能会归属到受让人头上。

因此,无论是转让人还是受让人,车辆过户登记是非常重要的一环,应该尽快进行登记,以避免法律风险。

28.将禁止上路行驶的未年检车辆转卖后该车发生交通事故的,转让人的责任认定

根据《中华人民共和国道路交通安全法》的相关规定,驾驶禁止上路行驶的未年检车辆是违反交通规定的,如果将此类车辆转卖给他人,那么转让人将面临一定的法律责任。

如果将禁止上路行驶的未年检车辆转卖后,该车发生交通事故,导致他人受伤或财产损失,那么转让人可能会被认定为侵权责任人,承担相应的法律责任。

在这种情况下,由于转让人将禁止上路行驶的未年检车辆转卖给了他人,他已经违反了道路交通安全法规,应该对自己的违法行为负责。如果事故导致他人受伤或财产损失,转让人应承担相应的赔偿责任。

因此,无论是转让人还是受让人,都应该在交易时确认车辆是否符合道路交通安全法规的要求,并在交易完成后及时进行年检等程序,以避免因车辆违法而引发的风险和责任。

29.车辆试驾发生交通事故的,试驾人与试驾服务提供者的主体责任的认定

在车辆试驾过程中发生交通事故时,试驾人和试驾服务提供者都可能会面临不同程度的责任。

首先,试驾人应当依法遵守交通规则,保持谨慎驾驶,确保试驾过程安全。如果试驾人

在试驾过程中发生交通事故,造成他人人身伤害或财产损失,试驾人应当承担相应的侵权责任。

其次,试驾服务提供者也需要承担一定的责任。作为提供试驾服务的企业或个人,应当为试驾人提供安全的试驾环境,确保试驾车辆的安全性能和合法性,并向试驾人提供必要的安全提示和指导。如果试驾服务提供者在提供试驾服务过程中存在过失或违法行为,也需要承担相应的法律责任。

需要注意的是,试驾人和试驾服务提供者的责任认定需要根据具体情况进行综合分析,考虑事故发生的原因、责任的归属以及各方的过错程度等因素。如果试驾人和试驾服务提供者都存在过错,责任可能会被划分为相应的比例,各自承担相应的赔偿责任。

30.车辆送交修理期间修理人使用车辆发生交通事故的,其责任主体的认定

在车辆送交修理期间,修理人使用车辆发生交通事故时,责任主体的认定需要根据具体情况进行综合分析,考虑以下因素:

首先,需要确认修理人是否已经取得车主的明确授权,是否有权使用车辆。如果修理人未经车主授权擅自使用车辆,那么发生的交通事故应当由修理人承担全部责任。

其次,需要考虑车辆本身的安全性能和使用情况。如果车辆送交修理的原因是车辆本身存在安全隐患,导致修理人在使用过程中发生交通事故,那么可能会认定车主或修理厂存在过错,需要承担相应的责任。

最后,需要考虑交通事故发生的原因和责任的归属。如果交通事故是由于修理人的过错或违法行为导致,那么修理人应当承担全部责任。如果交通事故是由于其他交通参与方的过错或违法行为导致,那么责任应当由对方承担,但修理人也需要证明自己并未存在过错或违法行为。

需要注意的是,在车辆送修期间,车主或修理厂应当妥善保管车辆,确保车辆不会被他人擅自使用,避免发生交通事故。如果车主或修理厂存在过错,导致车辆被他人擅自使用,也需要承担相应的责任。

31.酒店、宾馆在提供停车、代驾等服务过程中发生交通事故的,其责任主体的认定

在酒店、宾馆提供停车、代驾等服务过程中发生交通事故时,责任主体的认定需要根据具体情况进行综合分析,考虑以下因素:

首先,需要考虑服务提供者是否尽到了必要的注意义务,包括告知客人服务内容和注意事项、遵守交通规则等。如果服务提供者未尽到注意义务,导致发生交通事故,那么可能会认定服务提供者存在过错,需要承担相应的责任。

其次,需要考虑客人的过错或违法行为是否对交通事故的发生有影响。如果客人存在酒后驾车、违法停车、超速行驶等行为,导致发生交通事故,那么可能会认定客人存在过错,需要承担相应的责任。

最后,需要考虑交通事故发生的原因和责任的归属。如果交通事故是由于服务提供者

的过错或违法行为导致,那么服务提供者应当承担全部责任。如果交通事故是由于其他交通参与方的过错或违法行为导致,那么责任应当由对方承担,但服务提供者也需要证明自己并未存在过错或违法行为。

需要注意的是,服务提供者在提供停车、代驾等服务过程中,应当采取必要的措施确保服务的安全可靠,防范交通事故的发生。如果服务提供者存在过错,导致发生交通事故,也需要承担相应的责任。

32.依法不得进入高速公路者进入高速公路发生交通事故的,高速公路管理者赔偿责任认定

依法不得进入高速公路者指的是不具备驾驶高速公路资格的机动车辆或驾驶人,或未按照规定办理通行手续的机动车辆。如果这些车辆或驾驶人在进入高速公路后发生交通事故,高速公路管理者一般不承担赔偿责任。

但是,如果高速公路管理者在维护、管理、监管高速公路过程中存在过错,例如路面不平整、路面标志不清晰等问题导致交通事故的发生,高速公路管理者应当承担相应的赔偿责任。

33.车辆存在产品缺陷导致交通事故造成损害的,车辆生产者或销售者的赔偿责任

如果车辆存在产品缺陷导致交通事故,造成损害,车辆生产者或销售者可能需要承担赔偿责任。

根据《中华人民共和国产品质量法》的规定,生产者或销售者应当为其生产或销售的产品质量承担责任,并对因产品质量不合格造成的损害承担赔偿责任。车辆生产者或销售者的赔偿责任可能包括质量缺陷的车辆召回、修复或替换等措施,以及对因质量问题造成的人身或财产损害进行赔偿。

如果车辆发生交通事故造成人身伤害或财产损失,受害者可以依据相关法律规定向车辆生产者或销售者提起赔偿诉讼,要求其承担相应的赔偿责任。在诉讼过程中,受害者需要提供相应的证据证明车辆存在产品缺陷,并且该缺陷是导致交通事故的直接原因。而车辆生产者或销售者可以进行抗辩,如证明车辆缺陷不是导致事故的直接原因等。

总之,车辆生产者或销售者应当对其生产或销售的产品质量负责,并在必要时承担相应的赔偿责任。而受害者则可以通过法律手段维护自己的合法权益。

34.出借身份证供他人购车者的责任

出借身份证供他人购车存在风险,如果他人购车后发生交通事故,如果证明是出借人违反法律法规或者合同约定将身份证借出去,导致他人购车并且发生事故,出借人应当承担相应的赔偿责任。具体责任的大小要根据案件的具体情况进行判断。

35.车辆挂靠经营情形下发生交通事故的,被挂靠人的责任

根据中国相关法律法规规定,车辆挂靠是指一个企业或个人以自己的名义将车辆交由他人使用,而车辆的实际使用人承担使用风险和经济责任的一种行为。在车辆挂靠经营情

况下,如果发生交通事故,责任应由被挂靠人承担。

被挂靠人是指挂靠车辆的实际使用人,也就是驾驶车辆的人。根据《中华人民共和国道路交通安全法》的规定,驾驶机动车发生交通事故,应当依法承担民事赔偿责任。因此,如果车辆挂靠经营情况下发生交通事故,被挂靠人应当依法承担相应的民事赔偿责任。

需要注意的是,车辆挂靠经营行为本身也存在法律风险,如果挂靠方与被挂靠方之间的挂靠关系不合法或不规范,也可能导致挂靠方承担相应的法律责任。因此,在进行车辆挂靠经营时,应当严格遵守相关法律法规的规定,确保挂靠关系的合法性和规范性。

36.好意同乘发生交通事故的责任认定

好意同乘是指自愿搭乘同行人员的行为,发生交通事故时,责任认定要根据具体情况进行判断。一般情况下,如果好意同乘者没有违反交通法规或者交通安全规定,而事故是由驾驶人的错误或疏忽所致,那么好意同乘者通常不会承担责任。

但是,如果好意同乘者在交通事故发生时存在以下情况之一,可能需要承担相应的责任:

(1)好意同乘者的行为导致事故发生。例如,好意同乘者在车内分散驾驶人的注意力,或者不慎干扰了驾驶人的操作,导致事故发生。

(2)好意同乘者自身存在交通安全违法行为。例如,好意同乘者在车内吸烟或者没有系安全带,或者在车外违法横穿道路等。

(3)好意同乘者的行为增加了事故的损害后果。例如,好意同乘者在事故后未及时协助伤者,或者未向其他车辆发出警告,导致事故后续车辆再次撞击等情况。

因此,在好意同乘发生交通事故时,需要综合考虑好意同乘者的行为和责任,以及其他交通参与者的行为和责任,综合判断责任的承担情况。如果好意同乘者存在过错,需要承担相应的民事赔偿责任。

37.自驾游发生交通事故的责任主体认定

自驾游是指自驾车辆进行旅游或者探险活动,如果在自驾游过程中发生交通事故,责任主体的认定需要根据具体情况进行判断。

一般情况下,如果自驾游的车辆仅由车主一人驾驶,那么在交通事故中,车主应当承担民事赔偿责任。如果车主的行为没有违反交通法规或者交通安全规定,而事故是由其他车辆或者路面因素所致,那么车主通常不会承担责任。

但是,在以下情况下,车主可能需要承担相应的责任:

(1)车主驾驶车辆存在交通安全违法行为,如超速、疲劳驾驶、酒驾等。

(2)车主驾驶车辆时未采取必要的安全措施,如未系安全带、未佩戴安全头盔等。

(3)车主驾驶车辆时使用了非法改装的车辆部件,导致事故发生。

(4)车主未按照规定维护车辆,导致车辆本身存在安全隐患,如未及时更换磨损的制动摩擦片等。

如果自驾游的车辆不仅由车主驾驶,还是由多名驾驶人轮流驾驶,那么在交通事故中,承担责任的主体需要根据驾驶人的行为和责任进行综合判断。如果多名驾驶人的行为均存在过错,那么他们需要分别承担相应的赔偿责任。

38.交通事故基本事实不清情形下的责任认定

在交通事故的基本事实不清的情况下,责任认定会变得相对复杂和困难。此时,需要依据现场勘验、车辆损坏情况、证人证言、相关证据等多方面的信息来综合分析和判断。

在这种情况下,责任认定通常会采用以下两种方法:

(1)等比例责任认定方法。这种方法认为,如果交通事故的基本事实不清,那么所有参与事故的交通参与者都应该承担相同的责任。也就是说,如果有两辆车发生碰撞,但无法确定哪辆车有过错,那么每辆车都应该承担50%的责任。这种方法通常适用于交通事故的基本事实不清,且没有明显的证据表明哪一方有明显过错的情况。

(2)事实推定责任认定方法。这种方法认为,在缺乏证据的情况下,根据常识和经验,可以推定谁应该承担责任。例如,在信号灯交叉路口发生碰撞,如果无法确定谁闯红灯,那么根据常识可以推定,闯红灯的一方应该承担责任。这种方法通常适用于交通事故的基本事实不清,但可以根据常识和经验推断出谁应该承担责任的情况。

需要注意的是,在交通事故基本事实不清的情况下,责任认定通常比较复杂,需要综合考虑多种因素,而且责任认定的结果可能存在争议。因此,在处理此类事故时,需要进行全面细致的调查和鉴定,以便尽可能准确地认定责任。

39.车辆行驶致受害人受惊吓而摔倒受伤的赔偿认定

根据《中华人民共和国民法典》侵权责任编的规定,对于因非法行为造成他人损害的情况,侵权人应当承担侵权责任。在这种情况下,车辆驾驶人的行为被认定为非法行为,因为他的行为已经造成了他人的损害。即使受害人的损害不是直接的身体伤害,而是由于受惊吓导致摔倒受伤,驾驶人也应当承担相应的责任。

在确定赔偿金额时,需要根据受害人的实际损失情况进行综合考虑。具体来说,需要考虑医疗费、交通费、误工费、精神抚慰金等方面的损失。如果受害人的伤势比较严重,还需要考虑长期护理费等后续费用。

需要注意的是,如果车辆驾驶人能够证明自己的行为并非非法行为,或者能够证明受害人的损失与自己的行为没有直接因果关系,那么就不需要承担相应的赔偿责任。因此,在这种情况下,对于责任认定和赔偿金额的确定,需要进行全面、细致的调查和鉴定。

40.公安机关交通管理部门未作出事故责任认定书,事故赔偿责任的认定

在交通事故中,公安机关交通管理部门通常会进行现场勘查、取证和询问相关人员等,根据事故的基本事实和证据,作出事故责任认定书。但是,如果公安机关交通管理部门没有做出事故责任认定书,该如何认定事故赔偿责任呢?

首先,公安机关交通管理部门没有作出责任认定书并不代表交通事故中不存在责任,

也不影响交通事故责任的认定。在这种情况下,当事人可以通过民事诉讼的方式向法院申请认定事故责任,并要求对方承担相应的赔偿责任。

其次,当事人在事故发生后应该及时保留相关证据,包括现场照片、车辆损坏照片、证人证言、医疗记录等,以便在未来的民事诉讼中能够保护自己的权益。如果当事人无法提供足够的证据证明自己无过错,那么法院可能会判定其承担相应的责任。

最后,需要注意的是,在没有公安机关交通管理部门的责任认定书的情况下,对于事故责任的认定需要通过诉讼程序进行,耗时较长,也需要花费相应的诉讼费用。因此,在遇到交通事故时,建议当事人应当保留现场证据,并尽可能争取协商处理和调解,以便能够尽快解决事故纠纷。

41.受害人伤情与交通事故的因果关系无法确定时的赔偿责任认定

在交通事故中,如果受害人的伤情与事故的因果关系无法确定,那么在赔偿责任认定方面,需要根据具体情况进行综合考虑。

首先,需要通过现场勘查、证人证言、医疗记录等方式,尽可能确定事故与受害人的伤情是否存在因果关系。如果能够证明事故是导致受害人伤情的直接原因,那么车辆驾驶人应当承担相应的赔偿责任。

其次,如果无法明确事故与受害人伤情的因果关系,那么在赔偿责任认定方面,需要考虑法律上的规定。根据《中华人民共和国民法典》侵权责任编的规定,如果车辆驾驶人的行为已经构成了交通违法行为,而且事故发生时车辆驾驶人的车辆处于违法状态,那么在事故赔偿责任认定方面,车辆驾驶人应当承担全部或部分赔偿责任。例如,如果车辆驾驶人没有按照交通规则行驶,或者驾驶车辆前饮酒,那么就应该承担相应的赔偿责任。

最后,如果无法确定事故与受害人伤情的因果关系,并且车辆驾驶人没有违法行为,那么在赔偿责任认定方面,需要通过诉讼程序进行。在诉讼过程中,需要通过证人证言、鉴定意见等方式来确定事故与受害人伤情之间的因果关系,以便能够最终确定车辆驾驶人的赔偿责任。

需要注意的是,对于交通事故中的赔偿责任认定,需要根据具体情况进行综合考虑,因此建议当事人在遇到交通事故时,应当保留相关证据,并咨询专业律师的意见,以便能够更好地维护自己的权益。

42.交通事故侵权人对于受害人死亡时尚未出生的子女的赔偿责任

在交通事故中,如果侵权人的行为导致受害人死亡,而受害人在死亡时存在尚未出生的子女,那么侵权人在进行赔偿责任认定时,也需要对受害人尚未出生的子女承担赔偿责任。

根据《中华人民共和国民法典》侵权责任编的规定,侵权人应当对因侵权行为受到损害的人承担侵权责任。对于受害人尚未出生的子女,虽然其尚未出生,但是根据《中华人民共和国民法典》婚姻家庭编的规定,胎儿的利益应当受到法律的保护,其权益应当得到维护。

因此,在交通事故中,尚未出生的子女因受害人死亡而受到损害,侵权人也应当承担相应的赔偿责任。

需要注意的是,在具体的赔偿责任认定过程中,需要考虑到尚未出生子女的情况,并结合相关证据进行综合判断。同时,在具体的赔偿计算过程中,还需要考虑到尚未出生子女所可能受到的潜在损失,如教育、抚养、继承等方面的损失,并据此计算相应的赔偿金额。

43.在校学生因交通事故休学损失的确认

在校学生因交通事故受到伤害时,如果因受伤或治疗等原因需要休学,其在学业上的损失应当由侵权人承担相应的赔偿责任。

在具体的赔偿计算过程中,需要考虑到学生因休学所受到的各种损失,如学费、住宿费、生活费等方面的损失,并据此计算相应的赔偿金额。此外,还需要结合学生的具体情况,如学业年级、专业等因素进行综合判断。

需要注意的是,学生在休学期间也可能有其他收入来源,如打工、家庭支持等,因此在计算赔偿金额时需要综合考虑各种因素。

此外,如果学生因交通事故导致在学业上出现退学或者转学的情况,也需要结合具体情况进行赔偿认定和赔偿计算。

44.通常替代性交通工具的合理损失的认定

在交通事故中,如果受害人的交通工具受到损坏,需要修理或更换,而在修理或更换期间需要使用替代性交通工具,那么替代性交通工具的合理损失也应当由侵权人承担相应的赔偿责任。

替代性交通工具的合理损失通常包括以下方面:

(1)租车费用:包括租金、保险费、加油费等。

(2)公共交通费用:包括公交车费、地铁费等。

(3)出租车费用:包括出租车费、过路费、停车费等。

需要注意的是,在具体赔偿的计算过程中,需要考虑到受害人实际使用替代性交通工具的时间、距离、路线等因素,并结合相关证据进行综合判断。

45.驾驶人被本车碾压的责任与赔偿

如果驾驶人被本车碾压导致受伤或死亡,责任和赔偿的认定一般取决于以下几个因素:

(1)事故发生的原因:如果驾驶人是由于自己的违规行为或疏忽导致车辆失控,从而被本车碾压,那么责任应该由驾驶人本人承担。

(2)车辆的安全性能:如果车辆存在安全隐患或者机械故障,导致驾驶人无法控制车辆从而被碾压,那么责任应由车辆所有人或者经营者承担。

(3)驾驶人救援措施的是否得当:如果事故发生后,驾驶人采取了不当的救援措施,导致自身受伤或者加重伤情,那么责任应由驾驶人本人承担。

如果是由于车辆存在安全隐患或者机械故障导致驾驶人被碾压,那么车辆所有人或者经营者需要承担驾驶人因此受到的经济损失,包括医疗费用、误工费、残疾赔偿金等。

如果是由于驾驶人自身原因导致被本车碾压,那么驾驶人本人或其家属在法律上并没有权利要求车辆所有人或者经营者承担责任和赔偿。但如果驾驶人本人购买了相关的商业保险,可以向保险公司申请索赔。

46.车上人员跳车避险属于交强险中"第三者"范畴

在交通事故中,车上人员跳车避险是一种特殊的情况。根据《中华人民共和国道路交通安全法》的规定,车上人员应当系安全带或者使用其他安全装置,不得在行驶中跳车。因此,如果车上人员在行驶中跳车避险,一般情况下会被认为是违法行为,其人身伤害赔偿应由其自行承担。

然而,如果跳车避险是由于交通事故造成的,那么车上人员的伤害赔偿责任认定就需要根据具体情况进行分析。在这种情况下,如果跳车避险是由于交通事故导致车辆内部环境异常危险,车上人员不得不跳车避险,那么车上人员在此过程中受到的伤害可以被视为交通事故造成的直接损失。因此,在车上人员的人身伤害赔偿中,应该将跳车避险行为视为交通事故造成的直接损失之一。

在交强险中,被保险人指的是车辆的所有人,而第三者指的是除被保险人和被保险车辆外的其他受害人。因此,如果车上人员跳车避险造成了人身伤害,他们在交强险中应该被视为第三者,可以向保险公司申请人身伤害赔偿。不过,保险公司对于车上人员跳车避险造成的人身伤害是否赔偿,以及赔偿的具体数额,也需要根据具体情况进行认定。

47.车辆在道路以外通行发生事故的赔偿

如果车辆在道路以外的地方发生了交通事故,那么涉及的赔偿责任认定会有所不同。具体来说,需要分析以下几个因素:

(1)是否存在违规行为:如果车辆在道路以外通行的过程中,存在违反交通法规或者违反安全行车原则的行为,例如超速、疲劳驾驶等,那么在事故责任认定中,该车辆的驾驶人或者车辆所有人可能会承担一定的责任。如果事故中涉及其他车辆或者行人,他们也可能会在一定程度上承担责任。

(2)道路通行权归属:如果车辆在道路以外的地方发生了事故,涉及的赔偿责任也需要考虑道路通行权的归属。例如,如果车辆在私人领地内行驶,而私人领地的所有者并没有允许该车辆通行,那么车辆所有人可能会承担一定的责任。

(3)是否存在第三方责任:如果车辆在道路以外的地方发生了事故,并且事故是由于第三方原因导致的,例如自然灾害、设备故障等,那么车辆所有人或者驾驶人可以向相关第三方主张赔偿责任。

总之,在道路以外发生交通事故的赔偿责任认定比较复杂,需要根据具体情况进行分析。如果事故中涉及了人身伤害或者财产损失,建议当事人及时寻求法律帮助,并与保险公司联系,以便尽快获得相应的赔偿。

48.多辆机动车发生事故其中一车未投保交强险,赔偿责任的划分

根据《中华人民共和国道路交通安全法》规定,如果发生机动车交通事故,未投保交强险的车辆应承担全部责任。因此,在多辆机动车发生事故时,如果其中一辆未投保交强险,该车的车主应承担全部责任,需要对其他车辆及其乘客造成的损失进行赔偿。

在赔偿责任的划分方面,通常会根据事故责任的大小来确定每个车主应承担的责任比例,然后根据比例来进行赔偿。如果该车是事故的主要责任方,那么该车主需要承担大部分赔偿责任;如果该车只是事故的次要责任方,那么该车主需要承担相应的赔偿责任。

49.精神损害抚慰金在交强险责任限额范围内优先赔偿的理解与适用

精神损害抚慰金是指因受到侵权行为而遭受精神伤害的受害人可以向侵权人请求给予的一种补偿金。在中国的交通事故中,精神损害抚慰金一般是指因交通事故导致受害人产生的精神痛苦和心理创伤等非财产损失所需支付的补偿费用。

根据《中华人民共和国道路交通安全法》规定,交通事故中的精神损害抚慰金可以在交强险责任限额范围内优先得到赔偿。交强险责任限额是指在保险期间内,在交强险所规定的保险金额和保险范围内,依法应当由交强险公司承担的赔偿金额上限。因此,在交通事故中,如果精神损害抚慰金不超过交强险责任限额,那么精神损害抚慰金可以优先得到赔偿。

需要注意的是,在交强险责任限额范围内优先赔偿的原则下,其他损失的赔偿顺序仍然按照先支出、先分配的原则来执行。如果交强险责任限额已经用完,剩余的损失需要根据其他保险或者侵权人的赔偿能力来分摊赔偿。

总之,精神损害抚慰金在交强险责任限额范围内可以优先得到赔偿,但需要遵守先支出先分配的原则,同时需要根据实际情况综合考虑其他保险或侵权人的赔偿能力,以确保受害人能够得到应有的赔偿。

50.保险公司主张医疗费中应扣减非医保用药不予以支持

保险公司在理赔时,有权对医疗费用进行审核,并对不符合保险条款规定的部分进行扣减。对于医疗费用中的非医保用药,保险公司可以按照保险条款的规定进行审核,并在符合保险条款规定的情况下进行扣减。

一般情况下,保险公司的扣减范围主要包括以下两种情况:

(1)保险条款明确规定某些医疗费用不在保险责任范围内,或者规定在保险责任范围内但需要符合一定的条件。例如,保险条款可能规定医疗费用只能报销符合医保报销范围的部分,那么非医保用药就不在保险责任范围内,保险公司可以对其进行扣减。

(2)医疗费用过高或存在其他不合理情况。在这种情况下,保险公司可以对医疗费用进行审核,对不合理的费用进行扣减。例如,如果某种非医保用药的费用过高,超过了常规的治疗费用标准,保险公司可以对其进行扣减。

需要注意的是,保险公司在进行扣减时,应当遵循合理、公正、公平的原则,并在扣减前告知被保险人相关情况和扣减标准。如果被保险人对保险公司的扣减存在异议,可以通过保险公司的申诉渠道或者向相关保险监管部门进行投诉和维权。

在机动车交通事故责任纠纷中,保险公司常常会主张非医保用药费用不予理赔。根据"谁主张,谁举证"的民事诉讼证据规则,保险公司应对免除赔偿非医保用药费用的主张承担举证责任。保险公司应提供证据证明非医保用药部分的具体项目和数额不必要或者不合理,也需要提供证据证明其与投保人就非医保用药部分免赔进行了特别约定。

51.车辆未投保"不计免赔险",保险公司在合同中没有明确提示的,仍应全额赔偿

根据《中华人民共和国保险法》的相关规定,车辆保险合同中的"不计免赔险"属于附加险种,是在交强险或商业险的基础上额外购买的附加保险条款。因此,如果车辆未投保"不计免赔险",保险公司在理赔时不会对此进行全额赔偿。

然而,如果保险公司在合同中没有明确提示被保险人"不计免赔险"的相关内容,或者未向被保险人充分告知、确认,而将"不计免赔险"作为默认选项或者隐含在合同中,那么在理赔时,保险公司应该按照基本保险责任进行全额赔偿。

因此,保险公司在销售车辆保险时,应当明确告知被保险人附加险种的保险条款及其相关内容,并在保险合同中对附加险种的责任范围、保险费用等进行详细说明。被保险人在购买车辆保险时,应当仔细审阅保险合同,对其中的保险条款和附加险种充分了解和确认,以免发生不必要的争议和损失。

七、交通事故认定书的制作

1.交通事故认定书的制作方式

(1)认定书应由具有一定资格的交通警察作出。

(2)交通事故认定书应当在一定的期限内作出。根据《道路交通事故处理程序规定》第六十二条规定,公安机关交通管理部门应当自现场调查之日起10日内制作交通事故认定书。交通肇事逃逸案件在查获交通肇事车辆和驾驶人后10日内制作道路交通事故认定书。对需要进行检验、鉴定的,应当在检验报告、鉴定意见确定之日起5日内制作道路交通事故认定书。

(3)公布交通事故认定书应遵循特定的程序,存在着两种情况:

①公安机关交通管理部门作出交通事故认定书送达手续不规范,有的根本没有送达有关当事人,有的只送达当事人一方而没有送达另一方;

②公安机关交通管理部门虽然将交通事故认定书送达了有关当事人,但未召集各方当事人到场,出具有关证据,说明认定责任的依据和理由。

2.交通事故认定书的内容

交通事故认定书是公安机关交通管理部门运用证据,认定事故事实,分析事故成因,认

定当事人的事故责任的专业结论性意见,是交通事故认定工作成果的载体,是交通事故证据调查工作的总结。交通事故认定书作为交通事故处理的证据全面和综合地反映了公安机关交通管理部门的工作成果,因此道路交通事故认定书应当载明以下内容:

(1)道路交通事故当事人、车辆、道路和交通环境等基本情况;

(2)道路交通事故发生经过;

(3)道路交通事故证据及事故形成原因分析;

(4)当事人导致道路交通事故的过错及责任或者意外原因;

(5)作出道路交通事故认定的公安机关交通管理部门名称和日期。

道路交通事故认定书应当由交通警察签名或者盖章,加盖公安机关交通管理部门道路交通事故处理专用章。

3.交通事故认定书的审查

审查事故认定书是一项专业性较强的工作,它涉及多方面的知识,对认定书的审查应坚持以下原则:

(1)全面审查的原则。一是审查事故认定的程序是否合法。作出责任认定的主体资格是否适合、是否向当事人送达等。二是审查事故认定的事实与其他证据之间是否存在矛盾。责任的认定应当建立在公安机关依法调查收集的证据基础之上,也就是事故认定的事实应当与证据证明的事实是统一的。如果存在矛盾则必须对事故的责任作出重新判定。三是审查事故认定的责任是否得当。

(2)质证原则。"证明案件事实的证据必须经过庭审质证。"事故认定书作为一种证据也不例外,只有事故认定赖以成立的证据经过庭审质证无误,才能评判责任认定的合法性、合理性。

(3)不对等原则。控辩双方在对事故认定书的证明责任上是不对等的,事故认定书一旦被检察机关作为证明被告人有罪的依据,在庭审过程中控方比辩方承担更大的举证责任。因为检察机关作为控诉机关,不仅具有控诉职责,更具有查清案件事实的法定职责,其取得的证据也是证明案件的主要证据。因此,控方在法庭必须提供支持责任认定成立的证据。

八、道路交通事故认定的其他规定

1.证据公开制度的规定

根据《道路交通事故处理程序规定》第六十三条规定:"发生死亡事故以及复杂、疑难的伤人事故后,公安机关交通管理部门应当在制作道路交通事故认定书或者道路交通事故证明前,召集各方当事人到场,公开调查取得的证据。证人要求保密或者涉及国家秘密、商业秘密以及个人隐私的,按照有关法律法规的规定执行。当事人不到场的,公安机关交通管理部门应当予以记录。"该条规定充分保障当事人的权利,提升对证据审查的透明度,防止或降低错误认定的发生率,保证了当事人的合法权益,提高公安机关道路交通事故认定的公信力。证据公开应当是在制作正式的道路交通事故认定书之前进行。可以由当事人对证据提出自己的意见或者异议,当事人对证据没有异议的,可以将证据作为制作交通事故认定书的依据;对于当事人提出异议的内容,或者当事人提出的新证据可能影响交通事故基本事实认定的,公安机关交通管理部门应该进一步进行调查。

2.道路交通事故认定书送达的规定

送达,一般是直接转交,外地也可以邮寄送达。当事人接到道路交通事故认定书后,可以根据自己的意愿行使以下权利,交通管理部门应该予以告知:一是申请复核的权利,当事人对道路交通事故认定或者道路交通事故证明有异议时,可以自送达之日起三日内,向上一级公安机关交通管理部门提出书面复核申请;二是申请损害赔偿调解,当事人可以向公安机关交通管理部门或人民调解委员会提出调解;三是提起民事诉讼,当事人对交通事故损害赔偿有争议的,可以不经公安机关交通管理部门或人民调解委员会调解,直接向人民法院提起民事诉讼。

3.对交通肇事逃逸案件侦破前后道路交通事故认定书制作的规定

道路交通事故认定是受害当事人民事损害赔偿解决的基础,而道路交通事故逃逸事故的侦破需要一定的侦查时间,具有一定的不确定性,部分逃逸事故甚至可能长期无法侦破,从而使得当事人的民事赔偿无法解决。对于长期无法侦破的交通肇事逃逸案件,应根据已查明的情况,确定当事人的责任,为当事人通过其他途径获得民事损害的补偿提供条件。对侦破前逃逸交通事故认定书制作的规定:一是侦破前交通逃逸事故认定书根据一方当事人申请制作;二是公安机关交通管理部门必须在接到申请书后十日内制作并送达当事人;三是交通事故认定书的内容,对于受害人责任的判定根据已有证据确定,有证据证明受害人有过错的,适当减轻交通肇事逃逸当事人的责任,同时确定受害人的责任;无证据证明受害人有过错的,确定受害人无责任。查获交通肇事逃逸车辆和驾驶人后,道路交通事故认定书制作的规定:破案前制作过交通道路事故认定书的,应该注明更正、补充或撤销的内容。

4.道路交通事故认定时限中止的规定

公安机关交通管理部门应当自现场调查之日起10日内制作道路交通事故认定书。对需要进行检验、鉴定的,应当自检验、鉴定意见确定之日起5日内制作道路交通事故认定书。

但是存在以下情况时,可以中止道路交通事故认定书制作期限:一是案件当事人、关键人证由于客观原因无法及时取证的;二是对案件当事人、关键证人取证的障碍有可能随着时间推移消除;当事人经过抢救可以进行取证,关键证人回来等;三是现有证据不足以认定案件事实,如果现有证据已经可以证明交通事故的主要事实,不符合认定时限中止的条件;四是中止认定的原因消失,或者中止期满受伤人员仍然无法接受调查的,公安机关交通管理部门应根据已有证据及时进行处理,制作认定书或者出具交通事故证明。

总之,中止原因应该属于无法及时取证的客观原因,且这些客观原因可以在一定的时间内消除。

5.特定情形伤人事故快速处理的规定

在交通事故处理中,为了提高效率并减少当事人的不便,特定情形下的伤人事故可以采取快速处理机制。以下是适用于快速处理道路交通事故的规定:

(1)当事人未涉嫌构成交通肇事、危险驾驶犯罪;涉嫌犯罪的交通事故需慎重调查,证据要求更高,因此应按一般程序继续处理,进行交通事故认定。

(2)道路交通事故基本事实及成因清楚,当事人均无异议;交通事故无须再进行调查,为快速处理提供基础。

符合上述条件的交通事故,可以由公安机关交通管理部门依据快速处理程序进行处理。这样可以大幅度缩短事故处理时间,减少当事人的等待和焦虑,同时也提高了交通事故处理的效率。

第二节　交通事故的复核

一、交通事故复核的含义

交通事故复核是对已经处理完结的交通事故处理决定进行审查和评估的一种程序,目的是查明处理决定是否符合法律规定和实际情况,是否公正、合理,是否有错漏、疏忽等情况存在,进而对处理决定进行纠正、补救或改进。

交通事故复核是交通管理部门行使监管职能的一种方式,同时也是保障公民权利、促进社会公平正义的重要措施之一。在交通事故处理过程中,如果当事人认为处理决定有问题,可以申请复核,并提供相关证据材料。复核的结果会影响到交通事故的责任认定和赔偿金额,因此对当事人来说很重要,这也是设定复核制度的重要意义。依据相关法律规定,人民警察的上级机关可以对下级机关的执法活动进行监督,发现其作出的处理或决定有错误的,应当予以撤销或变更。同时,根据行政法的基本理论,上级行政机关监督下级行政机关的执法活动既是保护行政相对人合法权利的需要,也能保障和促进下级行政机关依法行政。

二、交通事故复核原则

交通事故责任认定复核原则,一般是采取书面审查的办法,复核申请应当载明复核请求及其理由和主要证据,但是当事人提出要求或者公安机关交通管理部门认为有必要时,可以召集各方当事人到场,听取各方当事人的意见。只要有一方当事人提出撤销复核申请,即可终止复核;复核审查期间,任何一方当事人就该事故向人民法院提起诉讼并经法院受理的,人民检察院对交通肇事犯罪嫌疑人作出批准逮捕决定或者提起公诉的,公安机关交通管理部门应当将受理当事人复核申请的有关情况告知相关人民法院或者人民检察院。

上一级公安机关交通管理部门经审查认为原道路交通事故认定事实不清、证据不确实充分、责任划分不公正,或者调查及认定违反法定程序的,应当作出结论,责令原办案单位重新调查、认定。

上一级公安机关交通管理部门经审查认为原道路交通事故认定事实清楚、证据确实充分、适用法律正确、责任划分公正、调查程序合法的,应当作出维持原道路交通事故认定的复核结论。

交通事故责任认定复核申请需要提交的材料:复核申请书、复核的证据材料、申请人的身份证明、交通事故责任认定书的复印件。

事故复核申请的期限、内容及次数:依据《道路交通事故处理程序规定》第七十一条规定,当事人对道路交通事故认定或者出具道路交通事故证明有异议的,可以自道路交通事故认定书或者道路交通事故证明送达之日起三日内提出书面复核申请。当事人逾期提交复核申请的,不予受理,并书面通知申请人。复核申请应当载明复核请求及其理由和主要证据。同一事故的复核以一次为限。

三、交通事故复核的限制性条件

(1)时间条件:自交通事故责任认定书送达之日起3日内,超期不予处理。

(2)形式要求:递交书面复核申请,不能采用口头或其他形式。

(3)递交部门:作出事故认定交通管理部门的上一级公安交通管理部门。

(4)内容要求:复核申请应当载明复核请求及其理由和主要证据。

(5)次数限制:只能复核一次,不能复核一次后认为不公正二次申请复核。

四、交通事故复核申请的途径

复核申请人提出复核应当直接向上一级公安机关交通管理部门提出,但考虑到充分保障复核申请人的权利、便于复核申请人进行申请的需要,《道路交通事故处理程序规定》第七十二条规定,复核申请人通过作出道路交通事故认定的公安机关交通管理部门提出复核申请的,作出道路交通事故认定的公安机关交通管理部门应当自收到复核申请之日起二日内将复核申请连同道路交通事故有关材料移送上一级公安机关交通管理部门。复核申请人直接向上一级公安机关交通管理部门提出复核申请的,上一级公安机关交通管理部门应当通知作出道路交通事故认定的公安机关交通管理部门自收到通知之日起五日内提交案卷材料。

五、交通事故复核申请的流程

(一)交通事故复核申请的受理

上级公安机关对于下级公安机关交通事故认定的复核是公安机关内部上级对下级进行业务指导和监督的一种形式。对于交通事故当事人的复核申请,除当事人逾期提交复核申请的情形外,上一级公安机关收到复核申请之日即为受理之日,公安机关交通管理部门依照当事人的申请对交通事故认定书内容进行审查。

(二)交通事故复核申请的内容、形式

依据《道路交通事故处理程序规定》第七十四条规定,上一级公安机关交通管理部门应自受理复核申请之日起30日内作出复核结论。交通事故当事人在提出申请时,一并提出复核的理由和主要证据,上一级公安机关交通管理部门在对交通事故认定进行复核时,对于当事人提出的理由和主要证据进行审查,对于认定正确的意见,应予以采纳,对于不符合客观情况的错误意见,不予采信。上一级公安机关交通管理部门对于交通事故认定的复核应当进行全面审查,即对交通事故的整个过程进行审查,主要包括以下内容:

(1)道路交通事故事实是否清楚,证据是否确实充分,适用法律是否正确,责任划分是否公正。交通事故认定的证明标准就是要求事实清楚、证据确实充分;对于交通违法行为的认定,从法律适用的角度进行审查,主要审查当事人的行为是否违法,违反了哪些规定,适用的法律条款是否正确,对交通事故当事人责任的划分标准的运用是否正确,是否存在明显错误,导致划分缺乏公正。在实践过程中,由于相关的法律法规对交通事故当事人责任的认定标准比较笼统、抽象,缺乏具体的细则,同时由于交通事故形态多种多样,使得交通事故责任的划分的主观性非常强,往往出现仁者见仁、智者见智的情况,不同的人员认定会出现很大的差异。

(2)道路交通事故调查和认定的程序是否合法进行审查。对于交通事故调查程序的合法性进行审查就是对交通事故认定的证据能力的审查,证据只有合法才能具有法律效力,没有法律效力的证据不能用来认定事故事实、分析事故成因和认定事故责任,否则,交通事故认定书就没有法律效力,不能作为处理交通事故的证据。证据的合法性标准包括以下内容:一是证据主体合法。交通事故证据的主体必须符合有关法律规定,提供证据的人必须具有法定主体资格;收集证据的人必须具有法定的主体资格。二是证据形式合法。交通事故证据的形式必须符合有关法律的规定,询问笔录上所列项目,应当按照规定填写齐全。如果询问笔录上办案人员没有签名,即为形式不合法。现场勘查笔录应当由参加勘验的人员、当事人或者见证人签名,如果交通事故现场勘查笔录上无当事人或见证人的签名,也没有注明原因的,则该勘查笔录因形式不合法而不能用作证据。三是证据收集程序合法。交

通事故证据的收集程序或提取方法必须符合法律的有关规定。

（3）出具道路交通事故证明的理由是否充分，事故成因是否确属无法查清。这是对道路交通事故证明理由的审查，同时也是对公安机关交通管理部门处理道路交通事故工作的直接监督，防止公安机关交通管理部门怠于行使职权而损害当事人的合法权益。

（三）交通事故认定复核的方式

以书面审查为主，由复核人员根据原办案单位提供的案件材料对交通事故认定书内容进行复核，但当事人提出要求或者公安机关交通管理部门认定有必要时，可以召集各方当事人到场，听取各方当事人的意见。

（四）办理复核案件的交通警察不得少于两人

由于复核案件往往具有较大的争议性，当事人对公安机关交通管理部门的认定不服，可能是原办案单位存在证据调查不充分、法律适用不当、程序违法等问题，也可能是当事人对相关事实认识错误，需要上一级公安机关交通管理部门指派具有中级以上交通事故处理资格的交通警察对案件进行复核，两人办理可以通过相互协作、监督，保证办案质量，保证公正。

（五）交通事故复核的结论

1.复核道路交通事故认定书结论

一是维持原道路交通事故认定的复核结论。认为原道路交通事故认定符合《道路交通事故处理程序规定》第五十九条之规定，原道路交通事故认定事实清楚、证据确实充分、适用法律正确、责任划分公正、程序合法的。

二是补正后维持原道路交通事故认定的复核结论。对于仅调查及认定程序存在瑕疵的，没有侵犯当事人的实体权益的，属于一般或轻微程序瑕疵，可以作出维持原道路交通事故认定的复核结论，同时责令原办案单位予以补正或者作出合理解释，并向当事人说明情况。

三是经过复核，发现下级公安机关的交通事故认定工作存在明显不当或错误，认定事实不清、证据不确实充分、适用法律不正确、责任划分不公正的，调查及认定违反法定程序可能影响道路交通事故认定的，严重侵犯当事人的实体权益，应该作出责令原办案单位重新调查、认定的复核结论。对于调查、认定程序严重违法的，认为是侵犯当事人实体权益的违法行为，作出责令原办案单位重新调查、认定的复核结论。

2.复核道路交通事故证明结论

道路交通事故证明是在无法查明交通事故事实时作出的，复核审查的内容主要是事故原因是否属于无法查清。对道路交通事故调查是公安机关交通管理部门的职责，为了防止部分公安机关交通管理部门在工作中怠于履行自己的职责，不穷尽所有的调查手段查明交通事故事实成因，上级公安机关交通管理部门应对道路交通事故证明进行审查监督。审查后可以作出两种结论：

一是认为事故成因确属无法查清，应当作出维持原道路交通事故证明的复核结论。由于事件情况复杂，受到现有技术手段的限制，即使公安机关交通管理部门穷尽现有的调查手段技术措施，也确有部分交通事故成因在现阶段难以查清。

二是事故成因仍需进一步调查，应当作出责令原办案单位重新调查、认定的复核结论。这种情况是作出道路交通事故认定的公安机关交通管理部门没有穷尽所有的调查手段，采取必要的调查手段有可能会查清事故成因。

3.复核道路交通事故结论的送达

复核结论告知当事人有两种方式：

一是将复核结论送达各方当事人。送达期限为复核结论作出后3日内，送达的方式有：直接送达、代收送达、邮寄送达、留置送达、公告送达。直接送达是指直接送达受送达人；代收送达是指受送达人是公民的，本人不在由他的同住成年家属签收，当事人有代理人的可送达代理人；邮寄送达是指通过邮递部门送达有关材料；留置送达是指受送达人或者他的同住成年家属拒绝接收法律文书的，送达人应当邀请有关基层组织或者所在单位的代表到场，说明情况，在送达回证上记明拒收事由和日期，由送达人、见证人签名或盖章，把文书留在受送达人的住所，即视为送达。

二是当场宣布复核结论。必要时，公安机关交通管理部门可以召集各方当事人到场，当场宣布复核结论。这种情况主要是交通事故案情重大或者交通事故影响较大，当场宣布复核结论以示重要。

六、律师如何代理交通事故的复核

律师可以代理交通事故的复核申请和相关事宜，以下是具体步骤：

(1)接受当事人委托：当事人需要委托律师代理复核申请，律师应当认真了解当事人的情况和意见，并与当事人签订委托协议。

(2)准备相关证据材料：律师需要了解当事人的情况和异议点，搜集和整理相关证据材料，如事故认定书、鉴定意见书、医疗证明、工资证明等。

(3)提出复核申请：律师需要按照复核机构的要求，准备复核申请书，并在规定的期限内向复核机构提交申请。复核申请书应当包括复核理由、证据材料和复核请求等内容。

(4)参与复核程序：复核机构会组织鉴定人重新对事故进行鉴定，律师需要参与复核程序，监督和维护当事人的利益，提出意见和异议。

(5)接受复核结果：复核机构会在规定期限内出具复核意见，律师需要认真评估复核结果，与当事人商议后续处理措施。

需要注意的是，交通事故复核涉及复杂的法律和事实问题，律师需要具备相关专业知识和实践经验，能够为当事人提供有效的法律援助。

第四章

车辆技术鉴定

车辆技术鉴定是指对汽车进行全面的检查和评估,以确定其技术状况和价值。车辆技术鉴定通常包括以下方面:

(1)外观检查:包括车身、车漆、车灯、风窗玻璃、轮胎等方面的检查。

(2)内部检查:包括车内座椅、转向盘、仪表盘、空调、音响等方面的检查。

(3)机械检查:包括发动机、变速器、转向系统、制动系统、悬架等方面的检查。

(4)道路试验:检查车辆的动态性能,包括加速、制动、转向、行驶稳定性等方面的检查。

车辆技术鉴定是车辆交易过程中非常重要的一环,它可以让买家和卖家更准确地了解车辆的真实情况和价值,避免出现不必要的纠纷和损失。同时,车辆技术鉴定也是保障行车安全的重要手段,它可以发现车辆存在的安全隐患,保证驾驶人和乘客的安全。

第一节　车辆的运动速度

道路交通是人类为满足人们出行和货物运输的需要,由人、车、路、环境等交通元素构成的复杂动态系统。其中,控制行车速度、实现安全畅通具有重要意义。

一、车辆速度的定义与分类

(一)速度的定义

速度是描述质点运动快慢和方向的物理量,等于位移和发生此位移所用时间的比值。即:

$$v=S/\triangle t$$

式中:v——速度矢量,m/s;

S——位移矢量,m;

t——时间,s。

在实际生活中,各种交通工具运动的速度是经常发生变化的。

(二)车辆速度的分类

(1)地点车速。地点车速是指车辆驶过道路某横断面时的瞬时车速或点车速。

(2)区间车速。区间车速是指车辆行驶过的某段路程长度与行驶这一路段有效的行驶时间之比。

（3）行驶车速。行驶车速又叫运行车速、技术车速，是指车辆驶过的某路段长度与有效时间之比，有效时间不包括所有停车延误时间。

（4）设计速度。设计速度又叫计算车速、设计车速，包括道路设计速度和车辆设计速度两类，是指在道路设计和车辆设计时，根据道路条件和车辆性能条件所规定的最高车辆运行速度。

（5）临界车速。临界车速是指车辆在道路通行量达到最大时所能保持的车速，又叫最佳车速。

（6）驾驶车速。驾驶车速是指驾驶人根据道路的交通流量与气候及周围环境条件等情况和道路交通安全的要求所能保持的车速。

（7）平均车速。平均车速是指车辆通过的位移和所用时间的比值。它所反映的只是在一段时间内运行车辆位移的平均变化量，是道路交通状况的重要计量指标。

（8）最高车速。最高车速是指汽车以厂定最大总质量状态在风速小于或等于3m/s的条件下，在干燥、清洁、平坦的混凝土或者沥青路面上，汽车能够达到的最高稳定行驶速度。

（9）经济车速。经济车速是指汽车行驶中消耗燃料最节省的速度。经济车速在该车速中属于偏高的区段。它随着路况、载重、风向、气候及使用情况有所变化。

二、法规规定的车辆行驶速度

（一）原则性规定

（1）《中华人民共和国道路交通安全法》第四十二条规定，在没有限速标志的路段，应当保持安全车速，夜间行驶或者在容易发生危险的路段行驶，以及遇有沙尘、冰雹、雨、雪、雾、结冰等气象条件时，应当降低行驶速度。

（2）《中华人民共和国道路交通安全法》第四十四条规定，机动车通过没有交通信号灯、交通标志、交通标线或者交通警察指挥的交叉路口时，当减速慢行。

（3）《中华人民共和国道路交通安全法》第四十六条规定，机动车通过铁路道口时，遇到没有交通信号或者管理人员的，应当减速或者停车。

（4）《中华人民共和国道路交通安全法》第四十七条规定，机动车行经人行横道时，应当减速行驶。

（5）《中华人民共和国道路交通安全法》第五十三条规定，警车、消防车、救护车、工程救险车执行紧急任务时，在确保安全的前提下，不受行驶速度的限制。

（6）《中华人民共和国道路交通安全法实施条例》第四十七条规定，在没有道路中心线或者同方向只有一条机动车道的道路上，前车遇后车发出超车信号时，在条件许可的情况下，应当降低速度，靠右让路。

（7）《中华人民共和国道路交通安全法实施条例》第六十四条规定，机动车行经漫水路或者漫水桥时,应停车察明水情,确认安全后,低速通过。

(8)《中华人民共和国道路交通安全法实施条例》第六十五条规定,机动车上下渡船时,应当低速慢行。

(9)《中华人民共和国道路交通安全法实施条例》第六十七条规定,在单位院内、居民居住区内,机动车应当低速行驶,避让行人。

(10)《中华人民共和国道路交通安全法实施条例》第七十条规定,因非机动车道被占用无法在本车道内行驶的非机动车,可以在受阻的路段借用相邻的机动车道行驶,并在驶过被占用路段后迅速驶回非机动车道。机动车遇此情况应当减速让行。

(11)《中华人民共和国道路交通安全法实施条例》第八十四条规定,机动车通过施工作业路段时,应当注意警示标志,减速行驶。

(二)指示性规定

(1)《中华人民共和国道路交通安全法》第四十二条规定,机动车上道路行驶,不得超过限速标志标明的最高时速。

(2)《中华人民共和国道路交通安全法》第六十七条规定,行人、非机动车、拖拉机、轮式专用机械车、铰接式客车、全挂拖斗车以及其他设定最高时速低于70km的机动车,不得进入高速公路,高速公路限速标志标明的最高时速不得超过120km。

(3)《中华人民共和国道路交通安全法》第四十八条规定,机动车运载超限的不可解物品影响交通的,应当按照公安机关交通管理部门指定的时间、路线、速度行驶,并悬挂明显标志。

(4)《中华人民共和国道路交通安全法》第五十四条规定,洒水车、清扫车等机动车在不影响其他车辆通行的情况下,可以不受车辆分道行驶的限制,但是不得逆向行驶。

(5)《中华人民共和国道路交通安全法实施条例》第七十八条规定,在高速公路上,道路限速标志标明的车速与上述车道行驶车速的规定不一致的,按照道路限速标志标明的车速行驶。

(三)直接性规定

(1)《中华人民共和国道路交通安全法》第五十八条规定,残疾人机动轮椅车、电动自行车在非机动车道内行驶时,最高时速不得超过15km。

(2)《中华人民共和国道路交通安全法实施条例》第四十五条规定,在没有限速标志、标线的道路上,机动车不得超过下列最高行驶速度:①没有道路中心线的道路,城市道路为30km/h、公路为40km/h;②同方向只有一条机动车道的道路,城市道路为50km/h,公路为70km/h。

(3)《中华人民共和国道路交通安全法实施条例》第四十六条规定,机动车行驶中遇有下列情形之一的,最高行驶速度不得超过30km/h,其中拖拉机、电瓶车、轮式专用机械车不得超过15km/h:①进出非机动车道,通过铁路道口、急转路、窄路、窄桥时;②掉头、转弯、下陡坡时;③遇雾、雨、雪,沙尘、冰雹,能见度在50m以内时;④在冰雪、泥泞的道路上行驶时;⑤牵引发生故障的机动车时。

(4)《中华人民共和国道路交通安全法实施条例》第七十八条规定,高速公路最高车速不得超过120km/h,最低车速不得低于60km/h。在高速公路上行驶的小型载客汽车最高车速不得超过120km/h,其他机动车不得超过100km/h,摩托车不得超过80km/h;同方向有2条车道的,左侧车道的最低车速为100km/h;同方向有3条以上车道的,最左侧车道的最低车速为110km/h,中间车道的最低车速90km/h。

(5)《中华人民共和国道路交通安全法实施条例》第八十一条规定,机动车在高速公路上行驶,遇有雾、雨、雪、沙尘、冰雹等低能见度气象条件时,应当遵守下列规定:①能见度小于200m时,开启雾灯、近光灯、示廓灯和前后位灯,车速不得超过60km/h,与同车道前车保持100m以上的距离;②能见度小于100m时,开启雾灯、近光灯、示廓灯、前后位灯和危险报警闪光灯,车速不得超过40km/h,与同车道前车保持50m以上的距离;③能见度小于50m时,开启雾灯、近光灯、示廓灯、前后位灯和危险报警闪光灯,车速不得超过20km/h,并从最近的出口尽快驶离高速公路。

三、车辆行驶速度的有效控制

(一)车速控制

车速控制是指根据行驶的需要,通过加速或减速把车速控制在一定的范围内,控制车速是驾驶人最基本、应用最多的动作,也直接关系到车辆行驶的安全和效率。

(二)不得违反法定车速

所控制的车速必须在安全法规限定的速度范围内,不得超过最高限速规定,也不得低于最低限速规定。①按交通标志、标线规定的速度行驶,在高速公路行驶时还要按电子信息牌显示的速度行驶;②在没有设限速交通标志、标线的路段上行驶,按安全法规规定的速度行驶;③在既没有限速的交通标志、标线,又没有法规明文规定速度的路段行驶要保持安全车速,但必须低于城市快速道路关于各车型行驶速度的规定;④在有限速的道路上行驶,遇特殊天气和特殊路段时要降低车速。

车辆的运动速度鉴定是指通过各种手段和设备对车辆在道路上的行驶速度进行测量和鉴定。常用的车辆运动速度鉴定方法包括:①道路上的测速设备,例如测速摄像头、雷达、激光测速仪等;②GPS定位系统,可以测量车辆的实际位置和移动速度;③车辆黑匣子数据,某些车辆上装有数据记录器,可以记录车辆的速度、行驶路线等信息;④目测鉴定,即通过目视观察车辆的运动轨迹和速度,对其行驶速度进行估计。

车辆的运动速度鉴定是交通管理和交通事故调查中非常重要的一环,它可以确定车辆的违法行为和事故责任,同时也可以提供司法鉴定和保险理赔的依据。但需要注意的是,不同的测速设备和方法具有不同的精度和误差范围,需要根据具体情况选择合适的鉴定方法和设备。

第二节　车辆的运动轨迹

查到车辆运动轨迹的方法如下:

(1)查询车辆运动轨迹的是在智能出行管理系统的基础上打造的缉查系统,相当于天眼系统,只需输入车牌号,就可以查询一辆车在各个监控下的时间。

(2)经过查询探头的位置,进而形成车辆的运动轨迹。

这就意味着汽车的一举一动基本可以被监视到,肇事逃逸率几乎为零,大大提高了交通管理部门的办公效率。

车辆运动轨迹现在只有在交警系统中才可以查询到,并不对公众开放。市面上也有非常多App具有记录汽车的运动轨迹的功能,只需打开手机定位,即可将行驶数据上传,形成运动轨迹,这种方法十分容易泄露个人信息,不提倡使用。

获取到车辆的运动轨迹后,可进行行驶轨迹鉴定,即分析确定导致异常状态的原因,包括运动轨迹及速度改变原因、驾驶人采取的避险措施等,并通过分析证据,完整再现事故的全过程,从而揭开交通事故的真相。

第三节　车　辆　性　质

车辆性质通常指的是车辆的用途和运营方式,主要分为营运和非营运车辆两类。营运车辆包括出租车、公交车、客车、货车等,用于营利性活动。非营利性车辆主要是普通私家客车。

　　不同的车辆有不同的属性。出租车是营运车辆,家里用的车是非营运车辆。非营运车辆是指家庭或者个人所有的不以营利为目的的机动车,营运车辆是指个人或单位为获取利润而使用的机动车辆。机动车的营运性质可以在机动车驾驶证上查看。道路运输证是证明营运车辆合法营运的有效凭证,也是记录营运车辆检验和对经营者奖惩的主要凭证。道路运输证必须随车携带,并在有效期内在全国范围内使用。

　　车辆性质鉴定是指对车辆的使用性质、车型、发动机排量、使用时间等方面进行鉴定,以确定车辆的登记和管理情况。常见的车辆性质鉴定包括以下方面:

　　车辆使用性质鉴定:根据车辆的使用情况,确定其是否为非营运车辆、营运车辆、客车、货车、专用车辆等,以及其相关的管理规定和政策。

　　车型鉴定:根据车辆的外形、尺寸、载重等参数,确定其车型和类别,例如小轿车、SUV、商务车、卡车等。

　　发动机排量鉴定:根据车辆的发动机参数,确定其排量大小,以及是否符合相应的排放标准和环保要求。

　　使用时间鉴定:根据车辆的出厂时间、购买时间、上牌时间等信息,确定其使用年限和是否需要进行年检等管理措施。

　　以下是车辆属性的相关介绍。

　　挂牌的情况:在汽车挂牌的时候,要根据自己的实际情况去选择填汽车的属性是营运还是非营运,如何填的是非营运,这样车子的保费和年检方面会比营运的保费和年检方面简单得多。非营运一般指的都是普通的私家车,一经发现汽车填写的属性是非营运却用车辆跑出租或者拉货就会受到交警的处罚。

　　车辆性质鉴定是车辆管理和交通安全中非常重要的一环,它可以确定车辆的登记和管理情况,保障车辆合法、安全、规范地使用。同时,车辆性质鉴定也是交通事故调查和法律审判的依据之一,有助于确定事故责任和赔偿范围。

第四节　车辆碰撞痕迹

　　车辆碰撞痕迹鉴定是指通过对车辆碰撞部位和痕迹的检查和分析,确定车辆碰撞的情况、方式和程度等,为交通事故调查和责任认定提供依据。车辆碰撞痕迹鉴定的主要方法包括:

　　(1)外观检查。对车辆碰撞部位的外观进行观察和检查,寻找碰撞痕迹、划痕、变形、裂纹等迹象。

(2)测量分析。利用测量工具和设备,对车辆碰撞部位的几何形状、尺寸和位置等参数进行测量和分析,以确定碰撞的程度和方式。

(3)器械检验。对车辆碰撞部位进行机械性能测试和材料分析,以确定车辆的碰撞情况和强度。

(4)数字化重建。利用计算机技术和软件,对车辆碰撞部位进行三维数字化重建,以模拟碰撞过程和分析碰撞情况。

一、车辆碰撞痕迹怎么鉴定

1.推断车辆种类

利用车辆痕迹推断车辆的种类,可以根据以下几个方面进行:

(1)根据车轴、车轮的数量分析、推断车辆种类。

(2)根据车轮的花纹类型、轨距、宽度和直径等推断车辆种类。

(3)根据有关的足迹或牲畜蹄迹、粪便与车轮痕迹的位置关系,分析推断是否为自行车、手推车或畜力车。

(4)根据车体形成的碰撞痕迹特征推断车辆种类。对形成痕迹的部位、形状和高低位置进行推断。

2.判断车辆的行驶方向

为研究案件情况或布置追缉、堵截逃跑的车辆,需要判断车辆的行驶方向。常用的方法有以下几种:

(1)车辆行驶时,由于气流作用,常使轮胎两侧的尘土、细砂形成扇状痕迹。扇面展开方向为车辆驶来方向,反之则为车辆驶去方向。

(2)被车轮碾压的树枝、麦秆、草棍等物体,其弯折两端指向车辆的前进方向。

(3)车辆行驶时滴落在地面的油滴、水点等液体物质,形状为惊叹号或星芒状的,其尖端指向车辆的前进方向。

(4)车辆行驶经过泥水路面时,引起泥水喷溅,其喷溅方向为车辆的前进方向。

(5)车辆经由水或泥的地方,驶入干燥的路面时会留下水印。水印随车辆行驶方向,由重到轻,轻的一方是车辆的前进方向。

(6)车辆制动时形成的痕迹由轻到重,重的一方为车辆的前进方向。

(7)车辆轮胎面痕迹为人字形、八字形花纹时,花纹展开面指向车辆的前进方向。

(8)伴随着畜力车或手推(或拉)车痕迹出现的足迹或牲畜蹄迹,其行进的方向就是车辆前进的方向。

(9)车轮上黏附的泥、雪等物质,行驶时脱落在坚硬路面上,常呈锯齿状,其齿端指向车辆行驶的背离方向。

二、车辆碰撞痕迹鉴定是什么

车辆痕迹鉴定是根据车辆的车体痕迹、车轮痕迹、车辆附属部件痕迹以及分离物痕迹所反映的特征,对嫌疑车辆进行检验、认定或否定嫌疑车辆的过程。

(1)车辆痕迹鉴定的程序和方法,与足迹、工具及其他痕迹基本相同。首先确定种类特征是否相同,确定种类特征统一后,再根据痕迹反映的个别特征(如轮胎上的磨损、切口、孔洞、补丁等特征出现的部位、大小、形状及相互关系)进行比较检验,如果个别特征总体反映一致,即可作出认定统一的结论。

(2)车辆痕迹除利用形象特征检验外,还应对车辆痕迹中发现的其他附着物、油漆以及微量物质进行理化检验,确定这些物证与车辆的关系。

(3)车辆痕迹鉴定前,要注意了解嫌疑车辆在案发或肇事后,是否修理或更换过轮胎及其他部件,以防止鉴定结论的错误。

三、车辆痕迹鉴定的作用有哪些

在刑事案件侦破和交通事故案件处理中,车辆痕迹有着十分重要的作用,具体表现在以下几个方面:

(1)根据车辆痕迹,可以分析判断车辆来去现场的方向和路线,布置追缉或堵截,为侦查工作指明方向。

(2)根据车辆痕迹,可以分析推断车辆的种类,为侦查提供线索,缩小侦查工作的范围。

(3)根据车辆痕迹,可以对嫌疑车辆进行检验鉴定,确定现场车辆痕迹是否嫌疑车辆所留。为查明事实、追究责任提供依据。

《道路交通事故处理程序规定》第五十一条　公安机关交通管理部门应当与鉴定机构确定检验、鉴定完成的期限,确定的期限不得超过三十日。超过三十日的,应当报经上一级公安机关交通管理部门批准,但最长不得超过六十日。

《中华人民共和国道路交通安全法》第九十四条　机动车安全技术检验机构实施机动车安全技术检验超过国务院价格主管部门核定的收费标准收取费用的,退还多收取的费用,并由价格主管部门依照《中华人民共和国价格法》的有关规定给予处罚。机动车安全技术检验机构不按照机动车国家安全技术标准进行检验,出具虚假检验结果的,由公安机关交通管理部门处所收检验费用5倍以上10倍以下罚款,并依法撤销其检验资格;构成犯罪的,依法追究刑事责任。

交通事故痕迹鉴定:(1)寻找发现事故现场痕迹物证,确定第一次接触点;(2)对事故有关的主要痕迹物证进行检验鉴定,为事故责任认定提供证据;(3)分析推断事故的形成过程,为事故处理提供参考依据;(4)为侦破逃逸案件提供方向范围。

《道路交通事故处理程序规定》

第三十条　交通警察到达事故现场后,应当立即进行下列工作:

(一)按照事故现场安全防护有关标准和规范的要求划定警戒区域,在安全距离位置放置发光或者反光锥筒和警告标志,确定专人负责现场交通指挥和疏导。因道路交通事故导致交通中断或者现场处置、勘查需要采取封闭道路等交通管制措施的,还应当视情在事故现场来车方向提前组织分流,放置绕行提示标志;

(二)组织抢救受伤人员;

(三)指挥救护、勘查等车辆停放在安全和便于抢救、勘查的位置,开启警灯,夜间还应当开启危险报警闪光灯和示廓灯;

(四)查找道路交通事故当事人和证人,控制肇事嫌疑人;

(五)其他需要立即开展的工作。

第三十二条　交通警察应当对事故现场开展下列调查工作:

(一)勘查事故现场,查明事故车辆、当事人、道路及其空间关系和事故发生时的天气情况;

(二)固定、提取或者保全现场证据材料;

(三)询问当事人、证人并制作询问笔录;现场不具备制作询问笔录条件的,可以通过录音、录像记录询问过程;

(四)其他调查工作。

第三十三条　交通警察勘查道路交通事故现场,应当按照有关法规和标准的规定,拍摄现场照片,绘制现场图,及时提取、采集与案件有关的痕迹、物证等,制作现场勘查笔录。现场勘查过程中发现当事人涉嫌利用交通工具实施其他犯罪的,应当妥善保护犯罪现场和证据,控制犯罪嫌疑人,并立即报告公安机关主管部门。

发生一次死亡三人以上事故的,应当进行现场摄像,必要时可以聘请具有专门知识的人参加现场勘验、检查。

现场图、现场勘查笔录应当由参加勘查的交通警察、当事人和见证人签名。当事人、见证人拒绝签名或者无法签名以及无见证人的,应当记录在案。

痕迹司法鉴定是指具有专门知识的人接受指派或委托,运用痕迹学的原理和技术,对案件中涉及的有关人体物体形成痕迹的统一性及分泌痕迹与整体相关性等进行鉴别或判断的一种活动。

《全国人民代表大会常务委员会关于司法鉴定管理问题的决定》第五条第三款　法人

或者其他组织申请从事司法鉴定业务的,应当具备下列条件:

……

(三)有在业务范围内进行司法鉴定所必需的依法通过计量认证或者实验室认可的检测实验室;

……

《中华人民共和国道路交通安全法》第七十二条　公安机关交通管理部门接到交通事故报警后,应当立即派交通警察赶赴现场,先组织抢救受伤人员,并采取措施,尽快恢复交通。

四、交通事故车辆鉴定

1.鉴定的申请和决定

在事故处理过程中,当事人和代办代理人有权向公安机关提出鉴定和重新鉴定的申请。条件如下:一是鉴定申请的理由要公道;二是鉴定项目有助于弄清事实的真相;三是鉴定项目切实可行,能够实现。

其中,事故调查所需的鉴定由公安机关决定;事故调解所需的鉴定,当事人可以自行选择已在省级公安机关存案的鉴定部分鉴定。

2.委托鉴定

委托鉴定,应根据被鉴定题目的性质和难度,选择相应的鉴定机构;事故调查所需的鉴定,一般指派或委托公安机关的鉴定职员、鉴定机构进行;公安机关无法完成的,也可委托公安机关指定的社会有资格的鉴定机构进行,此类鉴定不能由当事人自行选择。对当事人的精神病医学鉴定、对当事人的伤残评定、对有争议的财产损失评估,应当委托具备资格的检修、鉴定、评估机构进行,该机构可以是公安机关的鉴定机构,也可以是社会的鉴定机构,但均必须具备资格。

3.鉴定时限

根据《道路交通事故处理程序规定》第四十九条规定,需要进行检验、鉴定的,公安机关交通管理部门应当按照有关规定,自事故现场调查结束之日起三日内委托具备资质的鉴定机构进行检验、鉴定。尸体检验应当在死亡之日起三日内委托。对交通肇事逃逸车辆的检验、鉴定自查获肇事嫌疑车辆之日起三日内委托。对现场调查结束之日起三日后需要检验、鉴定的,应当报经上一级公安机关交通管理部门批准。对精神疾病的鉴定,由具有精神病\鉴定资质的鉴定机构进行。

4.重新检验、鉴定

《道路交通事故处理程序规定》第五十六条、五十七条规定,当事人对检验报告、鉴定意见有异议,申请重新检验、鉴定的,应当自公安机关交通管理部门送达之日起3日内提出书面申请,经县级以上公安机关交通管理部门负责人批准,原办案单位应当重新委托检验、鉴定。同一事故的同一检验、鉴定事项,重新检验、鉴定以一次为限。重新检验、鉴定应当另行委托鉴定机构。

　　鉴定内容:车辆安全性能检查。

　　交通事故车辆检验对象:交通死亡事故;交通事故致人重伤或伤3人以上;交通事故造成恶劣社会影响;机动车无牌证或未按规定参加年度检验;交通事故车辆类型不明确;根据案情需对事故车辆检验、鉴定。

　　事故车辆机械故障鉴定:通过车辆特定部位拆解检查寻找车辆故障,查明故障原因,用以区别人为责任和机械故障。

　　车辆定型鉴定:凡肇事车辆类型不明确的,应做车辆定型鉴定,以明确道路行驶权利。

　　痕迹鉴定:通过提取交通事故相关的接触痕迹比对、化验等检验手段,确定车、物、人是否有碰撞、剐蹭、碾轧等关系;不能确定肇事车辆,可通过整体分离痕迹鉴定确认脱落物质与车辆、物体、人体之间的关联关系;事故车辆轮胎有爆裂,可通过轮胎痕迹鉴定确认轮胎爆胎原因;夜间发生事故且车灯损坏,可做灯光开启冷热光源鉴定,来确定车辆发生事故瞬间的开启和关闭。

　　车辆碰撞痕迹鉴定是交通事故调查和责任认定的重要环节,它可以确定车辆碰撞的情况和程度,分析事故原因和责任,为事故处理和赔偿提供依据。但需要注意的是,车辆碰撞痕迹鉴定需要专业知识和技能,应由具有相关资质和经验的专业人士进行。

第五节　车辆鉴定意见的异议

　　如果对车辆鉴定意见存在异议,可以根据相关规定提出申诉或复议。具体流程如下:

　　(1)提出异议申请:当事人或其代理人可以向车辆鉴定机构提出书面异议申请,说明异议理由和证据,并提供相关材料和资料。

　　(2)受理和审查:车辆鉴定机构应当在收到异议申请后及时受理,并进行审查和调查。如需要重新进行鉴定,车辆鉴定机构应当重新安排鉴定工作,并出具新的鉴定报告。

　　(3)处理和回复:车辆鉴定机构应当在规定时间内对异议申请作出处理和回复。如确认鉴定意见有误,应当更正并重新出具鉴定报告;如维持原意见,应当说明理由和依据,并告知当事人申诉或复议的权利。

　　(4)申诉或复议:如果当事人对车辆鉴定机构的处理结果仍有异议,可以向上级机构或相关部门提出申诉或复议,并提供相关材料和证据。

在进行车辆鉴定意见异议申诉或复议时,应当注意提供充分的证据和材料,并按照相关程序和规定进行申请和处理。同时,应当尊重鉴定机构的独立性和专业性,尽量避免滥用申诉或复议权利。

交通事故中当事人提出鉴定异议的情形如下。当事人有证据证明存在下列情况的,可以对鉴定结论提出异议并重新申请鉴定:(1)鉴定机构或者鉴定人员不具备相关的鉴定资格的;(2)鉴定程序严重违法的;(3)鉴定结论明显依据不足的;(4)经过质证认定不能作为证据使用的其他情形。对有缺陷的鉴定结论,可以通过补充鉴定、重新质证或者补充质证等方法解决的,不予重新鉴定。

当事人认为检验、鉴定结果有问题的,可以在规定期限内申请重新检验、鉴定。具体依据《道路交通事故处理程序规定》第五十五、五十六条的规定:公安机关交通管理部门应当对检验报告、鉴定意见进行审核,并在收到检验报告、鉴定意见之日起五日内,将检验报告、鉴定意见复印件送达当事人。当事人对公安机关交通管理部门的检验、鉴定结论有异议,重新申请检验、鉴定的,应当自公安机关交通管理部门送达之日起三日内提出书面申请,经县级公安机关交通管理部门负责人批准,原办案单位应当重新委托检验、鉴定。

发生交通事故的车辆和物品,由公安机关统一保管,经检验、鉴定后,委托价格事务所进行损失价格鉴定。进行车、物价格损失鉴定时,各方当事人应到场,涉及保险的车辆和物品,当事人还应通知保险公司派员到场,无故不到场的,按缺席论处。

道路交通事故车、物损失价格鉴定,原则上在事故发生后作出鉴定结论。如情况特殊,经批准可延长。

当事人对经确认后的鉴定结论不服或有异议的,可以在接到《道路交通事故车物损失价格鉴定书》后,向交警支队交宣处事故科申请重新鉴定;由交通管理部门重新作出鉴定结论。

道路交通事故车、物损失价格鉴定结论经公安交通管理部门确认后生效。

《中华人民共和国道路交通安全法》第七十四条规定,对交通事故损害赔偿的争议,当事人可以请求公安机关交通管理部门调解,也可以直接向人民法院提起民事诉讼。经公安机关交通管理部门调解,当事人未达成协议或者调解书生效后不履行的,当事人可以向人民法院提起民事诉讼。

对鉴定结论有异议当事人该怎么办?

(1)可以坚持申请重新鉴定。

为了使司法鉴定结果对自己更加有利,当事人在申请重新鉴定时除了单纯地提出申请外,还要准备充分合理的理由,要尽量搜集证据,对鉴定结论提出充分异议。

(2)可以向司法行政机关投诉。

如果当事人有足够的证据证明司法鉴定期间司法鉴定机构违法违纪,则可以向省级司法行政部门投诉,经调查确有违法行为的,原鉴定结论将作废或被撤销。

(3)搜集证据推翻司法鉴定结果。

有效的鉴定意见是基于检材真实、完整、充分、合法的基础之上的。因此,如果当事人发现司法鉴定结论缺乏真实性,可以积极搜集证据,推翻司法鉴定结论。

申请重新鉴定的注意事项有哪些呢?

(1)重新鉴定应当委托原司法鉴定机构以外的其他司法鉴定机构进行;因特殊原因,委托人也可以委托原司法鉴定机构进行,但原司法鉴定机构应当指定原司法鉴定人以外的其他符合条件的司法鉴定人进行。

(2)接受重新鉴定委托的司法鉴定机构的资质条件应当不低于原司法鉴定机构,进行重新鉴定的司法鉴定人中应当至少有一名具有相关专业高级专业技术职称。

(3)鉴定过程中,涉及复杂、疑难、特殊技术问题的,可以向本机构以外的相关专业领域的专家进行咨询,但最终的鉴定意见应当由本机构的司法鉴定人出具。专家提供咨询意见应当签名,并存入鉴定档案。

以下是《中华人民共和国民事诉讼法》部分法律规定:

第七十九条　当事人可以就查明事实的专门性问题向人民法院申请鉴定。当事人申请鉴定的,由双方当事人协商确定具备资格的鉴定人;协商不成的,由人民法院指定。

当事人未申请鉴定,人民法院对专门性问题认为需要鉴定的,应当委托具备资格的鉴定人进行鉴定。

第八十条　鉴定人有权了解进行鉴定所需要的案件材料,必要时可以询问当事人、证人。

鉴定人应当提出书面鉴定意见,在鉴定书上签名或者盖章。

第八十一条　当事人对鉴定意见有异议或者人民法院认为鉴定人有必要出庭的,鉴定人应当出庭作证。经人民法院通知,鉴定人拒不出庭作证的,鉴定意见不得作为认定事实的根据;支付鉴定费用的当事人可以要求返还鉴定费用。

第八十二条　当事人可以申请人民法院通知有专门知识的人出庭,就鉴定人作出的鉴定意见或者专业问题提出意见。

以下是《最高人民法院关于民事诉讼证据的若干规定》的相关规定:

第三十条　人民法院在审理案件过程中认为待证事实需要通过鉴定意见证明的,应当向当事人释明,并指定提出鉴定申请的期间。

符合《最高人民法院关于适用〈中华人民共和国民事诉讼法〉的解释》第九十六条第一款规定情形的,人民法院应当依职权委托鉴定。

第三十一条　当事人申请鉴定,应当在人民法院指定期间内提出,并预交鉴定费用。逾期不提出申请或者不预交鉴定费用的,视为放弃申请。

对需要鉴定的待证事实负有举证责任的当事人，在人民法院指定期间内无正当理由不提出鉴定申请或者不预交鉴定费用，或者拒不提供相关材料，致使待证事实无法查明的，应当承担举证不能的法律后果。

对鉴定有异议如何处理？

根据《全国人民代表大会常务委员会关于司法鉴定管理问题的决定》第十一条规定，在诉讼中，当事人对鉴定意见有异议的，经人民法院依法通知，鉴定人应当出庭作证。鉴定人和鉴定机构应当在鉴定人和鉴定机构名册注明的业务范围内从事司法鉴定业务。鉴定人应当依照诉讼法律规定实行回避。

对行政执法人员身份合法性有异议如何处理。依据我国相关法律的规定，行政机关是具有执法权的，而行政机关的工作人员执行职务活动时，需要向被执法人员出示相关的证件，提起行政诉讼时，当事人对执行人员身份合法性有异议的，原告或者第三人可以要求相关行政执法人员出庭说明。

当事人对鉴定意见有异议的，能否要求鉴定人出庭作证？

当事人对鉴定意见有异议或者法院认为鉴定人有必要出庭的，鉴定人应当出庭作证。如果经过法院通知，鉴定人拒不出庭作证的，那么鉴定意见不得作为认定事实的根据；支付鉴定费用的当事人可以要求返还鉴定费用。当事人对鉴定意见有异议，也可以在举证期限届满前申请1~2名具有专门知识的人出庭，代表当事人对鉴定意见进行质证，或者对案件事实所涉及的专业问题提出意见，但不得参与专业问题之外的法庭审理活动。有专门知识的人在法庭上就专门问题提出的意见，视为当事人的陈述。具有专门知识的人的出庭费用，由提出申请的当事人负担，例如：林某起诉李某侵犯知识产权。李某对于鉴定中心出具的认定侵权的鉴定意见书有意义，可以申请专家出庭质证。

法条提示：《中华人民共和国民事诉讼法》第八十一条、第八十二条，《最高人民法院关于适用中华人民共和国民事诉讼法的解释》第一百二十二条。

第五章

交通事故受伤人员鉴定与评定

第一节 伤残等级的鉴定

一、概述

1.概念

伤残等级评定是根据伤残的严重程度来判定伤残的等级,分为一级到十级伤残。伤残等级评定并无统一的鉴定标准。不同对象、不同事由导致的伤残适用不同的伤残鉴定标准。

2.标准

2002年12月1日《道路交通事故受伤人员伤残评定》(GB 18667—2002)发布,可作为道路交通事故受伤人员的伤残程度评定标准,但该标准已于2017年3月23日废止。2016年4月18日,最高人民法院、最高人民检察院、公安部、国家安全部、司法部联合发布《人体损伤致残程度分级》(以下简称《分级》),于2017年1月1日实施。该《分级》标准取消了《道路交通事故受伤人员伤残评定》,自2017年1月1日后除工伤外所有的交通事故案件、故意伤害案件、雇员损害等所有人身损害致伤的鉴定标准统一使用《人体损伤致残程度分级》。

3.鉴定原则及依据

应以损伤治疗后果或者结局为依据,客观评价组织器官缺失和/或功能障碍程度,科学分析损伤与残疾之间的因果关系,实事求是地进行鉴定。受伤人员符合两处或以上致残程度等级者,鉴定意见中应该分别写明各处的致残程度等级。

依据人体组织器官结构破坏情况、功能障碍及其对医疗、护理的依赖程度,适当考虑由于残疾引起的社会交往和心理因素影响,综合判定致残程度等级。

4.致残等级划分

《人体损伤致残程度分级》将人体损伤致残程度划分为10个等级,从一级(人体致残率100%)到十级(人体致残率10%),每级致残率相差10%。

5.伤病关系处理

当损伤与原有伤、病共存时,当事人可以对损伤与残疾后果之间的因果关系申请鉴定。鉴定机构根据损伤在残疾后果中的作用力大小确定因果关系的不同形式,可表述为:完全作用、主要作用、同等作用、次要作用、轻微作用、没有作用。

6.伤残等级鉴定的流程

(1)收集受伤者的资料和证据,包括发生事故的时间、地点、原因和过程等信息,受伤者的个人信息、医疗记录和治疗情况等。

(2)对受伤者进行身体检查,包括对受伤部位进行观察、触摸和按压等操作,检查身体的各项指标,如血压、脉搏、呼吸等。

(3)进行医学评估,根据受伤者的身体状况和医疗记录,进行损伤程度的评估,确定其伤情。

(4)根据医学评估的结果,出具损伤鉴定意见,确定伤者的损伤程度,并提供相应的证据和建议。

二、伤残等级鉴定的时机

《人体损伤致残程度分级》总则条款4.2鉴定时机规定应在原发性损伤及其与之确有关联的并发症治疗终结或者临床效果稳定后进行鉴定。要能较为准确地把握鉴定时机,就要对原发损伤、并发症、治疗终结、临床效果这几个概念有较为准确的认识。

1.原发损伤

原发损伤一般是指损伤直接所致的机体组织结构的破坏或者功能障碍。这个概念认识起来相对比较容易,例如交通事故直接撞击小腿所致胫腓骨骨折、高处坠落所致的脾破裂、脏器损伤造成肺裂伤。当然也有些情况相对隐匿,例如外伤所致肋骨骨折,受伤当时CT(电子计算机断岐扫描)只是发现左侧3~5肋骨骨折,但是两周之后复查却发现左侧3~8都有骨折。要明确左侧6~8是不是当时外伤所致的骨折就要对两次的CT数据进行仔细分析,例如分析第一次CT结果中,左侧6~8有无皮质变形等形态不规则、周围软组织有无畸形,后续的骨痂形成是否一致等。

2.并发症

并发症一般是指原发损伤在临床转归❶中出现的与之相关联的另一种疾病或者症状、体征,有时候甚至是一类症候群,通常情况下对肌体不利。例如:开放性骨折所致的感染、脑外伤所致的迟发性硬膜下血肿、神经损伤截瘫后出现褥疮。但是并发症并不一定都会出现,带有一定的盖然性。有些并发症出现的时间较晚,有时候需要通过鉴定分析才能认定,例如股骨颈骨折所致的股骨头坏死。

3.治疗终结

治疗终结也称医疗终结,是指损伤后临床医学一般原则所承认的临床效果稳定,伤者的症状消失或者稳定,体征相对固定。临床的转归是一个复杂的过程,是人体在医护人员

---

❶ 指病情的转移和发展。

帮助下通过药物、手术、手法修复以及自我修复的过程,要达到症状消失或者稳定,体征相对固定,一般是向着治愈、好转等有利的方向发展。治疗终结《人体损伤致残程度分级》中可概括为九个方面。

(1)体表损伤的治愈标准:创口愈合,缝线拆除,局部肿胀及皮下血肿消退,症状基本消失,无感染。

(2)头颅损伤的治愈好转标准:局部肿胀消退,伴随的皮肤损伤已经愈合,无感染;合并骨折的碎骨片去除或局部已经整复;出血吸收;神经系统症状、体征好转或消失,遗留后遗症趋于稳定。

(3)眼、耳、口腔损伤治愈好转标准:局部肿胀和出血消失,刺激症状好转或消失,视、听及其他相应功能得到有效恢复或趋于稳定。

(4)骨折的治愈标准:骨折复位良好,骨折线消失,基本达到骨性愈合,功能得到有效恢复,局部症状消失。骨折的好转标准:骨折线消失或者不再出现动态变化,功能部分恢复,症状和体征趋于稳定。

(5)血、气胸及肺挫伤的治愈好转标准:局部出血消失,胸部症状好转或消失,X线或CT等检查显示胸腔无异常影像或趋于稳定。

(6)腹腔、盆部器官损伤的治愈好转标准:局部症状好转或消失,部分难以恢复的后遗症趋于稳定。

(7)脊髓损伤的治愈好转标准:相关肢体功能恢复或症状、体征趋于稳定。

(8)肌腱损伤、周围神经损伤的治愈好转标准:肢体功能恢复或症状、体征趋于稳定。

(9)肢体离断伤的治愈好转标准:损伤痊愈,残肢功能趋于稳定。

第二节　人身损害后续诊疗项目评定

一、概念

1.后续诊疗项目

后续诊疗项目是指原始损害的病情稳定或针对原始损害的治疗结束后,伤者仍遗留系统、器官或组织的功能障碍,为降低这些功能障碍而必须进行的后期治疗、康复以及残疾辅助器具配置等项目。一般包括二次手术、继续用药、康复、残疾辅助器具等。

2.后续诊疗项目评定

后续诊疗项目评定是指对受害人在人身损害事故中所受到的损伤进行医疗诊疗,确定其需要接受哪些医疗项目、治疗周期和费用等方面的评估。

3.康复

康复是指综合、协调地应用医学的、社会的、教育的、职业的措施,以减轻伤残者的身心和社会功能障碍,最终能重返社会。

二、评定的标准、原则及时机

1.评定的标准

2015年,司法部司法鉴定管理局发布《人身损害后续治疗项目评定指南》(SF/Z JD0103008—2015),并于同年实施,适用于对人身损害受伤人员后续诊疗项目的必要性及合理性的评定。

2.评定的原则

以人身损害受伤人员的伤情、临床诊疗规范、后续诊疗项目为依据,实事求是地确定评定项目。本规范中尚未规定的内容,而确需给予后续诊疗的,依实际情况并结合临床、康复医生的建议,加以评定、确认。

3.评定的时机

评定的时机为以外伤直接所致的机体损伤或确因损伤所致的并发症,经过诊断、治疗达到临床医学一般原则所承认的症状及体征基本稳定。一般在具备伤残评定条件后进行,即临床治疗期终结以后。

三、后续治疗费用不在鉴定范围之内

在司法部印发《法医类司法鉴定执业分类规定》后,多数省份对司法鉴定执业范围进行了相应调整。例如,2022年11月29日,安徽省司法鉴定协会发出通知,明确指出后续治疗费用不在新的分类规定之中,并规定自2022年12月1日起,各司法鉴定机构不得受理后续治疗费用的鉴定事项,但可以受理后续诊疗项目的鉴定事项。随后,江苏省等其他地区也相继发布了类似的规定,虽然不得受理后续治疗费用的鉴定,但后续治疗项目鉴定仍然可以申请。这表明各省份在遵守司法部规定的同时,也在努力满足司法实践中的实际需求。

第三节　三期评定

一、概念

1.三期鉴定

三期鉴定通常是针对人身损害方面的评定,主要涉及误工期限、护理期限和营养期限的鉴定。这些期限的鉴定是为了确定受害人因交通事故导致的劳动能力损失、营养费用和护理费用,以便受害人能够获得相应的损失赔偿。即使不构成伤残等级,也可以有三期鉴定,因为没有构成伤残等级不等于不需要误工、护理、营养的时间。

2.误工期

误工期是指人体受到损伤后,经过诊断、治疗达到临床医学一般原则所承认的治愈(即临床症状和体征消失)或体征固定所需要的时间。

3.护理期

护理期是指人体受到损伤后,在医疗或者功能康复期间生活自理困难,全部或部分需要他人帮助的时间。

4.营养期

营养期是指人体受到损伤后,需要补充必要的营养物质,以提高治疗质量或加速损伤康复的时间。

二、标准及其内容

1.标准

公安部于2014年11月26日发布《人身损害误工期、护理期、营养期评定》(GA/T 1193—2014),并于2014年11月27日实施,适用于人身伤害、道路交通事故、工伤事故、医疗损害等人身损害赔偿中受伤人员的误工期、护理期和营养期评定。

2.评定的原则

人身损害误工期、护理期和营养期的确定以原发性损伤及后果为依据,包括损伤当时的伤情、损伤后的并发症和后遗症等,并结合治疗方法及效果,全面分析个体的年龄、体质等因素,进行综合评定。

3.评定的时机

评定的时机为外伤直接所致的损伤或确因损伤所致的并发症经过诊断、治疗达到临床医学一般原则所承认的症状及体征稳定。

三、持续误工的误工期如何确定

根据《最高人民法院关于审理人身损害赔偿案件适用法律若干问题的解释》(2022年修正)第七条第二款的规定"误工时间根据受害人接受治疗的医疗机构出具的证明确定。受害人因伤致残持续误工的,误工时间可以计算至定残日前一天。"在实践中,误工期分为两种情况:

1. 非持续性的误工

一般根据受害人接受治疗的医疗机构出具的证明确定(医嘱与司法鉴定意见不一致的,一般以鉴定意见为准)。

2. 受害人因伤致残持续误工

一般计算至定残之日的前一天(医嘱与司法鉴定意见不一致的,一般以鉴定意见为准)。

CASE 案例

基本案情:2021年6月14日,李某驾驶轻型货车行驶在江华瑶族自治县沱江镇豸山路时,与相对方向由张某驾驶的电动自行车相撞,造成张某受伤的交通事故,公安机关交通管理部门认定张某承担事故的次要责任,李某承担事故的主要责任。张某受伤后住院88天。2022年4月1日,经永州市冯河司法鉴定所鉴定,鉴定意见为张某伤情构成两处十级伤残,误工期为360日。李某的车辆购买了交强险和商业三者险,双方协商无果后,张某向法院提起诉讼,要求李某及承保保险的保险公司赔偿各项损失共计35万元。

审理过程中,承保李某车辆的保险公司针对张某主张360日误工时间提出了异议,认为误工时间的计算应该计算到未定残日前一天,张某主张360日的误工时间过长。

法院判决:根据《最高人民法院关于审理人身损失赔偿案件适用法律若干问题的解释》第七条第二款"误工时间根据受害人接受治疗的医疗机构出具的证明确定。受害人因伤致残持续误工的,误工时间可以计算至定残日前一天。"的规定,本案张某有持续误工的情形,本案事故发生于2021年6月14日,张某的伤残鉴定及三期鉴定是于2022年3月30日作出,故张某的误工时间最长只能计算至定残日(伤残等级作出之日)前一天,即为289天,张某要求赔偿360日误工时间的主张不符合法律规定,不予支持。

四、护理期如何确定

人身损害赔偿案件中的护理期限,在受害人因残疾不能恢复生活自理能力时,司法鉴定机构按照护理期鉴定标准的规定,可以明确的护理期限最多评定至定残前一日。定残后的护理表现为终身或长期的护理依赖,具体的护理期限交由法官予以认定。个案中,截至一审辩论终结时的护理期限已经具体明确,而辩论终结后的护理期限的确定,法官根据《最高人民法院关于审理人身损害赔偿案件适用法律若干问题的解释》第八条第三款的规定享有相当的自由裁量权。

（一）《最高人民法院关于审理人身损害赔偿案件适用法律若干问题的解释》（2022年修正）中规定和体现的限制条件

1.合理护理期限的首要标准是赔偿权利人可能的存活年限

护理费是指侵权人赔偿或者补偿赔偿权利人因为受到人身损害而导致生活不能自理,需要他人护理而支出的费用。护理费是否应当得到支持,是以赔偿权利人存在护理需求,并可能因此雇用护理人员而支出费用作为判断标准。根据《最高人民法院关于审理人身损害赔偿案件适用法律若干问题的解释》（2022年修正）第八条第三款的规定确定的护理费,具有一定的预付款性质,属于为将来的护理需求而确定的护理费。该款条文首先给出了确定合理护理期限的基本标准——"年龄、健康状况等因素",该标准实际上是判断赔偿权利人未来存活年限的标准,即合理的期限应以赔偿权利人可能的存活年限为依据。人只有活着才有护理需求,有护理需求才应当主张护理费。

按照日常生活经验,已经步入晚年的人,各项身体机能已经处于持续下降趋势,倘若还身患各种较为严重的疾病,身体健康自然无法与仅有身体残疾而健康状况良好的年轻人予以比较。换句话说,若赔偿权利人的年纪越大,健康状况越差,自然无法期望其能够长寿,合理的护理期限相应也就越短;若赔偿权利人的年纪越轻,健康状况越好,未来的生存年限可能会更长,则合理的护理期限也就越长。然而,不论赔偿权利人未来的生存年限可能有多长,按照该第三款的规定,在个案中最长也只能确定二十年的期间。此二十年系个案中所能确定的合理护理期限的最长时间,不能在个案中予以突破,但并非每个案件均直接将其作为绝对标准予以适用。

2.合理护理期限需要考虑赔偿权利人因护理需求存在而享有诉权

如前所述,护理费是否能够得到主张,核心在于赔偿权利人是否存在现实的护理需求。若赔偿权利人的生存期限超过法院依照《最高人民法院关于审理人身损害赔偿案件适用法律若干问题的解释》（2022年修正）第二十一条第三款确定的护理期限后,仍然存在现实的护理需求,自然可以依照《最高人民法院关于审理人身损害赔偿案件适用法律若干问题的解释》（2022年修正）第三十二条的规定,再次向赔偿义务人提出护理费的主张。若超过再次确定的护理期限后,赔偿权利人仍然需要继续护理,基于仍然存在护理需求的事实依然可以提起相关侵权诉讼,要求赔偿义务人对后续的护理费进行赔偿,赔偿权利人的诉权并不会受到诉讼次数的限制。

根据《最高人民法院关于审理人身损害赔偿案件适用法律若干问题的解释》（2022年修正）第十九条赔偿权利人再次要求赔偿义务人支付护理费时,法院应当判令赔偿义务人继续给付相关费用五至十年,具体年限幅度较第八条第三款的规定更加明确具体。这是因为赔偿权利人在之前确定的护理期限内存活,身体及健康状况均已比较稳定,家庭关系也没有因为长期存在的护理需求而产生动摇,有理由相信赔偿权利人此后能够继续稳定存活较长时间,因此可以为其确定五至十年的期限。由此可见,根据赔偿权利人年龄、健康状况等因素初次为其确定较短的期限,并不会对赔偿权利人的合法权利产生任何限制,赔偿权利人在超过确定的期限后仍存在护理需求的,可以根据自己仍然生存且有护理需求的事实不断提出新的主张,完全不必担心因初次判决未能给赔偿权利人确定较长的期限而导致其合法权益受损。

需要说明的是,《最高人民法院关于审理人身损害赔偿案件适用法律若干问题的解释》(2022年修正)第二十条确定的赔偿金额应一次性支付的原则,指的是具体个案中确定的相关赔偿金额原则上应当一次性支付,并不是要求一次性解决双方可能存在的全部赔偿问题。法官根据赔偿权利人的年龄、健康状况等因素确定一个较短的期限,由赔偿权利人在期限届满后根据其护理需求再次提起诉讼要求确定新的期限,是法官根据赔偿权利人的年龄、健康状况等因素在不同的个案中对双方当事人权利义务的平衡,与赔偿金额一次性支付的原则并不冲突。

(二)赔偿模式引发的现实矛盾

1.双方当事人之间权利义务的平衡应当成为考量因素

目前,我国法律和司法解释对护理费赔偿标准采取的是定型化赔偿模式,法官根据法律授权在自由裁量权的范畴内确定适用于个案的期限和护理费。判决发生法律效力后,由判决确定的护理费依法属于赔偿权利人所有,即使赔偿权利人的护理需求在确定的期限内因死亡而突然消失,赔偿义务人也无法要求退还多支付的护理费。例如,法官判决确认辩论终结后的合理护理期限为二十年,而赔偿权利人在数年后就因病去世,实际的护理需求存续期间不过数年而已。此时,按照主张的护理期限年限来看,赔偿义务人实际多赔偿了高额的护理费,却无法向赔偿权利人的继承人主张返还。考虑到前述情况,为防止因赔偿权利人的护理需求在确定的期限内突然消失后,赔偿义务人的合法权益无法得到平衡,确定合理的期限过程中应当更加注意合理、审慎地运用自由裁量权,给将来很有可能出现的赔偿权利人丧失护理需求的情况预留必要的缓冲空间。

当然,平衡双方权利义务时必须考虑赔偿义务方的债务履行能力和意愿等情况,将来能否积极履行生效民事判决确定的赔偿责任,是否存在逃避法律义务或不配合赔偿权利人求偿的可能性均需要予以重点关注,尽量保障赔偿权利人能够顺利获得赔偿。若赔偿义务人系具有充足的资本且能够稳定存续的单位,有较为严格的业务监督机构对其实施有效监管的(如医院、学校等),赔偿权利人自然不必担忧将来对护理费的再次主张,法官在判决时也可以对双方的权利义务进行充分平衡。

2.注意避免道德风险具有重要意义

在赔偿权利人丧失自理能力较为严重的侵权事故中,赔偿权利人对于自己的生活及财产均已完全丧失掌控力,甚至是否能够继续接受良好的治疗都身不由己。巨额赔偿款一旦支付之后,实际是由他人予以管理控制,而目前并没有完善的监督机制约束管理控制赔偿款项的人,督促其将赔偿款项切实地用于赔偿权利人的护理或其他生活需求,相关人等能否坚持对赔偿权利人采取积极救治的态度也是未知之数。

不论赔偿义务人还是法官,对于赔偿权利人的家庭关系状况都难以知晓,为避免家属一次获赔后对赔偿权利人采取消极治疗,甚至放任赔偿权利人身体健康状况恶化的道德风险,确定合理的护理期限应当要尽量地避免"一锤子买卖"。如前所述,初次判决时不宜确定过长的护理期限,若赔偿权利人在初次确定的护理期限内存活,自然有理由相信可能的道德风险等负面因素不会影响到赔偿权利人的后续护理,进而根据其再次主张护理费时的身体、健康状况等因素,为其确定新的五至十年的护理期限。

最后,关于赔偿权利人丧失生活自理能力时的合理护理期限的确定,可以按照《最高人民法院关于审理人身损害赔偿案件适用法律若干问题的解释》(2022年修正)的部分具体规定、各条文之间的体系以及社会现实状况进一步明确限制规则,然而该护理期限的确定始终需要法官予以自由裁量。具体的个案裁判中,如果希望法官尽量确定有利于己方的护理期限,一方面需要向法官阐明前述合理护理期限的限制规则,另一方面还需要从各方所处的诉讼地位出发,尽量收集足以影响护理期限确定的相关证据,为法官行使自由裁量权作出有利于己方判决提供充分的事实和法律依据。

第四节　人身损害护理依赖程度评定

1.定义

人身损害护理依赖程度评定是针对因意外伤害或疾病导致的身体障碍,需要接受长期护理照顾的人进行的评估。通过评定,可以确定受伤人员需要的护理服务种类和级别,并据此确定护理费用的标准。评定依据的是受伤人员的身体功能、自理能力和日常生活活动的能力等因素。

评定通常由专业的医疗机构或护理机构进行,评估依据包括病史、体检结果、影像学检查结果、功能评估等多个方面。评定结果通常分为几个等级,例如轻度依赖、中度依赖、重度依赖等。评定结果将被用于确定受伤人员需要的护理服务种类和级别,以及护理费用的标准。

2.标准

《人身损害护理依赖程度评定》(GB/T 31147—2014)。

3.作用

人身损害护理依赖程度评定是一项重要的工作,对于受伤人员及其家庭来说具有重要的意义。评定结果可以帮助受伤人员获得合适的护理服务和相应的护理费用,提高其生活质量和康复效果。同时,评定结果也为保险公司和其他责任方提供了依据,确保受伤人员得到合理的赔偿。

4.有关护理依赖程度的案例解读

CASE
案例

基本案情:被告驾驶小汽车与横穿公路的行人原告罗某及其妻子李某相撞,造成原告两人受伤,车辆损坏的交通事故。事故发生后,公安局交警支队作出交通事故认定书,认定被告承担此次事故的主要责任,原告承担此次事故的次要责任。

事故发生后,原告李某于5月6日至6月7日在医院住院治疗32天,住院共花去医疗费45457.64元。6月7日至7月1日李某被送往另一医院住院治疗24天,住院共花去医疗费37171.65元。8月4日至8月28日,李某继续住院治疗24天,住院共花去治疗费40158元。

原告李某经司法鉴定所鉴定为伤残七级、九级,其误工期、护理期、营养期均应自受伤之日起至本鉴定前一日止计算。极重型颅脑损伤术后,遗有精神残疾和肢体残疾,目前日常生活活动能力极重度受限,需要他人帮助、护理才能维系正常日常生活,评定为部分护理依赖。此次鉴定花去鉴定费2380元、复印费52元,共计2432元。

事故发生后,原告罗某于5月6日至5月19日被送往医院住院治疗13天,住院共花去医疗费4308元。6月25日至7月7日罗某再次住院治疗12天,共花去医疗费3021.22元。

经司法鉴定所鉴定,原告罗某评定为九级伤残,护理期80日、营养期90日、误工期180日。此次鉴定共花去鉴定费2580元、复印费60元,共计2640元。

另查明,被告驾驶的肇事车辆挂靠于出租汽车公司,该车为营运车辆,被告在经营期限内每年向该公司缴纳服务管理费1200元。出租汽车公司以该车所有人的名义在中国人保公司购买了机动车交通事故强制保险,保险责任限额为122000元;购买了机动车商业保险,保险责任限额为500000元。

再查明,原告李某、罗某住院期间,被告垫付医疗费35600元,中国人保公司垫付医疗费50000元。

法院认为:行为人因过错侵害他人民事权益,应当承担侵权责任,原告李某、罗某因交通事故所致损害,依法有权获得赔偿。

本案中,交通事故认定书认定原告李某、罗某承担事故的次要责任,被告承担事故的主要责任,结合原告与被告在本起事故中的过错程度,法院确认原告李某、罗某承担此次事故20%的责任,被告承担此次事故80%的责任。本案中,对原告李某的各项损失认定如下:①医疗费,原告李某三次住院的费用共计122787.29元;②住院伙食补助费,原告李某三次住院共80天,每天按120元计算共计9600元;③营养费,本院按每天30元计算,住院80天为2400元;④护理费,按照当地在岗职工平均工资予以计算186元/天×222天(受伤之日起至鉴定前一日)为41292元;⑤误工费,按照当地在岗职工平均工资予以计算186元/天×222天(受伤之日起至鉴定前一日)为41292元;⑥伤残赔偿金,原告李某的伤残等级分别为七级、九级,其经常居住地在城镇,按照当地城镇居民人均可支配收入30775元×20年×42%为258510元即为伤残赔偿金;⑦鉴定费、复印费2432元;⑧部分护理依赖费用,对原告李某请求今后部分护理依赖的费用387780元,法院结合原告李某的伤残等级及年龄,参照当地在岗职工年平均工资,按20%予以计算五年为67932×20%×5=67932元,对超出部分的费用,法院不予支持。⑨交通费、住宿费,法院视两原告的伤情及住院次数共予以支持5000元。对原告李某请求被告支付财产损失2000元,其未向法庭提供证据证实,故对该项诉讼请求不予支持。原告李某上述合理部分的费用为551245.29元。对其余超出部分的诉讼请求,不予支持。

交通肇事责任纠纷案件中对人身损害赔偿护理依赖的标准为公安部下发的《人身损害护理依赖程度评定》(GB/T 31147—2014),在该规定中对护理依赖赔付比例进行了分类,分为以下三等:①完全护理依赖100%;②大部分护理依赖80%;③部分护理依赖50%。本案中,李某的护理依赖程度经司法鉴定,其护理依赖程度评定为部分护理依赖,依照上述规定赔付的比例应按50%。案件中如有相关法律法规等规定的,应按照规定来进行判决,不能滥用法官自由裁量权。

由于受害人受害程度的不同,在护理期限亦应作出区分。一是一般原则,计算到受害人恢复生活自理能力时为止;二是受害人因残疾不能恢复生活自理能力的,根据其年龄、健康状况等因素确定合理的护理期限,但是最长不超过二十年。误工时间根据受害人接受治疗的医疗机构出具的证明确定。受害人因伤致残持续误工的,误工时间可以计算至定残日前一天。营养费根据受害人伤残情况参照医疗机构的意见确定。

第五节 对伤残等级鉴定意见的质证

一、伤残等级鉴定的主要法律规定

《人体损伤致残程度分级》(节选)

4.1 鉴定原则 应以损伤治疗后果或者结局为依据,客观评价组织器官缺失和/或功能障碍程度,科学分析损伤与残疾之间的因果关系,实事求是地进行鉴定。受伤人员符合两处以上致残程度等级者,鉴定意见中应该分别写明各处的致残程度等级。

4.2 鉴定时机 应在原发性损伤及其与之确有关联的并发症治疗终结或者临床治疗效果稳定后进行鉴定。

4.3 伤病关系处理 当损伤与原有伤、病共存时,应分析损伤与残疾后果之间的因果关系。根据损伤在残疾后果中的作用力大小确定因果关系的不同形式,可依次分别表述为:完全作用、主要作用、同等作用、次要作用、轻微作用、没有作用。除损伤没有作用以外,均应按照实际残情鉴定致残程度等级,同时说明损伤与残疾后果之间的因果关系;判定损伤没有作用的,不应进行致残程度鉴定。

4.4 致残等级划分 本标准将人体损伤致残程度划分为10个等级,从一级(人体致残率100%)到十级(人体致残率10%),每级致残率相差10%。致残程度等级划分依据见附录A。

4.5 判断依据 依据人体组织器官结构破坏、功能障碍及其对医疗、护理的依赖程度,适当考虑由于残疾引起的社会交往和心理因素影响,综合判定致残程度等级。

6.1 遇有本标准致残程度分级系列中未列入的致残情形,可根据残疾的实际情况,依据本标准附录A的规定,并比照最相似等级的条款,确定其致残程度等级。

6.2 同一部位和性质的残疾,不应采用本标准条款两条以上或者同一条款两次以上进行鉴定。

6.3 本标准中四肢大关节是指肩、肘、腕、髋、膝、踝等六大关节。

6.4 本标准中牙齿折断是指冠折1/2以上,或者牙齿部分缺失致牙髓腔暴露。

6.5 移植、再植或者再造成活组织器官的损伤应根据实际后遗功能障碍程度参照相应分级条款进行致残程度等级鉴定。

6.6 永久性植入式假体(如颅骨修补材料、种植牙、人工支架等)损坏引起的功能障碍可参照相应分级条款进行致残程度等级鉴定。

6.7 本标准中四肢重要神经是指臂丛及其分支神经(包括正中神经、尺神经、桡神经和肌皮神经等)和腰骶丛及其分支神经(包括坐骨神经、腓总神经和胫神经等)。

6.8 本标准中四肢重要血管是指与四肢重要神经伴行的同名动、静脉。

6.9 精神分裂症或者心境障碍等内源性疾病不是外界致伤因素直接作用所致,不宜作为致残程度等级鉴定的依据,但应对外界致伤因素与疾病之间的因果关系进行说明。

6.10 本标准所指未成年人是指年龄未满18周岁者。

6.11 本标准中涉及面部瘢痕致残程度需测量长度或者面积的数值时,0~6周岁者按标准规定值50%计,7~14周岁者按80%计。

6.12 本标准中凡涉及数量、部位规定时,注明以上、以下者,均包含本数(有特别说明的除外)。

二、鉴定意见的质证要点

(一)鉴定机构是否适格

鉴定意见的出具主体是否适格,也是可以进行审查质证的。根据全国人民代表大会常务委员会颁布的《关于司法鉴定管理问题的决定》第九条规定,"鉴定人和鉴定机构应当在鉴定人和鉴定机构名册注明的业务范围内从事司法鉴定业务。"虽然鉴定意见基本上都是专业司法鉴定机构出具的,但有时鉴定机构超出了其鉴定资质,仅此一点就足以否定鉴定意见。鉴定机构作出表面上适格的鉴定意见,但其却不具备相关事项的鉴定资质,此时,鉴定意见不得作为证据使用。

例如,广东某法医临床司法鉴定所接受法院委托,对被鉴定人周某因交通事故导致的损伤程度进行鉴定,出具了涉及"性功能鉴定"的相关内容。然而,该司法鉴定所载明的业务范围为"法医临床司法鉴定(视觉功能鉴定、听觉功能鉴定、性功能鉴定、活体年龄鉴定除外)",因此,该鉴定所没有"性功能鉴定"的鉴定资质,却出具了"性功能鉴定"的鉴定意见,属于超出登记的业务范围从事司法鉴定业务的情形(广东省司法厅粤司鉴罚决字〔2020〕8号行政处罚决定书)。

鉴定机构接受委托的前提是具备相关事项的鉴定技术条件和鉴定能力。如果没有鉴定技术条件和鉴定能力,则不得受理鉴定事项,不允许存在鉴定机构转委托鉴定的情况。超越鉴定机构的技术条件和鉴定能力所出具的鉴定意见,不得作为定案依据。

(二)鉴定人员是否适格

1.鉴定人有无法定资质

全国人民代表大会常务委员会颁布的《关于司法鉴定管理问题的决定》第九条第二款规定,"鉴定人和鉴定机构应当在鉴定人和鉴定机构名册注明的业务范围内从事司法鉴定业务。"鉴定人是否具备相应法定资质,有以下三种含义:其一,一般而言,鉴定人应当获得相应领域的鉴定资质证书,如执业证书。其二,主要鉴定环节需要由鉴定人进行,鉴定人是否有资质,除了要看资质证书,也需要看鉴定人除了签名之外有无真实实施鉴定、参与鉴定过程,尤其是鉴定的检材取样、现场检查等主要环节。其三,重新鉴定对鉴定人的特殊要求,《司法鉴定程序通则》第三十二条第二款规定,"接受重新鉴定委托的司法鉴定机构的资质条件应当不低于原司法鉴定机构,进行重新鉴定的司法鉴定人中应当至少有1名具有相关专业高级专业技术职称。"可见,重新鉴定对鉴定人员的资质提出了更高的要求,至少有一名鉴定人具有高级技术职称,如果重新鉴定的鉴定人都不具备高级技术职称,则鉴定意见不合法。

2. 鉴定人执业有无违规

鉴定人具备法定资质,也需要合法合规地开展执业活动,违规执业出具的鉴定意见,不得作为定案根据。鉴定人员是否存在违规执业的状态,可以通过审查鉴定人的执业证是否如期年审、办证日期、执业证是否在有效期内,鉴定意见的盖章单位与鉴定人员的执业单位是否一致等细节,评判鉴定人员是否处于正常的执业状态。

3. 鉴定人是否应当回避

回避是保证鉴定意见的独立、客观和公正的重要制度。鉴定人回避问题在司法实践中很普遍。当前法律及司法解释对鉴定人的回避情形作出了非常严格的规定。根据《司法鉴定程序通则》第二十条的规定,司法鉴定人回避的理由有两大类:其一,司法鉴定人本人或者其近亲属与诉讼当事人、鉴定事项涉及的案件有利害关系,可能影响其独立、客观、公正进行鉴定的,应当回避。其二,司法鉴定人曾经参加过同一鉴定事项鉴定的,或者曾经作为专家提供过咨询意见的,或者曾被聘请为有专门知识的人参与过同一鉴定事项法庭质证的,应当回避。鉴定人违反回避制度出具的鉴定意见,不得作为定案的根据。

(三)检材是否经过质证

在民事诉讼中,未经质证的检材,不得作为鉴定的根据。《最高人民法院关于民事诉讼证据的若干规定》第三十四条规定,"人民法院应当组织当事人对鉴定材料进行质证。未经质证的材料,不得作为鉴定的根据。经人民法院准许,鉴定人可以调取证据、勘验物证和现场、询问当事人或者证人。"可见,在民事诉讼中,鉴定意见的检材必须经过质证,没有经过质证的材料,不得作为鉴定的根据。使用没有经过质证的材料作出的鉴定意见,自然不得当作证据使用。

例如,在最高人民法院(2018)最高法民申2410号案件中,法院认为,"评估报告是一审法院委托鉴定机构做的,但鉴定机构所依据的检材未经法庭质证和和田县扶贫办认可,严重违反法定程序,不能作为定案依据。"

(四)鉴定时机

受伤者受到伤害后选择何时进行伤残等级鉴定是极其重要的。但在临床的实践运用中对鉴定的时机仍缺乏统一的定论,这就会导致不同时间开展鉴定,其结果不一致。目前《人体损伤程度鉴定》《伤残等级鉴定》并非一体,二者的司法实务是分离的,在鉴定时机上也要分开来进行考虑。

一般情况下,在鉴定时机的选择上遵循的原则是:原发性的损伤在受损后便可立刻进行鉴定;一些损伤所致并发症为主要鉴定依据的情况则待被害者伤情稳定后再加以鉴定;主要造成外貌损伤、人体器官功能障碍的情况需要在损伤后视情况进行鉴定,在进行鉴定时需要对可能出现的后遗症进行详尽说明,同时日后可随时再次补充鉴定。

三、鉴定意见的质证方式

1. 申请鉴定人出庭

《中华人民共和国民事诉讼法》第八十一条规定：当事人对鉴定意见有异议或者人民法院认为鉴定人有必要出庭的，鉴定人应当出庭作证。经人民法院通知，鉴定人拒不出庭作证的，鉴定意见不得作为认定事实的根据；支付鉴定费用的当事人可以要求返还鉴定费用。

2. 专家辅助人出庭

《最高人民法院关于民事诉讼证据的若干规定》（2019修正）第三十七条第二款规定：当事人对鉴定书的内容有异议的，应当在人民法院指定期间内以书面方式提出。

《中华人民共和国民事诉讼法》第八十二条规定：当事人可以申请人民法院通知有专门知识的人出庭，就鉴定人作出的鉴定意见或者专业问题提出意见。

《最高人民法院关于适用〈中华人民共和国民事诉讼法〉的解释》第一百二十二条规定：当事人可以依照民事诉讼法第八十二条的规定，在举证期限届满前申请一至二名具有专门知识的人出庭，代表当事人对鉴定意见进行质证，或者对案件事实所涉及的专业问题提出意见。

3. 申请重新鉴定

在司法实践中，如果原鉴定意见不可靠，往往就面临是否进行重新鉴定的争论。重新鉴定意见与原鉴定意见是完全独立的两份鉴定意见，两者效力等级一致。重新鉴定意见有可能与原鉴定意见一致，也有可能与原鉴定意见截然相反。重新鉴定不得由原鉴定人进行，而且如没有特殊情况，也应当选定其他鉴定机构来鉴定。基于这些特性，重新鉴定往往被认定为是比较客观、中立的质证方式。当事人及其法定代理人、诉讼代理人都可以申请重新鉴定。发现鉴定意见存在较大问题、鉴定意见不准确或者错误时，代理人可以申请重新鉴定。

而且，在以往办理案件的过程发现，在案涉关键问题、关键事项必须鉴定时，即便律师通过各种方式质证，推翻了一份鉴定意见，换来的结果往往不是理想的裁判结果，而更可能是重新鉴定，由司法鉴定机构出具一份新的鉴定意见。在这种司法环境下，重新鉴定变成对审查鉴定意见的有效方式之一。

4. 申请补充鉴定

鉴定意见往往会声明"当事人对鉴定意见有异议，应当通过庭审质证或者申请重新鉴定、补充鉴定等方式解决。"委托事项有遗漏、委托人在原委托事项的基础上提供了新鉴定材料等情况时，才需要进行补充鉴定，补充鉴定是原委托鉴定的组成部分。补充鉴定意见和原鉴定意见是一体的，共同构成对诉讼中涉及的某一专门性问题的认定与判断，两者的结合是一个完整的证据，比较典型的是在人体损伤程度鉴定中，对伤者的原发性损伤及其并发症出具鉴定意见，待伤者病情变化后，损伤程度加重，或者伤情稳定后出现严重的功能障碍，则往往需要进行补充鉴定。

第六章

交通事故责任保险与社会救助基金

第一节　交通事故强制保险

一、概述

1. 定义

机动车交通事故责任强制保险(以下简称交强险),是指由保险公司对被保险机动车发生道路交通事故造成本车人员、被保险人以外的受害人的人身伤亡、财产损失,在责任限额内予以赔偿的强制性责任保险。2020年9月19日起,机动车保险综合改革指导意见正式实施:交强险有责总责任限额从12.2万元提高到20万元。

2. 法律依据

交通事故强制保险法律依据是《机动车交通事故责任强制保险条例》。该条例根据《中华人民共和国道路交通安全法》《中华人民共和国保险法》制定,由国务院于2006年3月21日发布,自2006年7月1日起施行,后历经2012年3月30日、12月17日,2016年2月6日,2019年3月2日多次修订。

3. 目的

此保险的核心目的是保证当机动车辆涉及交通事故时,受害人(包括乘客、行人或其他车辆的乘客和货车)有足够的经济补偿,以减轻他们因事故造成的损失,为了保障机动车道路交通事故受害人依法得到赔偿,促进道路交通安全。

二、交强险在矛盾解决中的作用

1. 明确的赔偿机制

交通事故责任强制保险为赔偿机制提供了明确的框架。

2. 中立地评估损失和判决责任

保险公司通常有专业的评估损失团队和流程,能够调查、公正评估损失和确定责任。这不仅能为各方提供公正的判定标准,还可以减少受害者和被保险人之间的争议。

3. 提供法律援助

保险公司一般会在交警大队设置服务点,提供法律咨询或援助服务,帮助理解客户的权益和责任,指导他们如何合法、合理地维护自己的权益。

4.常见问题及解决方法

(1)责任判定:当多方对事故责任存在争议时,保险公司通常会根据法律、现场证据、第三方报告等进行判定。在一些复杂的案例中,可能还需要依赖专家或法院的判决。

(2)赔偿金额:赔偿金额的多少是常见的价值纠纷。保险公司会根据保险条款、损害程度、损失的财物等确定赔偿金额。但若被保险人或伤者对赔偿结果不满,可以选择进一步协商或通过法律途径解决。

(3)超出保险金额的损失:在重大事故中,实际损失可能超过保险的最高赔偿损失。接下来,受害者可能需要寻找其他途径,如直接与责任方协商,或通过法律途径要求额外的赔偿。

三、交强险赔偿范围及金额

(一)死亡伤残赔偿(限额18万元)

死亡伤残赔偿范围包括误工费、护理费、交通费、残疾赔偿金、死亡赔偿金、丧葬费、被扶养人生活费、精神损害抚慰金等。该项费用相对来说比较烦琐,也是保险公司和当事人之间产生分歧较多的地方。

1.误工费

误工费是指受害人从受到伤害到痊愈这一段误工时间内,因无法从事正常工作而实际减少的收入。误工费根据受害人的误工时间和收入状况来确定。

首先,是误工时间的问题,也就是所谓的"误工期",该标准是参照公安部发布的人身损害三期评定规范,该标准是由中国政法大学证据科学研究院、中国法医学会和公安部物证鉴定中心提出;适用于人身损害、道路交通事故、工伤事故、医疗损害等人身损害赔偿。

其次,收入状况如何界定,该标准一般分为两种情况。一种是有固定收入,该情况需要提供:用人单位资质和受害人劳动合同;事发前3个月工资表(银行流水);用人单位出具的误工证明。另外一种是没有固定收入,一般根据受害人的工作性质,参照当地统计部门公布的本地居民各行业年收入水平来计算,也就是所谓的"行业标准"。

2.护理费

护理费是指生活需要特殊照顾或无法自理的人,需要他人护理而支出的费用。护理费赔付标准是由护理人员的收入情况、护理人数、护理期限、护理级别等要素综合决定的。

首先,护理人员收入情况:该项标准不再赘述,可参考上一条误工费的赔偿标准。

其次,护理人数:原则上支持1人护理。

再次,护理期限:也就是所谓的"护理期",该标准也是参照公安部发布的人身损害三期评定规范进行确定,通常是由司法鉴定机构进行评估。

最后,护理级别:该标准一般适用于重伤案件,根据受害人的护理依赖程度,分为完全护理依赖、大部分护理依赖、部分护理依赖。

3.交通费

交通费指受害人及其必要的陪护人员因就医或者转院治疗所实际发生的用于交通的费用;该费用标准一般是参照交通事故发生地所在省区市高级人民法院出具的标准进行计算。

4.残疾赔偿金

残疾赔偿金是指对受害人因人身遭受损害致残而丧失全部或者部分劳动能力的财产赔偿。《人体损伤致残程度分级》是2016年4月18日由最高人民法院、最高人民检察院、公安部、国家安全部、司法部联合发布的,该文件于2017年1月1日起施行;司法鉴定机构和司法鉴定人进行人体损伤致残程度鉴定统一适用《人体损伤致残程度分级》。

5.死亡赔偿金

死亡赔偿金是指受害人因各种非正常事故死亡的,由相关责任人按照一定标准给予死者家属的一定数量的赔偿。

2022年2月15日,最高人民法院审判委员会第1864次会议讨论通过了《最高人民法院关于修改〈最高人民法院关于审理人身损害赔偿案件适用法律若干问题的解释〉的决定》,并将于2022年5月1日起施行。

其中,修改共涉及《最高人民法院关于审理人身损害赔偿案件适用法律若干问题的解释》第12条、第15条、第17条、第18条、第22条、第24条六个条文,将残疾赔偿金、死亡赔偿金以及被扶养人生活费由原来的城乡区分的赔偿标准修改为统一采用城镇居民标准计算。

6.丧葬费

丧葬费是指用于受害人死亡时办理丧葬事宜的一次性费用。

7.被扶养人生活费

被扶养人生活费是指加害人非法剥夺他人生命权,或者侵害他人健康权致其劳动能力丧失,造成受害人生前或丧失劳动能力以前扶养的人扶养来源的丧失,应依法向其赔偿必要的费用。

8.精神损害抚慰金

精神损害抚慰金是指受害人或者死者近亲属因受害人的生命权、健康权、名誉权、人格自由权等人格权利遭受不法侵害而导致其遭受肉体和精神上的痛苦、精神反常折磨或生理、心理上的损害(消极感受)而依法要求侵害人赔偿的精神抚慰费用。

(二)医疗费用赔偿(限额18000元)

医疗费用赔偿包括:门诊或住院的医药费、住院伙食补助费、营养费、必要且合理的后续治疗费、整容费。

1.医药费

医药费是指受害人在遭受人身伤害之后接受医学上的检查、治疗等必须支出的费用;该费用标准主要是依据正规医疗机构出具的包括门诊和住院发票,与交通事故有关的合理支出的费用。

2.住院伙食补助费

住院伙食补助费是指受害人遭受人身损害后,因其在医院治疗期间支出的伙食费用超过平时在家的伙食费用,而由加害人就其合理的超出部分予以赔偿的费用;该费用标准一般是参照交通事故发生地国家机关工作人员出差伙食补助标准计算的。

3.营养费

营养费是受害人通过平常饮食的摄入尚不能满足受损害身体的需求,而需要以平常饮食以外的营养品作为对身体补充而支出的费用,是一种辅助治疗;该费用标准一般是参照交通事故发生地所在省区市高级人民法院出具的标准进行计算。

4.必要且合理的后续治疗费

后续治疗费是指对损伤经治疗后体征固定而遗留功能障碍确需再次治疗的或伤情尚未恢复需第二次治疗所需要的费用;该费用标准一般是根据司法鉴定机构出具的费用评估文书或待实际产生后依据正规发票进行计算。

5.整容费

整容费是指受到人身损害的人因为脸部受损,原有容貌发生了改变,而通过手术改变容貌所产生的费用;该费用标准一般是根据司法鉴定机构出具的费用评估文书或待实际产生后依据正规发票进行计算。

(三)财产损失赔偿(限额2000元)

该项目是机动车交通事故责任纠纷案中的赔偿限额及项目,若因交通事故造成以上损失,则可以根据自己的花费,进行项目划分归类。当然每个地区的法院执行的标准不同,则影响交强险赔付的金额。

四、超标电动车的定性及是否需要在交强险范围内承担赔偿责任

(一)超标电动车是否属于机动车范畴? 被保险人驾驶超标电动车发生交通事故致第三人受伤,保险公司是否应当承担雇主责任险的赔偿责任?

根据《中华人民共和国道路交通安全法》第一百一十九条第四项规定"'非机动车',是指以人力或者畜力驱动,上道路行驶的交通工具,以及虽有动力装置驱动但设计最高时速、空车质量、外形尺寸符合有关国家标准的残疾人机动轮椅车、电动自行车等交通工具",结合《机动车运行安全技术条件》(GB 7258—2017)对轻便摩托车的定义"无论采用何种驱动方式,其最高设计车速不大于50km/h,且若使用内燃机,其排量不大于50mL;如使用电驱

动,其电机额定功率总和不大于4kW",对此类车辆发生的交通事故及其交通违法行为,按照机动车进行处理。

目前,由于在速度、整车质量、制动距离等方面不符合国家标准,越来越多的电动自行车被公安机关认定为机动车。电动自行车被认定为机动车后涉及的一个重要问题是,机动车驾驶人应否在交强险内优先赔偿?实践中,以机动车标准确定电动自行车一方的事故责任,这是从运行风险、权利义务相一致的立场出发作出的判断,而考虑有无交强险等问题则应当立足于现实。目前,根据一般公众的普遍认知情况以及电动自行车生产者在产品名称、产品说明等相关材料上的标注情况,电动自行车普遍被视为非机动车。

因此,对于鉴定为"机动车"的超标电动车是否需要在交强险范围内承担责任?不同地区的司法机关在处理该类案件时有不同的观点和裁判结果。有些地区认为:无保险公司为电动自行车承保交强险业务,所以在客观上该类车辆也无法办理交强险,因此不能据此加重电动自行车一方的法律责任,否则有失公允;而有些地区认为:该类电动自行车在运行中具有高于非机动车的风险和破坏力,在交通事故中具有等同于机动车的作用力,其驾驶人应当承担与此相当的责任,故在责任承担比例上可参照机动车处理。

(二)以案说法

CASE
案例

案例一:

基本案情:2021年3月,拥有C1机动车驾驶证的小李骑行电动二轮车,与行人小陈发生碰撞,致车辆损坏,小陈受伤。经鉴定,小李所骑行的电动车为二轮轻便摩托车,系机动车。

公安机关认为,小李驾驶二轮轻便摩托车上道路行驶,与驾驶证载明的准驾车型不符,未经公安机关交通管理部门登记,且未实行分道通行,小李的行为是造成事故的直接原因;小陈在未确认安全的情况下横过道路,对事故的发生负有一定责任。据此,公安机关最终认定小李负事故的主要责任,小陈负次要责任。

经法院认定,小陈因本次交通事故所致损失合计40万元,因小李驾驶的电动二轮车经鉴定为二轮轻便摩托车即属机动车,故小陈要求小李在交强险范围内优先赔偿19.8万元,超出部分,由小李承担80%的赔偿责任。

案件裁判:行为人因过错侵害他人民事权益,应当承担侵权责任。本案中,关于小李是否应先行在交强险限额范围内承担赔偿责任的问题有争议。小李骑行的电动车被鉴定为机动车,系公安机关交通管理部门从行政管理角度作出,但在实践中,电动车的登记和保险无法按照普通意义上的机动车对待。由于二轮电动车未被列入国家发改委公布的机动车目录,公安交通管理部门依法未予注册登记,保险公司也不予为该类机动车办理交强险。

最终导致无法投保的后果并非投保义务人的主观意愿所致，法不强人所难，不应加重其责任。因此，小陈要求小李在交强险限额内优先赔付的诉请法院不予支持。经鉴定，小李所骑行的电动车为机动车已是一个客观存在的事实，即本次事故发生在机动车与行人之间，小李负事故的主要责任，应承担80%的赔偿责任，即32万元。

案例二：

基本案情： 2018年5月10日16时10分许，贾某喜驾驶无号牌普通二轮摩托车由南向北行驶至宋曹路曹庵村道合淮阜高速公路上跨桥路段，与由北向南行驶的孙某青驾驶的无号牌普通二轮摩托车相碰撞，造成贾某喜、孙某青受伤及两车损坏。针对这起事故，公安机关交通管理部门出具事故责任认定书，认定在此次事故中双方负同等责任。孙某青申请复核后，公安机关交通管理部门于2018年7月30日重新出具事故认定书，认定：贾某喜、孙某青两人均未取得机动车驾驶证且未按规定戴安全头盔驾驶无号牌普通二轮摩托车上道路行驶，贾某喜驾驶无号牌二轮摩托车逆向行驶，事故发生后现场被移动，造成事故认定事实不清，是造成此次事故的主要原因，承担事故主要责任；孙某青驾驶无号牌二轮摩托车观察疏忽，是造成此起事故发生的次要原因，承担事故次要责任。

事故发生后，贾某喜被送往医院住院治疗，其伤情经诊断为：下颌骨骨折、口底血肿、胸部损伤、全身多处软组织挫伤。贾某喜伤情经安徽朝阳司法鉴定中心鉴定，鉴定意见为：贾某喜因道路交通事故致下颌骨多段粉碎性骨折，颞下颌关节对冲性损伤，口底部血肿，31、41、42牙脱落，右侧第4~8前肋骨折，右侧血、气胸，肝脏挫伤等，其下颌骨多段粉碎性骨折、颞下颌关节对冲性损伤并遗留张口受限I度后遗症评定为十级伤残。

贾某喜向一审法院起诉请求：判令被告赔偿各项损失共计84250.50元。

法院裁判： 安徽省淮南市大通区人民法院经审理认为，关于孙某青驾驶的电动自行车被公安机关交通管理部门鉴定为机动车，孙某青是否应当承担交强险的赔偿责任问题。贾某喜、孙某青两人均未取得机动车驾驶证且未按规定戴安全头盔驾驶无号牌普通二轮摩托车上道路行驶，贾某喜驾驶无号牌二轮摩托车逆向行驶，事故发生后现场被移动，造成事故认定事实不清，是造成此次事故的主要原因，孙某青驾驶无号牌二轮摩托车观察疏忽，是造成此起事故发生的次要原因。经公安机关交通管理部门认定，贾某喜承担事故主要责任，孙某青承担事故次要责任。因孙某青所驾驶的电动自行车被公安交通管理部门鉴定为机动车，根据《最高人民法院关于审理道路交通事故损害赔偿案件适用法律若干问题的解释》第十九条第一款规定，未依法投保交强险的机动车发生交通事故造成损害，当事人请求投保义务人在交强险责任限额范围内予以赔偿的，人民法院应予支持。因此，孙某青应在交强险责任限额内赔偿贾某喜造成的损失，超出交强险赔偿限额的部分，孙某青承担30%的赔偿责任。故作出(2019)皖0402民初1094号民事判决：孙某青赔偿贾某喜各项损失共计72379元。

一审判决作出后,孙某青不服,提起上诉,请求撤销一审判决,依法改判其赔偿贾某喜赔偿33740.40元,且无须承担交强险的赔偿责任。理由如下:①一审法院适用法律错误,不应适用《最高人民法院关于审理交通事故损害赔偿案件适用法律若干问题的解释》第十九条第一款,而应类推适用《合肥市中级人民法院关于交通事故损害赔偿案件的审判规程》第六十七条的规定。司法解释规定的是机动车未依法投保交强险,应在交强险范围内承担责任。孙某青的电瓶车没有法律规定可以缴纳交强险,保险公司也无该项业务,孙某青属于客观上不能。不应照搬法条,应根据案件事实灵活适用法条。合肥市中级人民法院的裁判规程规定,被鉴定为机动车的电瓶车、电动三轮车、老年代步车、燃油助力车等无法投保交强险的车辆发生交通事故,驾驶人无须先行在交强险责任限额内承担赔偿责任,但应将其参照机动车认定赔偿责任。②贾某喜的误工费主张不应支持。贾某喜已满70岁,且以前因事故受过伤,也已享受养老保险待遇,其只提供一份村委会证明,没有工资明细,没有单位负责人的签字,不应支持误工费主张。

安徽省淮南市中级人民法院经审理认为:①关于孙某青应否在交强险责任限额范围内向贾某喜承担赔偿责任问题。本院认为,《中华人民共和国道路交通安全法》第一百一十九条第三、四项规定:"机动车",是指以动力装置驱动或者牵引,上道路行驶的供人员乘用或者用于运送物品以及进行工程专项作业的轮式车辆。"非机动车",是指以人力或者畜力驱动,上道路行驶的交通工具,以及虽有动力装置驱动但设计最高时速、空车质量、外形尺寸符合有关国家标准的残疾人机动轮椅车、电动自行车等交通工具。根据本案已查明事实,孙某青驾驶的无号牌二轮电动车经鉴定机构鉴定,车辆属性符合国家市场监督管理总局、国家标准化管理委员会发布的《机动车运行安全技术条件》规定的机动车的标准,属于二轮轻便摩托车,即属于上述规定的机动车。《中华人民共和国道路交通安全法》《机动车交通事故责任强制保险条例》已明确规定机动车应当依法投保交强险,并无任何法律、行政法规规定,经鉴定属于机动车的二轮电动车可以免除投保交强险的义务。且安徽省人民政府于2007年3月30日颁布的于2007年5月1日施行的《安徽省道路交通安全管理规定》,早已对超标二轮电动车的登记管理作出了规定。因此,一审法院依照《最高人民法院关于审理道路交通事故损害赔偿案件适用法律若干问题的解释》第十九条第一款"未依法投保交强险的机动车发生交通事故造成损害,当事人请求投保义务人在交强险责任限额范围内予以赔偿的,人民法院应予支持"的规定,判令孙某青在交强险范围内承担赔偿责任的理由于法有据。孙某青上诉主张其车辆无法投保交强险,应类推适用合肥市中级人民法院的审判规程认定其不应在交强险范围内承担责任,其该项上诉请求无事实和法律依据,不予支持。②关于一审法院对贾某喜误工费的认定是否妥当问题。《最高人民法院关于审理人身损害赔偿案件适用法律若干问题的解释》第二十条规定,误工费根据受害人的误工时间和收入状况确定。误工时间根据受害人接受治疗的医疗机构出具的证明确定。受害人因伤致残持续误工的,误工时间可以计算至定残日前一天。受害人有固定收入的,误工费按照实际减少的收入计算。受害人无固定收入的,按照其最近三年的平均收入计算;受害人不能举证证明其最近三年的平均收入状况的,可以参照受诉法院所在地相同或者相近行业上一年度职工的平均工资计算。本案中,贾某喜系农村居民,虽已年满70岁,但并无相关证据证明其已经丧失劳动能力。孙某青上诉主张不应支付贾某喜误工费,依据不足,不予支持。贾某喜在一审中提供村委会证明,证明其从事农业生产工作。因其无法证明其具体收入情况,其误工费应按农村居民人均纯收入的标准计算,即5752元(13996元/年÷365天×150天)。一审法院认定的误工费标准不当,予以纠正。综上所述,孙某青的上诉请求部分成立,部分予以支持。一审法院认定事实正确,对误工费的认定不当,予以纠正。故作出(2019)皖04民终1248号民事判决:部分撤销一审民事判决,改判孙某青赔偿贾某喜各项损失共计64181元。

二审判决作出后,孙某青不服,申请再审。

安徽省高级人民法院经审理认为:关于孙某青应否在交强险责任限额范围内向贾某喜承担赔偿责任的问题。孙某青驾驶的无号牌二轮电动车经鉴定机构鉴定,属于二轮轻便摩托车,即属于《中华人民共和国道路交通安全法》第一百一十九条第三项规定的机动车。《中华人民共和国道路交通安全法》《机动车交通事故责任强制保险条例》均明确规定机动车应当依法投保交强险。并无法律、行政法规规定,经鉴定属于机动车的二轮电动车可以免除投保交强险的义务。故原审依照《最高人民法院关于审理道路交通事故损害赔偿案件适用法律若干问题的解释》第十九条第一款规定,判令孙某青先行在交强险范围内承担赔偿责任,适用法律并无明显不当。孙某青主张其车辆无法投保交强险,应类推适用《2019合肥市中级人民法院关于交通事故损害赔偿案件的审判规程(试行)》第六十七条的规定,缺乏依据。故作出(2020)皖民申2722号民事裁定:驳回孙某青的再审申请。

五、交强险与其他险种的关系及良好作用

(一)与其他险种的关系

1.商业第三者责任险

交强险与第三者责任险有相似之处,都是为了赔偿第三者所受的财产损失和人员伤亡。但是,商业第三者责任险通常会提供更高的赔偿金额,封顶限制更宽泛。

2.车辆损失险

该险种主要为被保险车辆的损失提供赔偿,与交强险互为补充。当一方只购买了交强险时,车辆本身的损失可能不会得到赔偿。

3.无责任险

该险种通常会赔偿被保险人在事故中的损失(即使事故不是由第三方造成的)。它可以与交强险配合,为被保险人提供更全面的赔偿。

(二)良好作用

1.提供全面的保障

交强险与其他险种结合,可以为车主提供全面的保障,从而确保在各种不同事故下都能得到适当的赔偿。

2.减少赔偿争议

当投保人购买多种险种时,可以确保在事故发生后,各种损失都可以从适当的保险渠道得到赔偿,从而减少双方之间的赔偿争议。

3.保险行业发展

交强险的普及和其他险种的联合销售,可以促进整个保险行业的稳定增长和健康发展。

交强险与其他险种之间存在着紧密的联系,两者可以良好地配合,为投保人提供更全面的保障,同时也为保险行业带来了更多的发展机会。

六、制度的优化与改进

1.赔偿标准的灵活性

根据地区、经济水平和损失情况,灵活地调整赔偿标准。这样可以保证在不同背景下,受害者都能够得到合理的补偿。例如,收入水平较高地区的赔偿标准可以提高,以面对生活成本的上升。

2.信息共享与合作

保险公司、执法部门和交通管理机构之间的信息共享可以加强制度的执行。通过建立更紧密的合作机制,可以更及时地处理事故纠纷。

3.法律法规的完善

不断完善相关法律法规,适应社会的变化和新兴技术。特别是随着自动驾驶技术的发展,法律应明确自动驾驶车辆的责任和保险规定。

4.教育宣传

通过教育宣传,向广大群众宣传交通事故责任保险的意义和作用,增强他们的保险意识和安全驾驶意识。同时,向业主解释保险赔偿流程和权益。

5.利用科技创新

借助科技创新,例如区块链和智能合约等,可以进一步提高赔偿流程的透明度和安全性。这有助于减少故障,确保提高信任度。

交通事故责任强制保险制度在不断优化和完善中,调整赔偿标准、加强信息共享、完善法律法规、加强教育宣传以及利用科技创新,将使制度更加公正、高效,并适应社会的发展和变化。

第二节 商业机动车第三者责任险

一、概念

1. 第三者责任险

第三者责任险(简称"三者险")是一种保险形式,旨在为保险持有人提供赔偿责任险承诺,以弥补其在因使用车辆、房产或其他物品时导致他人人身伤亡或财产损失而可能面临的潜在风险。具体而言,第三者责任险通常用于车辆保险和房产保险中,以保护车主或房主免受因他们的车辆或房产对他人造成的损失而可能面临的诉讼。

2. 第三者

交通事故中受到损害的一方,但并不是所有的受害方都是保险公司合同约定范围内的第三者。在保险公司的合同约定中,被保险人、驾驶人以及本车的车上人员都不在第三者的范畴之内。

3. 车上人员

发生意外事故的瞬间,在被保险机动车车体内或车体上的人员,包括正在上下车的人员。

二、赔偿范围

车辆保险的种类繁多,除了国家强制要求购买的交强险之外,像商业车险中的车损险、三者险、座位险等也很重要。其中,仅三者险的最高赔付额为10000万元。

1. 三者险的赔偿范围

保险期间内,被保险人或其允许的驾驶人在使用被保险机动车过程中发生意外事故,致使第三者遭受人身伤亡或财产直接损毁,依法应当对第三者承担的损害赔偿责任,且不属于免除保险人责任的范围,保险人依照本保险合同的约定,对于超过机动车交通事故责任强制保险各分项赔偿限额的部分负责赔偿。

2. 三者险的赔偿限额

$$三者险的赔款 = 赔偿限额 \times (1 - 免赔率)$$

这里的赔偿限额就是三者险的保额,而免赔率则是根据事故责任比例来确定的。如果被保险人负事故全部责任,则免赔率为0;如果被保险人负事故主要责任,则免赔率为30%;如果被保险人负事故同等责任,则免赔率为50%;如果被保险人负事故次要责任,则免赔率为70%;如果被保险人在交通事故中无责任,自然也就不需要三者险进行赔偿了。

3.被保险人或其允许的驾驶人的家庭成员受到损害后三者险赔不赔?

在各家保险公司制定的车险条款中有这样一条免责规定,被保险人及其家庭成员、驾驶人及其家庭成员所有、承租、使用、管理、运输或代管的财产的损失,以及本车上财产的损失不赔。

不过,这里面只提到了对于被保险人家庭成员以及驾驶人家庭成员的财产损失不赔,至于人身伤亡,理论上应该是会进行赔偿的。

4.精神损害抚慰金

精神损害抚慰金只有交强险进行赔偿,不在三者险的赔付范围,因此,一般诉讼时建议主张精神损害抚慰金在交强险内优先赔付。

5.贬值损失

《最高人民法院关于审理道路交通事故损害赔偿案件适用法律若干问题的解释》(2022年修正)第十二条明确规定,机动车交通事故责任纠纷中的财产损失赔偿范围包括维修被损坏车辆所支出的费用、车辆所载物品的损失、车辆施救费用;因车辆灭失或者无法修复,为购买交通事故发生时与被损坏车辆价值相当的车辆重置费用;依法从事货物运输、旅客运输等经营性活动的车辆,因无法从事相应经营活动所产生的合理停运损失;非经营性车辆因无法继续使用,所产生的通常替代性交通工具的合理费用。此规定并不包含机动车贬值损失。

根据《最高人民法院关于"关于交通事故车辆贬值损失赔偿问题的建议"的答复》,对交通事故车辆贬值损失的赔偿应持谨慎态度,倾向于原则上不予支持。在少数特殊、极端情形下,也可以考虑予以适当赔偿,但必须慎重考量,严格把握。因此,除少数特殊情况外,法院不会支持车辆贬值损失。其中,最高法答复意见中的少数特殊情况是指:

(1)新车。新车运行时发生事故,经维修后虽能正常行驶,但势必严重影响车辆使用寿命和状况,对于新车这一特定对象而言,可酌情赔偿其贬值损失。

(2)车辆主要部件严重受损。例如跑车,车辆主要部件受损,经维修虽能使用,但与受损前相比性能差距显著,失去了其原有特定属性。

(3)虽非营运车辆,却因车辆贬值对车辆所有人的收入造成了巨大影响的。例如待售车辆,发生交通事故产生车辆贬值损失,将给待售车辆带来不可逆转的伤害,直接且极大影响待售车辆的出售价格,此种情况也会支持赔偿。

三、三者险多少保额才合适

三者险的保额最好结合当地的人身伤亡赔偿标准以及本人的经济能力而定,保额自然是越高越好。一是怕与豪车发生事故,那样的话几十万元的保额可能都远远不够;二是怕发生人伤事故,人伤事故涉及的赔偿方案非常复杂,像丧葬费、死亡补偿费、残疾赔偿金、医药费、诊疗费、交通费、住宿费、误工费等都包含在其中。就拿死亡赔偿金来说,根据《最高人民法院关于审理人身损害赔偿案件若干问题的解释》的相关规定,死亡赔偿金按照受诉法院所在地上一年度城镇居民人均可支配收入或者农村居民人均纯收入标准,按20年计算。但60周岁以上的,年龄每增加1岁减少1年;75周岁以上的,按5年计算。在一些经济发达的地区,死亡赔偿金基本上高达上百万元,这也是为什么保险公司推荐大家三者险保额最好选择200万元以上。因此,三、四线城市三者险的保额推荐100万元左右,一、二线城市三者险的保额则推荐150万元左右。

四、对于汽车停运导致的间接损失,三者险的赔偿原则

1.营运损失的定义

营运损失是指依法专门从事货物运输、旅客运输等经营性活动的车辆,因在交通事故中受损送修,无法继续从事经营活动期间产生的合理损失。相比于修理车辆的支出,营运损失在司法实践中通常被认定为一项间接损失。

2.营运损失的赔偿条件

营运损失获得支持,除了需符合侵权的一般要件外,受损车辆必须属于合法运营,受害人需提供相应的从业资格证、汽车运输证等证件作为证明。例如,现如今常见的网约车,根据交通运输部等六部门2022年联合发布的《网络预约出租汽车经营服务管理暂行办法》,从事网约车的车辆必须依法办理"网络预约出租汽车运输证",网约车驾驶员必须依法取得"网络预约出租汽车驾驶员证",网约车车辆和驾驶员必须通过已取得经营许可的网络服务平台提供运营服务,"网络服务平台、车、人"三证齐备,方可主张合法的营运损失。

此外,实践中经常出现车辆使用人与车辆所有权人相分离的情况。该情形下,受害人还需提交车辆所有权人"转让主张停运损失权利"的材料,以确认车辆使用人系主张停运损失的适格主体。

3.营运损失的赔偿标准

(1)停运时间。实务中,停运时间一般参照修理时间确定,但对于修理时间明显不符合经验与常理的,法院会依照公平原则,综合车辆受损程度、受损部位、具体维修情况等因素对维修时间进行酌定,修理时长不可归因于侵权人的,不予赔偿。

(2)计算标准。实务中,根据每个案件的具体情况,存在三种被广泛采纳的计算方式:

①根据运营期间的经营流水确定;

②参照受诉法院所在地上年度交通运输从业人员平均工资合理确定停运损失;

③当受损车辆为物流、客运用车,且受损严重时,须委托具有相关资质的机构进行鉴定。

4.营运损失由谁赔偿

《最高人民法院关于审理道路交通事故损害赔偿案件适用法律若干问题的解释》第十

二条规定,依法从事货物运输、旅客运输等经营性活动的车辆,因道路交通事故而无法从事相应经营活动产生合理停运损失的情况下,受害人可以要求侵权人予以赔偿。这确立了侵权人对营运损失的赔偿依据。

实务中,保险公司也多在交强险和商业险合同中,将营运损失排除出赔偿范围。但因该条款属于免责条款,按照《中华人民共和国保险法》第十七条第二款规定,如果保险公司未尽提示或者说明义务,则该条款不产生效力,保险公司应对停运损失予以赔偿。

5.有关营运损失的案例解读

案件索引:(2021)浙0703民初1095号。

金华市金东区人民法院基本案情:金某是网约车驾驶人,刘某是非营运车驾驶人,2021年1月4日,刘某行驶至金东区某路段时,因低头捡东西撞上金某车辆,导致金某车辆损坏送修十余日。交通事故认定书认定,刘某负事故全部责任。后双方就金某车辆修理期间的营运损失无法达成一致,金某遂诉至金东区人民法院,要求刘某及保险公司赔偿其营运损失5771元。案件审理中,被告保险公司辩称,原告金某主张的营运损失属于间接损失,根据交强险条款第十条第三款约定,被保险机动车发生交通事故,致使受害人停业、停电、停水、停气、停产的间接损失,保险人不负责赔偿。因而交强险不予赔偿,同理,商业险也不予赔偿。被告刘某则主张营运损失为直接损失,应由保险公司赔偿。审理结果:法院认为,金某的营运损失属于间接损失,但被告保险公司没有证据证明已对上述免责条款履行了提示说明义务,因而该免责条款不发生效力,最终判令被告保险公司赔偿金某营运损失5282.85元。

第三节 道路交通事故社会救助基金

一、概述

1.定义

道路交通事故社会救助基金是指依法筹集用于垫付机动车道路交通事故中受害人人身伤亡的丧葬费用、部分或者全部抢救费用的社会专项基金。《中华人民共和国道路交通安全法》第十七条明确规定"国家实行机动车第三者责任强制保险制度,设立道路交通事故社会救助基金。具体办法由国务院规定"。

2. 来源

(1)按照机动车交通事故责任强制保险(以下简称交强险)的保险费的一定比例提取的资金;

(2)对未按照规定投保交强险的机动车的所有人、管理人的罚款;

(3)依法向机动车道路交通事故责任人追偿的资金;

(4)救助基金孳息;

(5)地方政府按照规定安排的财政临时补助;

(6)社会捐款;

(7)其他资金。

3. 意义

救助基金是《中华人民共和国道路交通安全法》第十七条规定的一项新制度。这项制度是机动车交强险制度的补充,旨在保证道路交通事故中受害人不能按照交强险制度和侵权人得到赔偿时,可以通过救助基金的救助,获得及时抢救或者适当补偿。建立这项制度,是贯彻科学发展观的重要举措,在制度设计上坚持以人为本的原则,充分体现了国家和社会对公民生命安全和健康的关爱和救助,是一种新型社会保障制度,对于化解社会矛盾、促进和谐社会建设具有十分重要的现实意义和深远的历史意义。

二、我国道路交通事故社会救助基金制度的历史演变

为了及时抢救道路交通事故受害人,补齐侵权制度与交强险制度的救济短板,道路交通事故社会救助基金制度开始在我国生根发芽,并经历了初创、定型与发展三个不同的历史阶段。该制度的目的和功能都得到了很大的拓展与塑造,其功能定位正在逐步由交强险制度的单纯补充迈向功能独立的社会保障。

(一)制度初创阶段

2004年5月1日正式生效施行(后于2007年12月、2011年4月、2021年4月修订)的《中华人民共和国道路交通安全法》将社会救助基金与实行交强险制度作为国家的两项独立任务,首次在我国建立了道路交通事故社会救助基金制度。2006年7月颁布施行(后于2019年3月修订)的《机动车交通事故责任强制保险条例》(以下简称《交强险条例》),进一步拓展了社会救助基金的垫付范围与资金来源。其中,社会救助基金的垫付范围新增了一项丧葬费用。由《中华人民共和国道路交通安全法》与《交强险条例》共同构筑的社会救助基金制度彼时已经初具雏形,但整个制度还是略显原则与概括,细致可操作的具体规定比较欠缺。同时《中华人民共和国道路交通安全法》第十七条规定社会救助基金的具体办法由国务院规定,该具体办法却始终未能出台,反而是由《交强险条例》设置了其基本框架。这一将社会救助基金制度仅作为交强险制度补充的功能定位与《中华人民共和国道路交通安全法》

原意有所背离。

(二)制度定型阶段

2009年,财政部、保监会、公安部、卫生部、农业部五部委联合推出了《道路交通事故社会救助基金管理试行办法》(以下简称《事故基金试行办法》),标志着我国的社会救助基金制度正式走上了具有可操作性的定型轨道,也部分强化了整个制度的社会福利和国家救助属性。

(三)制度发展阶段

为了匹配社会救助基金不断拓展的制度目的与功能,各地在扩充资金来源渠道与救助对象范围、延长救助时间上都有所前进。一方面,小客车号牌号码公开竞价所得价款与地方政府预算安排的专项资金、无名氏死亡赔偿金都被纳入社会救助基金的资金来源范围;另一方面,社会救助基金的救助时间与救助对象也得到了进一步的延长与扩展,如山西就将抢救费用的一般垫付时间由72h延长至5日内,将受害人扩展至所有因道路交通事故而遭受伤亡的人员,并将院前急救费用(即患者在到达医院之前,由专业的急救人员在现场或转运途中为其提供紧急医疗救治服务所产生的费用)也纳入了抢救费用的概念范畴。这些做法续造了《事故基金试行办法》所构筑的制度,强化了社会救助基金及时缓解社会矛盾和维护社会和谐稳定的能力。但与部分发达国家或地区同类制度相比,我国社会救助基金制度尚未达到圆满状态,未来仍需做出进一步的完善与努力。

三、垫付范围和程序

(一)垫付范围

1.垫付丧葬费用、部分或全部抢救费用的范围

根据《道路交通事故社会救助基金管理办法》(以下简称《管理办法》)规定,有下列情形之一时,救助基金管理机构及时依法依规垫付道路交通事故中和拖拉机在田间作业发生事故中受害人人身伤亡的丧葬费用、部分或全部抢救费用:

(1)抢救费用超过交强险责任限额的;

(2)肇事机动车未参加交强险的;

(3)机动车肇事后逃逸的。

救助基金一般垫付受害人自接受抢救之时起72h内的抢救费用(特殊情况下超过72h的抢救费用由医疗机构书面说明理由,并应经过医疗机构相关科室负责人和医疗机构负责人同意)。垫付的抢救费用最高不得超过4万元。

2.一次性困难补助范围

根据《管理办法》规定,因道路交通事故致受害人伤残或者死亡,肇事者逃逸或无力赔

偿,造成受害人家庭特殊困难,且同时具有下列情形的,受害人或者其家庭成员可以申请一次性困难救助。

(1)受害人为其家庭唯一或主要生活来源;

(2)受害人及其具有抚养义务的家庭成员部分或全部丧失劳动能力、无其他生活来源且难以维持正常生活的;

(3)受害人家庭符合城乡低保标准和低收入困难家庭认定标准。

受害人重伤、家庭特殊困难,需要补助的,参照《道路交通事故受伤人员伤残评定》评定的伤残等级确定补助费用数额。补助费用数额为受害人伤残等级赔偿百分比乘以1万元且最高不超过1万元。

《管理办法》

第十四条　有下列情形之一时,救助基金垫付道路交通事故中受害人人身伤亡的丧葬费用、部分或者全部抢救费用:

(一)抢救费用超过交强险责任限额的;

(二)肇事机动车未参加交强险的;

(三)机动车肇事后逃逸的。

救助基金一般垫付受害人自接受抢救之时起7日内的抢救费用,特殊情况下超过7日的抢救费用,由医疗机构书面说明理由。具体费用应当按照规定的收费标准核算。

第十五条　依法应当由救助基金垫付受害人丧葬费用、部分或者全部抢救费用的,由道路交通事故发生地的救助基金管理机构及时垫付。

第十六条　发生本办法第十四条所列情形之一需要救助基金垫付部分或者全部抢救费用的,公安机关交通管理部门应当在处理道路交通事故之日起3个工作日内书面通知救助基金管理机构。

第十七条　医疗机构在抢救受害人结束后,对尚未结算的抢救费用,可以向救助基金管理机构提出垫付申请,并提供需要垫付抢救费用的相关材料。

受害人或者其亲属对尚未支付的抢救费用,可以向救助基金管理机构提出垫付申请,医疗机构应当予以协助并提供需要垫付抢救费用的相关材料。

第十八条　救助基金管理机构收到公安机关交通管理部门的抢救费用垫付通知或者申请人的抢救费用垫付申请以及相关材料后,应当在3个工作日内按照本办法有关规定、道路交通事故受伤人员临床诊疗相关指南和规范,以及规定的收费标准,对下列内容进行审核,并将审核结果书面告知处理该道路交通事故的公安机关交通管理部门或者申请人:

(一)是否属于本办法第十四条规定的救助基金垫付情形;

(二)抢救费用是否真实、合理;

(三)救助基金管理机构认为需要审核的其他内容。

对符合垫付要求的,救助基金管理机构应当在2个工作日内将相关费用结算划入医疗机构账户。对不符合垫付要求的,不予垫付,并向处理该交通事故的公安机关交通管理部门或者申请人书面说明理由。

第十九条　发生本办法第十四条所列情形之一需要救助基金垫付丧葬费用的,由受害人亲属凭处理该道路交通事故的公安机关交通管理部门出具的《尸体处理通知书》向救助基金管理机构提出书面垫付申请。

对无主或者无法确认身份的遗体,由县级以上公安机关交通管理部门会同有关部门按照规定处理。

第二十条　救助基金管理机构收到丧葬费用垫付申请和相关材料后,对符合垫付要求的,应当在3个工作日内按照有关标准垫付丧葬费用;对不符合垫付要求的,不予垫付,并向申请人书面说明理由。救助基金管理机构应当同时将审核结果书面告知处理该道路交通事故的公安机关交通管理部门。

第二十一条　救助基金管理机构对抢救费用和丧葬费用的垫付申请进行审核时,可以向公安机关交通管理部门、医疗机构和保险公司等有关单位核实情况,有关单位应当予以配合。

第二十二条　救助基金管理机构与医疗机构或者其他单位就垫付抢救费用、丧葬费用问题发生争议时,由救助基金主管部门会同卫生健康主管部门或者其他有关部门协调解决。

(二)垫付程序

救助基金垫付抢救费用的基本程序:需要救助基金垫付部分或者全部抢救费用的,公安机关交通管理部门应当在3个工作日内书面通知救助基金管理机构。救助基金管理机构收到公安机关交通管理部门垫付通知和医疗机构垫付尚未结算抢救费用的申请及相关材料后,应当在5个工作日内进行审核,对符合垫付要求的,救助基金管理机构应当将相关费用划入医疗机构账户。需要强调的是,《中华人民共和国道路交通安全法》第七十五条规定:"医疗机构对交通事故中的受伤人员应当及时抢救,不得因抢救费用未及时支付而拖延救治"。

救助基金垫付丧葬费用的基本程序:需要救助基金垫付丧葬费用的,由受害人亲属凭处理该道路交通事故的公安机关交通管理部门出具的《尸体处理通知书》和本人身份证明向救助基金管理机构提出书面垫付申请。救助基金管理机构收到丧葬费用垫付申请和有关证明材料后,对符合垫付要求的,应当在3个工作日内按照有关标准垫付丧葬费用,并书面告知处理该道路交通事故的公安机关交通管理部门。对无主或者无法确认身份的遗体,由公安部门按照有关规定处理。

（三）申请材料

1.申请抢救费用需要提供的材料

（1）公安机关交通管理部门出具的救助基金申请垫付通知书；

（2）受害人身份证明、申请人身份证明、申请人与受害人关系证明或公安机关交通管理部门出具的受害人身份无法确认证明；

（3）医疗机构出具的入院抢救相关材料；

（4）审核需提交的其他材料。

2.申请丧葬费需要提供的材料

（1）公安机关交通管理部门出具的受害人尸体处理通知书和路救基金申请垫付通知书；

（2）垫付申请书；

（3）申请人及受害人的身份证明、受害人死亡证明、火化通知书；

（4）殡葬费用发票、费用明细清单。

四、我国道路交通事故社会救助基金制度的主要问题

作为一项保障人民权益、维护社会公平正义的制度工具，我国的道路交通事故社会救助基金制度，若要在实践中发挥更大作用，并且进一步迈向制度目的与功能的独立，必然要解决以下问题。

1.资金来源主渠道单一

虽然《管理办法》规定了按一定比例提取的交强险保费、地方政府按交强险营业税数额给予的财政补助、未按规定投保交强险的罚款、救助基金孳息、向事故责任人追偿的资金、社会捐款以及其他资金共计七种资金来源方式，但社会救助基金资金来源渠道仍然比较狭窄，且过多依赖于按一定比例提取交强险保费这一渠道。这从各地的道路交通事故社会救助基金资金组成比例便可窥见一斑。

2.救助范围狭窄保守

根据《管理办法》的规定，社会救助基金只适用于机动车道路交通事故中受害人人身伤亡的丧葬费用、部分或者全部抢救费用，而受害人也不包括被保险机动车本车人员与被保险人。这样的规定使得社会救助基金的救助范围十分狭窄。

3.功能定位存在偏差

根据《管理办法》的规定，道路交通事故社会救助基金主要是作为一种具有垫付功能的社会专项基金存在，因而垫付构成了社会救助基金的最基本功能。但是，完全倚重垫付功能在某种程度上扭曲了社会救助基金的制度定位。

4.救助程序冗杂繁复

作为道路交通事故受害人的救命钱，如何及时有效地将其垫付到位，始终是社会救助

基金面临的一大难题。现行社会救助基金制度规定的救助程序过于冗杂繁复,无法实现及时有效救助的制度效果。一方面,道路交通事故受害人与社会救助基金之间存在着较大的程序距离。另一方面,公安机关交通管理部门的书面通知程序与基金管理机构的审查核实程序耗时过长。

五、我国道路交通事故社会救助基金的制度重构

当前,有必要推动社会救助基金的制度重构,使其由交强险的制度补充迈向功能独立的社会保障,真正实现整个制度的再定位。

1.拓宽资金来源渠道

社会救助基金制度的独立发展与资金来源具有关联性,但现有资金来源与交强险制度联系过于紧密,如果想要迈向新型社会保障的功能定位,社会救助基金制度就必须进一步推进资金来源渠道的多样化。一方面,这可以降低社会救助基金对交强险保费提取的依赖;另一方面,也有助于增强社会救助基金的独立社会保障属性。

2.拓展基金救助范围

如前所述,社会救助基金现有救助范围过窄,不能有效覆盖所有道路交通事故受害者的人身权与健康权损失,若要充分发挥其社会保障功能,及时修复被突发事故破坏的社会关系,势必要突破机动车道路交通事故中受害人人身伤亡的丧葬费用、部分或者全部抢救费用的范围限制,进一步拓展社会救济基金的使用范围。

3.确立垫付与补助相结合的给付内涵

社会救助基金属于社会专项基金,由一级政府设立,其主管部门由省级人民政府确定。可见,社会救助基金对道路交通事故受害者的救助属于国家实施的行政给付活动。为了进一步凸显社会救助基金的社会保障属性,同时考虑到基金自身运作的效率,应当在现有垫付形式外,探索补助形式的给付,社会救助基金在完成支付后,不再进行追偿。

4.增强程序运作的及时性

社会救助基金社会保障功能的充分发挥还有赖于自身程序运作的及时性。道路交通事故发生后,受害人往往急需抢救与治疗费用,侵权责任确定的诉讼机制和交强险等责任保险理赔机制未必能够及时确保足额的经济支持。如果在程序运作的及时性方面落后于这两个机制,其社会保障功能将大打折扣。因此,要使社会救助基金及时发挥社会保障功能,一是要缩短受害人与社会救助基金之间的程序距离,通过修订《事故基金试行办法》等相关规范性文件,赋予受害人及其近亲属直接申请给付的权利,避免其还需要通过医疗机构等单位才能与社会救助基金相接触的窘境;二是不再将公安机关交通管理部门书面通知社会救助基金作为启动给付程序的必要条件,可以要求受害人及其近亲属在申请时提交公安交管部门出具的材料,证明道路交通事故的发生,同时也可以设置告知承诺机制,允许申请人自行承诺符合相应的垫付或补助条件,在事后核查或与有关部门核对时,若发现与事

实不符再追究其法律责任,以此增强程序运作的及时性。

六、安徽省道路交通事故社会救助基金管理转变

2022年12月15日,经安徽省政府同意,安徽省财政厅、中国银行保险监督管理委员会安徽监管局、安徽省公安厅、安徽省卫生健康委员会、安徽省农业农村厅五部门联合印发《安徽省道路交通事故社会救助基金管理实施细则》(以下简称《实施细则》),进一步完善安徽省救助基金筹集、使用和管理机制,提高基金使用效率,保障道路交通事故受害人切身利益。

《实施细则》具体呈现六大特点:

一是工作原则鲜明。突出救助基金"扶危救急、公开透明、便捷高效"原则和"兜底"保障作用,确保救助工作可持续。

二是管理责任明确。财政部门主管救助基金,实行省级统筹,并通过政府采购等方式确定具体的管理机构。

三是救助范围拓宽。除道路交通事故受害人外,增加被保险机动车人员和被保险人为救助对象;垫付抢救费用时限由3天延长至7天。

四是服务措施更便民。管理机构设立热线电话,24小时值班;建立信息系统,规范网上办理;审核时限由5个工作日缩至3个工作日,通过后2个工作日内划转资金。

五是筹集机制更完善。财政部会同银保监会确定从交强险保费中提取救助基金的比例幅度,省级政府确定具体比例;新增救助基金筹集封顶机制,将地方财政临时补助作为筹集来源之一,防止地方救助基金穿底。

六是使用管理更规范。管理机构向社会公开救助基金筹集、使用、追偿、结余等信息。救助基金实行专户管理、单独核算。管理费用列入本级预算,不得在救助基金中列支。

道路交通事故的发生破坏了一定范围内的既有社会关系和秩序,随之产生损失填补问题。从侵权制度到交强险制度,再到社会救助基金制度,国家逐渐直接承担起秩序恢复的责任。从公法的视角来看,由此产生的一个场景就是国家与受害人同处一个给付法律关系之中。当前,我国社会救助基金制度仍与交强险制度有着密切联系,在发挥补充作用的同时,也面临许多制度屏障,其社会保障功能得不到充分发挥。因此,需要通过立法形式进行新的给付制度创设,在社会救助基金平台上有效联结国家与受害人群体,实现社会正义。

第七章

交通事故损害赔偿

第一节　赔偿项目与标准

随着路面车辆的不断增多,交通事故的发生频次也呈逐年增长趋势,尤其是一些轻微事故更为常见。一旦发生交通事故,就需要去面对如何处理以及如何赔偿的问题,接下来我们就针对交通事故损害赔偿项目、标准及计算依据等相关内容进行详细阐述。

交通事故损害"赔偿项目",是指交通事故损害"赔偿权利人"依法向"赔偿责任人"或"赔偿义务人"主张赔偿的具体类别,主要包括三大类:人身损害赔偿(医疗费、误工费、护理费、交通费、住院伙食补助费、住宿费、营养费、残疾赔偿金、残疾辅助器具费、丧葬费、死亡赔偿金、被扶养人生活费);财产损害赔偿(直接损失、间接损失);精神损害赔偿(精神损害抚慰金)。

一、人身损害赔偿

人身损害赔偿,指以赔偿损失的侵权责任承担方式救济生命权、身体权、健康权遭受交通事故侵害的被侵权人或其近亲属的民事法律制度。

(一)需要人身损害赔偿的情况

(1)造成伤害,尚未造成残疾的,应当赔偿医疗费、误工费、护理费、交通费、住宿费、住院伙食补助费、必要的营养费。

(2)造成残疾的,应当赔偿医疗费、误工费、护理费、交通费、住宿费、住院伙食补助费、必要的营养费、残疾赔偿金、残疾辅助器具费、被抚养人生活费,以及因康复护理、继续治疗发生的康复费、护理费、后续治疗费。

(3)造成死亡的,应当赔偿医疗费、误工费、护理费、交通费、住宿费、住院伙食补助费、必要的营养费、被抚养人生活费、丧葬费、死亡赔偿金,以及受害人亲属办理丧葬事宜支出的交通费、住宿费和误工损失等合理费用。

(二)人身损害赔偿项目、标准及计算公式

1.医疗费

医疗费指受害人(即"因交通事故遭受人身损害的自然人")在治疗过程中所产生的诊

疗费、医药费、住院费等费用,包括抢救医疗费用和相关的一般医疗费用;即时医疗费用和后续医疗费用;受害人死亡前发生的医疗费用等。

(1)计算:按照票据金额计算;按照医疗证明或鉴定报告计算。

(2)证据:①住院病历,包括住院病历首页、入院记录、手术记录、出院记录;②出院(复查)诊断证明,包括伤情、医嘱(休息时间、护理情况、是否需要加强营养、后续治疗情况等);③医疗费发票、费用清单、用药清单。

(3)依据:《最高人民法院关于审理人身损害赔偿案件适用法律若干问题的解释》(2022年修正)第六条,医疗费根据医疗机构出具的医药费、住院费等收款凭证,结合病历和诊断证明等相关证据确定。赔偿义务人对治疗的必要性和合理性有异议的,应当承担相应举证责任。医疗费的赔偿数额,按照一审法庭辩论终结前实际发生的数额确定。器官功能恢复训练所必需的康复费、适当的整容费以及其他后续治疗费,赔偿权利人可以待实际发生后另行起诉。但根据医疗证明或者鉴定结论确定必然发生的费用,可以与已经发生的医疗费一并予以赔偿。

2.误工费

误工费指受害人由于无法正常工作(或正常经营)而丧失的工资收入(或经营收入),是一种积极的财产减损,表现为财产的应增加而未增加。

(1)计算:根据受害人的"误工时间"和"收入状况"予以确定。

①受害人有固定收入,误工费=工资(元/天)×误工时间(天)。

②受害人无固定收入,根据其能否举证证明最近三年的平均收入状况,区分处理。

a.能举证证明:误工费=最近三年平均收入(元/天)×误工时间(天);

b.不能举证证明:误工费=受诉法院所在地相同或者相近行业上一年职工的平均工资(元/天)×误工时间(天)。

③在确定误工时间时,一般以医院建休或者司法鉴定意见为准。如果受害人因伤致残的,则误工时间可以计算至定残日的前一天。

(2)证据:①医疗机构误工证明;②鉴定报告(误工期);③劳动合同;④工资银行流水。

(3)依据:《最高人民法院关于审理人身损害赔偿案件适用法律若干问题的解释》(2022年修正)第七条,误工费根据受害人的误工时间和收入状况确定。误工时间根据受害人接受治疗的医疗机构出具的证明确定。受害人因伤致残持续误工的,误工时间可以计算至定残日前一天。受害人有固定收入的,误工费按照实际减少的收入计算。受害人无固定收入的,按照其最近三年的平均收入计算;受害人不能举证证明其最近三年的平均收入状况的,可以参照受诉法院所在地相同或者相近行业上一年度职工的平均工资计算。

3.护理费

护理费指受害人在医疗、康复期间使用护理人员发生的费用,以及因残疾而使用护理人员照护,日常发生的费用。

（1）计算：根据护理人员有无收入，区分处理。

①护理人员有收入的，参照误工费的规定计算。

$$护理费＝护理人工资(元/天)×护理期限(天)$$

②护理人员没有收入或者雇佣护工的，参照当地护工从事同等级别护理的劳务报酬标准计算。

$$护理费＝护理标准(元/天)×护理期限(天)$$

③护理天数：一般以医疗机构证明或司法鉴定意见为准。

（2）证据：①护理费发票；②护理人员有工作，则需劳动合同、误工证明、工资流水；③医疗机构证明或者司法鉴定意见（护理期）。

（3）依据：《最高人民法院关于审理人身损害赔偿案件适用法律若干问题的解释》（2022年修正）第八条，护理费根据护理人员的收入状况和护理人数、护理期限确定。护理人员有收入的，参照误工费的规定计算；护理人员没有收入或者雇佣护工的，参照当地护工从事同等级别护理的劳务报酬标准计算。护理人员原则上为1人，但医疗机构或者鉴定机构有明确意见的，可以参照确定护理人员人数。护理期限应计算至受害人恢复生活自理能力时为止。受害人因残疾不能恢复生活自理能力的，可以根据其年龄、健康状况等因素确定合理的护理期限，但最长不超过20年。受害人定残后的护理，应当根据其护理依赖程度并结合配置残疾辅助器具的情况确定护理级别。

4.交通费

交通费指受害人及必要的陪护人员在就医治疗过程中，因需乘坐交通工具而实际发生的费用。

（1）计算：交通费＝就医、转院实际发生的交通费用，按照票据金额计算。

（2）证据：①交通费票据；②交通费发票人与受害人身份关系证明。

（3）依据：《最高人民法院关于审理人身损害赔偿案件适用法律若干问题的解释》（2022年修正）第九条，交通费根据受害人及其必要的陪护人员因就医或者转院治疗实际发生的费用计算。交通费应当以正式票据为凭；有关凭据应当与就医地点、时间、人数、次数相符合。

5.住院伙食补助费

住院伙食补助费指受害人在住院期间为了治疗和康复需要，提高、改善膳食标准而额外增加的伙食费用，此等费用以治疗和康复之必要为限。

（1）计算：住院伙食补助费＝当地国家机关一般工作人员出差伙食补助标准×住院天数。

（2）证据：①所有住院期间的病历（含急诊和住院处），病历首页住院天数总和；②当地国家机关差旅伙食补助费标准表。

（3）依据：《最高人民法院关于审理人身损害赔偿案件适用法律若干问题的解释》（2022

年修正)第十条,住院伙食补助费可以参照当地国家机关一般工作人员的出差伙食补助标准予以确定。

6. 住宿费

住宿费指必须到外地医院治疗的受害人,因医院无床位或其他原因的限制确需候诊且伤情不允许往返家中,或者往返家中的交通费高于住宿费的,其本人和必要的陪护人员居住在旅馆或者招待所等地所支出的费用。

(1)计算:住宿费=当地国家机关一般工作人员出差住宿标准×住宿时间。

(2)证据:住宿费票据。

(3)依据:《最高人民法院关于审理人身损害赔偿案件适用法律若干问题的解释》(2022年修正)第十条,受害人确有必要到外地治疗,因客观原因不能住院,受害人本人及陪护人员实际发生的住宿费和伙食费,其合理部分应予赔偿。

7. 营养费

营养费指受害人为辅助治疗或使身体尽快康复而购买日常饮食以外的营养品所支出的费用。

(1)计算:营养费=实际发生的必要营养费用(结合伤残情况及医疗机构的意见)。

(2)证据:①营养费发票;②带有"加强营养""营养饮食"字样的诊断证明;③鉴定报告(营养期)。

(3)依据:《最高人民法院关于审理人身损害赔偿案件适用法律若干问题的解释》(2022年修正)第十一条,营养费根据受害人伤残情况参照医疗机构的意见确定。

8. 残疾赔偿金

残疾赔偿金指对受害人因人身遭受损害致残而丧失全部或者部分劳动能力的财产赔偿。

(1)计算:

①受害人≤60周岁:残疾赔偿金=受诉法院所在地上一年度城镇居民人均可支配收入×20年×赔偿系数。

②60周岁<受害人<75周岁:残疾赔偿金=受诉法院所在地上一年度城镇居民人均可支配收入×[20年-(受害人实际年龄-60岁)]×赔偿系数。

③受害人≥75周岁:残疾赔偿金=受诉法院所在地上一年度城镇居民人均可支配收入×5年×赔偿系数;

④"伤残等级"与"赔偿系数"的对应关系:一级(或死亡)为100%,二级伤残为90%,三级为80%,四级为70%,五级为60%,六级为50%,七级为40%,八级为30%,九级为20%,十级为10%。

⑤受害人构成多处伤残且最高伤残等级非一级伤残的,在最高伤残等级赔偿系数的基础上,每增加一处伤残所增加的附加系数,按所增加伤残的赔偿系数的十分之一叠加,附加系数之和不超过10%,总赔偿系数不超过100%。

★示例★

（1）受害人经评定为十级、九级、八级、六级伤残各1处，伤残赔偿系数的计算方法为，最高伤残等级六级伤残，赔偿系数为50%；十级、九级、八级伤残各1处，附加系数为1%（十级：10%÷10）+2%（九级：20%÷10）+3%（八级：30%÷10）=6%。综上，赔偿系数为50%+6%=56%。

（2）受害人经评定为十级、九级伤残各1处，伤残赔偿系数的计算方法为，最高伤残等级九级伤残，赔偿系为20%；十级附加系数为1%（10%÷10）。综上，赔偿系数为20%+1%=21%。

（3）受害人经评定为六级、五级伤残各1处，伤残赔偿系数的计算方法为，最高伤残等级为五级，赔偿系数为60%；六级伤残的附加系数为5%（50%÷10）。综上，赔偿系数为60%+5%=65%。

（2）证据：伤残鉴定报告。

（3）依据：《最高人民法院关于审理人身损害赔偿案件适用法律若干问题的解释》（2022年修正）第十二条，残疾赔偿金根据受害人丧失劳动能力程度或者伤残等级，按照受诉法院所在地上一年度城镇居民人均可支配收入标准，自定残之日起按20年计算。但60周岁以上的，年龄每增加1岁减少1年；75周岁以上的，按5年计算。受害人因伤致残但实际收入没有减少，或者伤残等级较轻但造成职业妨害严重影响其劳动就业的，可以对残疾赔偿金作相应调整。

9. 残疾辅助器具费

残疾辅助器具费指因伤致残的受害人为补偿其遭受创伤的肢体器官功能、辅助其实现生活自理或者从事生产劳动而购买、配置的生活自助器具，如假肢、轮椅等，并因此而支出的费用。

（1）计算：根据医疗机构证明或司法鉴定意见，结合使用者的年龄、我国人口平均寿命、器具使用年限等因素，按照普及型器具的费用计算赔偿数额。

①公式：一次购买残疾辅助器具的费用×次数（20年内或者至75周岁需要购买的次数）+N年的维修费。

②"普通适用"是作为确定残疾辅助器具费"合理"标准的一项指导原则，该原则的基本要求：

a."普通"，配制的辅助器具应排斥奢侈型、豪华型，不能一味追求高品质。

b."适用"，确实能起到功能补偿作用，符合"稳定性"和"安全性"要求。

（2）证据：①残疾辅助器具发票；②需要辅助器具的医嘱证明；③假肢及配件费用发票；④假肢机构证明；⑤假肢机构意见。

（3）依据：《最高人民法院关于审理人身损害赔偿案件适用法律若干问题的解释》（2022年修正）第十三条，残疾辅助器具费按照普通适用器具的合理费用标准计算。伤情有特殊需要的,可以参照辅助器具配制机构的意见确定相应的合理费用标准。辅助器具的更换周期和赔偿期限参照配制机构的意见确定。

10. 丧葬费(死亡案件)

丧葬费指受害人因人身伤害失去生命,受害人的亲属为了处理其丧葬后事而支出的必要费用。

(1)计算:丧葬费=受诉法院所在地上一年度职工月平均工资(元/月)×6个月。

(2)证据:火化费、安葬费等票据;近亲属关系证明。

(3)依据:《最高人民法院关于审理人身损害赔偿案件适用法律若干问题的解释》(2022年修正)第十四条,丧葬费按照受诉法院所在地上一年度职工月平均工资标准,以六个月总额计算。

11. 死亡赔偿金

死亡赔偿金指受害人因交通事故而死亡,侵权人应当支付给受害人近亲属的赔偿费用。

(1)计算:

①受害人≤60周岁:死亡赔偿金=受诉法院所在地上一年度城镇居民人均可支配收入×20年。

②60周岁<受害人<75周岁:死亡赔偿金=受诉法院所在地上一年度城镇居民人均可支配收入×[20年-(受害人实际年龄-60岁)]。

③受害人≥75周岁:死亡赔偿金=受诉法院所在地上一年度城镇居民人均可支配收入×5年。

(2)证据:①户口本;②医学死亡证明;③尸检报告;④户口注销证明等。

(3)依据:《最高人民法院关于审理人身损害赔偿案件适用法律若干问题的解释》(2022年修正)第十五条,死亡赔偿金按照受诉法院所在地上一年度城镇居民人均可支配收入标准,按20年计算。但60周岁以上的,年龄每增加1岁减少1年;75周岁以上的,按5年计算。

12. 被扶养人生活费

被扶养人生活费指在受害人因交通事故致残丧失劳动能力或者死亡的情况下,对于受害人依法应当承担扶养义务的未成年人或者丧失劳动能力又无其他生活来源的成年近亲属一定数额的生活费用,以维持其正常生活。

(1)计算:

①被扶养人≤18周岁:被扶养人生活费=受诉法院所在地上一年度城镇居民人均消费支出×(18-实际年龄)÷对被扶养人承担扶养义务的人数×伤残系数。

②18<被扶养人<60周岁:被扶养人生活费=受诉法院所在地上一年度城镇居民人均消费支出×20年÷对被扶养人承担扶养义务的人数×伤残系数。

③60周岁<被扶养人≤75周岁:被扶养人生活费受诉法院所在地上一年度城镇居民人均消费支出×[20年-(死亡人实际年龄-60岁)]÷对被扶养人承担扶养义务的人数×伤残系数。

④被扶养人≥75周岁：被扶养人生活费=受诉法院所在地上一年度城镇居民人均消费支出×5年÷对被扶养人承担扶养义务的人数×伤残系数。

⑤被扶养人有数人时，赔偿义务承担的年赔偿总额≤上一年度城镇居民人均消费支出。

（2）证据：①户口本；②父母无收入来源证明；③兄弟姐妹人数证明；④子女人数证明；⑤子女出生证明；⑥下岗证；⑦五保户；⑧残疾证；⑨失业证；⑩困难户证明等。

（3）依据：《最高人民法院关于审理人身损害赔偿案件适用法律若干问题的解释》（2022年修正）第十七条，被扶养人生活费根据扶养人丧失劳动能力程度，按照受诉法院所在地上一年度城镇居民人均消费支出标准计算。被扶养人为未成年人的，计算至18周岁；被扶养人无劳动能力又无其他生活来源的，计算20年。但60周岁以上的，年龄每增加1岁减少1年；75周岁以上的，按5年计算。被扶养人是指受害人依法应当承担扶养义务的未成年人或者丧失劳动能力又无其他生活来源的成年近亲属。被扶养人还有其他扶养人的，赔偿义务人只赔偿受害人依法应当负担的部分。被扶养人有数人的，年赔偿总额累计不超过上一年度城镇居民人均消费支出额。

13.鉴定费

鉴定费指交通事故中的受害人在需要伤残鉴定时，到专业的鉴定机构进行鉴定所支出的费用。

（1）计算：按照票据金额计算。

（2）证据：鉴定费发票。

（3）依据：《诉讼费用交纳办法》第二十九条，诉讼费用由败诉方负担，胜诉方自愿承担的除外。部分胜诉、部分败诉的，人民法院根据案件的具体情况决定当事人各自负担的诉讼费用数额。共同诉讼当事人败诉的，人民法院根据其对诉讼标的的利害关系，决定当事人各自负担的诉讼费用数额。

二、财产损害赔偿

财产损害赔偿指对被侵权人的财产权益遭受交通事故侵害进行救济的民事法律制度，包括赔偿直接损失和间接损失。直接损失是受害人现有财产的减少，一般坚持全部赔偿原则，即折价赔偿（按财产实际减损的价值进行赔偿）。间接损失指受害人可得利益的丧失，这是一定范围内的必得利益而不是假设利益，不可在逻辑关系上无限制扩展。

（一）法律依据

《最高人民法院关于审理道路交通事故损害赔偿案件适用法律若干问题的解释》（2022年修正）第十二条，因道路交通事故造成下列财产损失，当事人请求侵权人赔偿的，人民法院应予支持：①维修被损坏车辆所支出的费用、车辆所载物品的损失、车辆施救费用；②因车辆灭失或者无法修复，为购买交通事故发生时与被损坏车辆价值相当的车辆重置费用；③依法从事货物运输、旅客运输等经营性活动的车辆,因无法从事相应经营活动所产生的合理停运损失;④非经营性车辆因无法继续使用,所产生的通常替代性交通工具的合理费用。

(二)直接损失

1.车辆维修费用

车辆维修费用指车辆在维修过程中所耗费的各种费用。

(1)计算:按照票据金额据实计算,或者法院根据评估结论确认维修费用。

(2)证据:①维修单、维修协议、维修项目报价单及结算单、维修进度表、维修人员证言;②维修费支付凭证(转账记录/收据等);③维修费发票;④评估报告等。

2.车载物品损失

车载物品损失指车上物品因交通事故损坏需要修理或更换的费用。

(1)计算:按照票据金额据实计算。

(2)证据:①购买发票或维修发票;②现场照片、物品照片;③双方清点的财产清单等。

(3)示例:(2021)豫06民终1539号案件。关于货损问题,正好货运公司向法院主张赔偿其货损84015.21元。一审中正好货运公司提交了货损照片、证人张某书面证言、证人郝某出庭证言、转账电子凭证、银行转账回单等,一审法院根据郝某的当庭证言及转账金额,认定涉案货损的合理损失为54978.14元,并无不当。

3.车辆施救费用

车辆施救费用指交通事故发生后,为防止或者减少车辆的损失所支付的合理费用,包括清障费、拖车费、破拆费、倒货费等。

(1)计算:按照票据金额据实计算。

(2)证据:施救单、拖车单及支付费用的票据等。

4.车辆重置费用

车辆重置费用指交通事故造成受害车辆损坏严重,导致其实际灭失或是无法修复,为了保证受害人合法拥有车辆的权利,受害人为此重新需要购买与破损车辆价值相当的费用。车辆重置费用与车辆维修费用都是对受损车辆的某种复原或替代,车辆维修费用针对尚可修复的受损车辆,而车辆重置费用针对无法修复的受损车辆。

(1)计算:法院根据评估结论确认车辆重置费用的金额。

(2)证据:评估报告等。

(三)间接损失

1.停运损失

停运损失指营运性车辆因交通事故导致其无法继续运营而产生的营运收入的损失。

(1)计算:日净收入(实践中通常需要鉴定以确定具体数额)×停运天数(合理的事故处

理时间+维修时间或重置时间）。

（2）证据：①营运资格凭证，如行驶证、驾驶证、网络预约出租汽车运输证、车辆营运证、租赁合同及租金支付凭证等；②停运时长凭证，如维修协议、维修结算单等；③停运损失凭证，如事发前营运流入流水、租赁合同及租金支付凭证、工资流水（误工费也可以算入停运损失）等。

★示例★

（2019）粤0309民初11174号案件：根据原告提供的网络预约出租汽车运输证、驾驶证，原告为合法的网络预约出租汽车驾驶人，对此事实，本院予以确认。根据原告提供的汽车租赁合同，确认了原告租车费用损失为2198元，原告诉请被告支付租金损失2193.33元，本院予以支持。原告诉请被告支付误工费用实际为营运车辆的停运损失，原告诉请被告赔偿14天的停运损失6211.94元，于法有据，本院予以支持。

（2020）粤0307民初32142号案件：原告提交营运流水欲证明其停运损失，被告主张该流水不能证明经济损失，且没有扣除相应的运营成本。本院认为，原告所提交的证据仅能证明运营收入，未剔除运营成本。故本院根据该份流水及原告在庭审中陈述的运营成本，酌定原告的每日实际收入为530元，因此原告的停运损失为10070元。

（2020）粤0307民初21588号案件：原告依据车辆维修单主张停运损失的期限，本院予以确认，但原告主张的每日收入未将其燃油费用等运营成本扣除，不得作为计算停运损失的依据，本院根据法庭辩论终结前一年度道路运输从业人员的收入数据，计算原告车辆23天的停运损失，为5561元，对原告超出的停运损失请求，本院不予支持。

2.替代交通工具费用

替代交通工具费用指非营运性车辆因交通事故无法继续使用，为满足使用人日常出行需要而产生的费用。

（1）计算：按照票据和付款凭证等据实计算。

（2）证据：①交通费单据（打车票或公共交通票据）；②租车合同、租金发票、付款凭证。

★示例★

（2020）粤0307民初17581号案件：本院认为，原告提交了网络打车费截图并出示了打车软件原始载体上相应的记录予以核实，本院对上述打车费用的真实性予以确认。上述打车费用产生的时间系在车辆维修期间、往返时间及地址较为固定，故对原告关于打车费1755元系车辆维修期间其上下班往返费用的主张，本院予以采纳。依照《道路交通事故损害赔偿司法解释》第12条第4项的规定，原告有权向被告主张车辆维修期间而产生的通常替代性交通工具的合理费用，综合考虑原告自行驾车上下班也会产生必要的燃油费、过路费等成本,本院认为原告在2019年11月4日至11月10日期间通常替代性交通工具费用酌定1200元为宜。

(2021)粤1973民初16360号案件:关于交通费。原告主张的系代步费用,其提交的票据显示的系滴滴打车费和乘坐地铁的费用,根据《道路交通事故损害赔偿司法解释》第12条第4项规定,非经营性车辆因无法继续使用,所产生的通常替代性交通工具的合理费用应予支持。本案中,原告提交的系正规发票,经核算金额为417.51元,故本院依法支持交通费为417.51元。

3.车辆贬值损失

车辆贬值损失指车辆因交通事故造成市场价值降低所产生的损失。关于该赔偿项目,并没有明确的法律规定,但在实务中类似主张是数见不鲜的,也不失其合理性。毕竟车辆即便经过维修,还是有别于原本状态,所以在转让时,市场价格必定会有减损。

但在审判实践中,车辆贬值损失一般很难得到支持。最高人民法院在2016年发布的《"关于交通事故车辆贬值损失赔偿问题的建议"的答复》中明确表态:"我们认为,任何一部法律法规以及司法解释的出台,均要考虑当时的社会经济发展情况综合予以判断,目前我们尚不具备完全支持贬值损失的客观条件""当然,在少数特殊、极端情形下,也可以考虑予以适当赔偿,但必须慎重考量,严格把握。"其中,"少数特殊、极端情形"主要包括:

①新车。新车运行时发生事故,经维修后虽能正常行驶,但势必严重影响车辆使用寿命和状况,对于新车这一特定对象而言,可酌情赔偿其贬值损失。

②车辆主要部件严重受损。例如跑车,车辆主要部件受损,经维修虽能使用,但与受损前相比性能差距显著,失去了其原有特定属性。

③虽非营运车辆,却因车辆贬值对车辆所有人的收入造成了巨大影响的。例如待售车辆,发生交通事故产生车辆贬值损失,将给待售车辆带来不可逆转的伤害,直接且极大影响待售车辆的出售价格,此种情况也会支持赔偿。

(1)计算:受损车辆未受损时的实际市场价值与受损车辆受损后的实际市场价值之差,即车辆贬值损失金额。

(2)证据:评估报告等。

★示例★

(2020)粤0307民初32142号案件:关于车辆折旧费,因原告的该项诉讼请求没有法律依据,本院不予支持。

(2022)粤0304民初9896号案件:关于原告主张的车辆折旧费8000元,因被告保险公司已经赔付车辆损失维修费用,车辆折旧并非侵权行为的直接损失,对原告的主张本院不予支持。

(2021)粤1204民初2283号案件:关于车辆贬值损失的问题。车辆贬值损失是间接损失,并非交通事故造成的直接损失。目前关于车辆贬值损失的问题尚无法律明文规定。本院参照《最高人民法院关于"关于交通事故车辆贬值损失赔偿问题的建议"的答复》,最高人民法院关于车辆贬值损失倾向于原则上不予支持。本案中,原告黄某因本次交通事故受损的粤ＨＴ××××号小客车已经获得机动车维修费等财产损失赔偿,其损失已经得到填平,且该车亦非待售或者运输中的新车,故对其再主张车辆贬值损失,本院不予支持。

(2021)粤0304民初21294号案件:因原告车辆经维修已恢复正常使用,且车辆贬值损失不属于《最高人民法院关于审理道路交通事故损害赔偿案件适用法律若干问题的解释》第十五条规定的因道路交通事故造成的财产损失赔偿范围,同时,根据《最高人民法院"关于交通事故车辆贬值损失赔偿问题的建议"的答复》的相关精神,原告主张车辆贬值损失,本院不予支持。

(2020)粤01民终18558号案件:事故发生前,涉案车辆是尚未上牌的新车,车辆受损后,虽然经过维修,确实对该车辆的销售价格造成一定的影响,造成车辆价值的贬损。因此,侵权人除对车辆的维修费承担赔偿责任外,也要对车辆的贬值损失承担赔偿责任。关于贬值损失的认定,审查租赁公司为主张贬值损失向一审法院提交的证据,由于涉案《商品车降价协议》是在涉案《公估报告》作出贬值损失评估之前签订的,故该协议只是签订该协议双方当事人对涉案车辆进行降价出售的约定,不能证明涉案车辆实际贬值损失。且涉案车辆事故后只进行了更换后盖、后风窗玻璃、左右内尾灯、右后外尾灯、后保险杠、后盖亮条、后盖字牌、后盖标、后保险杠亮条,以及后盖喷漆和后保险杠喷漆的维修。从涉案车辆的维修情况来看,涉案车辆的受损程度并不严重,而且已经对受损的部件进行了更换。且从案外人陈某支付购买涉案车辆的价格来看,涉案车辆维修后造成的车辆价值的贬损程度也是不严重的。因此,涉案《商品车降价协议》约定的涉案车辆降价出售的价格,以及涉案《公估报告》按市场指导价39.99万元降价25%得出涉案车辆的贬值降价出售损失的金额,与涉案车辆的实际贬值明显不符,一审法院予以采信并认定贬值损失为99975元,认定事实错误,本院予以纠正。根据涉案车辆的维修情况以及案外人陈某支付购买涉案车辆的价格,租赁公司主张涉案车辆的贬值不超过10%,与涉案车辆的实际贬值相符,理由成立,本院予以采纳,并按市场指导价39.99万元的10%确认涉案车辆的贬值损失为3.999万元。

三、精神损害赔偿

精神损害赔偿指自然人在人身权或者是某些财产权利受到交通事故侵害,致使其人身利益或者财产利益受到损害并遭到严重精神痛苦时,受害人本人、本人死亡后其近亲属有权要求侵权人给予损害赔偿的民事法律制度。

1.计算

各地法院根据本地区的经济水平及司法实践,制定了具体的"精神损害抚慰金"计算方式和赔偿限额,由法官根据案件具体情况进行自由裁量。比如《安徽省高级人民法院审理人身损害案件若干问题的指导意见》规定,遭受轻微伤害,不支持精神损害抚慰金请求;遭受一般伤害未构成伤残,精神损害抚慰金为1000元至5000元;构成伤残,精神损害抚慰金结合受害人的伤残等级确定,一般不低于5000元,但不高于80000元;造成死亡,精神损害抚慰金一般不低于50000元,但不高于80000元;有特殊侵权情节,精神损害抚慰金可以不按上述标准确定;受害人自身有过错,应按其过错程度减少精神损害抚慰金。

★示例★

(2021)鄂05民终3477号案件:一审法院认为,原告(受害人)虽然没有因本次交通事故受伤而定残,但是其属于35岁孕育二胎的高龄孕妇,因在本次交通事故中被撞而导致先兆流产,并最终没有能成功生育二胎子女,且因此产生抑郁症状到医院治疗。本次交通事故的后果对原告造成了较大精神损害的事实成立。根据本案中因交通意外事故受伤的事件起因,侵权人的过错程度和获利情况、结合本地区的平均水平,一审法院酌定参照十级伤残的精神损害抚慰金标准支持原告的精神损害抚慰金。

2.证据

(1)医院诊疗记录。

(2)伤残鉴定报告。

(3)死亡证明。

3.依据

《中华人民共和国民法典》第一千一百八十三条,侵害自然人人身权益造成严重精神损害的,被侵权人有权请求精神损害赔偿;《最高人民法院关于确定民事侵权精神损害赔偿责任若干问题的解释》第五条,精神损害的赔偿数额根据以下因素确定:①侵权人的过错程度,但是法律另有规定的除外;②侵权行为的目的、方式、场合等具体情节;③侵权行为所造成的后果;④侵权人的获利情况;⑤侵权人承担责任的经济能力;⑥受理诉讼法院所在地的平均生活水平。

第二节　赔偿诉讼主体

交通事故损害赔偿案件的诉讼主体,需要根据交通事故损害赔偿法律关系的主体,即享有赔偿请求权和负有赔偿义务的主体来确定,包括案件的双方当事人,以及与案件处理结果有法律上利害关系的第三人。由于机动车方与驾驶人往往不是同一主体,机动车车主的替代责任或者过错责任产生的主体上的复杂性,以及法律规定的机动车强制保险赔偿责任在侵权诉讼中解决的特殊性,需要从立法精神、法律规范、民法理论和司法价值取向等方面,研究和厘清赔偿诉讼主体问题,正确地调整交通事故损害赔偿法律关系。

一、交通事故损害赔偿权利主体

根据《最高人民法院关于审理人身损害赔偿案件适用法律若干问题的解释》(2022年修正)第一条规定:本条所称"赔偿权利人",是指因侵权行为或者其他致害原因直接遭受人身损害的受害人以及死亡受害人的近亲属。交通事故损害赔偿权利主体,是指因交通事故原因直接遭受损害的受害人以及死亡受害人的近亲属。

交通事故造成一般伤害的,被侵权人和损害赔偿权利主体是直接受害人。

交通事故造成伤残的,受害人的行为能力受到限制,或者受害人是无行为能力或限制行为能力的,自己不能行使赔偿请求权,应当由其法定代理人代其行使侵权赔偿请求权,由受害人的监护人作为法定代理人参加诉讼。有的观点认为,受害人受到严重伤害,其近亲属可以请求精神损害赔偿,成为权利主体。笔者认为,受害人受到严重侵害,也只是其身体权或健康权受到侵害,其精神损害赔偿的请求权,仍应当由受害人享有。如果受害人成为植物人,虽没有行为能力,但其权利能力依法仍然存在,应由其近亲属担任监护人,作为法定代理人提起诉讼,主张权利,其监护人参照《中华人民共和国民法典》第二十八条确定。还有观点认为,侵权损害造成受害人配偶的夫妻权利受到损害,妻子或丈夫可以主张精神损害赔偿,已有法院判决支持,但笔者认为,可以在受害人主张的精神损害赔偿中,考虑夫妻权利被侵害的因素,但不宜赋予受害人配偶独立的精神损害赔偿请求权。

交通事故造成死亡的,受害人的生命权受到侵害,死者的近亲属,即其配偶、父母、子女,是赔偿权利主体;没有第一顺序的近亲属,其兄弟姐妹、祖父母、外祖父母、孙子女、外孙子女,也是可以行使赔偿请求权的权利主体。同一损害赔偿法律关系的多个权利主体提起的诉讼,属必要的共同诉讼。人民法院经审查,认为应当参加诉讼的共同诉讼人没有参加诉讼的,告知已提起诉讼的当事人转告未参加诉讼的权利人申请参加诉讼,或者由人民法院依职权追加。

另外,在特殊情况下,死亡受害人的近亲属以外的人,也能成为赔偿权利人。根据《中华人民共和国民法典》第一千一百八十一条第二款规定"被侵权人死亡的,支付被侵权人医疗费、丧葬费等合理费用的人有权请求侵权人赔偿费用,但是侵权人已经支付该费用的除外",为受害人支付了医疗费、丧葬费和其他合理费用的人,包括死者所在单位,也包括其他为死者支付了前述费用的自然人、法人或其他组织。如不是近亲属,但在同一家庭生活的其他家庭成员,为死者支付了医疗费、丧葬费等合理费用的,有权行使该费用的赔偿请求权;死者为农村五保户,所在村社为死者支付了前述费用的,取得赔偿请求权;不能查明死者身份,相关部门单位为死者支付了前述费用的,具有向侵权人主张赔偿的权利。

二、交通事故损害赔偿责任主体

交通事故损害赔偿责任主体和交通事故责任主体不同。交通事故损害赔偿责任主体,是指因发生交通事故造成损害,依法应当承担损害赔偿责任的人,可能是交通事故责任者,也可能是车辆所有人或者其他对车辆有支配权的人以及取得运行利益的人。交通事故责任主体,是指违反道路交通法律法规,对交通事故的发生负有责任,依法应当接受行政处罚的人,包括车辆驾驶人、行人、乘车人以及其他在道路上进行有关交通活动的人员。由此可见,损害赔偿责任主体并不一定就是交通事故责任主体。比如在雇佣关系中,损害赔偿责任主体和交通事故责任主体就不一致。损害赔偿责任实质是一种民事责任,而交通事故责任是由行政机关所认定的一种成因责任。因此,由于驾驶车辆上路行驶所反映的法律关系有一定的复杂性,赔偿责任主体在确定上也有一定的复杂性,需要根据不同的情况,分别认定。

(一)一般侵权赔偿责任主体

一般情形下,车辆所有人即车主与使用人为同一人,在车辆由车主驾驶时,发生交通事故造成他人损害,或者造成同乘车人员损害,赔偿责任主体单一,也很明确,赔偿权利主体直接向车主主张权利即可。

(二)特殊侵权赔偿责任主体

特殊情形下,车辆所有人与使用人不一致,不是同一人,比如用人单位车辆由单位人员驾驶,车主雇佣他人驾驶车辆等,或者道路原因,比如路面凹陷、坑洼、有障碍物等,发生交通事故后,各方如何承担责任,应当区分不同情况。

1.用人单位或雇主车辆由驾驶人履行职务或提供劳务发生交通事故

根据《中华人民共和国民法典》第一千一百九十一条规定"用人单位的工作人员因执行工作任务造成他人损害的,由用人单位承担侵权责任。用人单位承担侵权责任后,可以向有故意或者重大过失的工作人员追偿",第一千一百九十二条规定"个人之间形成劳务关系,提供劳务一方因劳务造成他人损害的,由接受劳务一方承担侵权责任",用人单位或雇主是车辆所有人,由用人单位或雇主承担侵权责任,即用人单位或雇主为赔偿责任主体。根据《中华人民共和国劳动法》第二条规定,用人单位包括企业、个体经济组织、国家机关、事业组织、社会团体等。

2.租赁或借用他人车辆驾驶发生交通事故

根据《中华人民共和国民法典》第一千二百零九条规定"因租赁、借用等情形机动车所有人、管理人与使用人不是同一人时,发生交通事故造成损害,属于该机动车一方责任的,由机动车使用人承担赔偿责任;机动车所有人、管理人对损害的发生有过错的,承担相应的赔偿责任",即车辆所有人、使用人均有可能成为赔偿责任主体。

3.车辆实际所有人驾驶与登记车主不一致的车辆发生交通事故

车辆实际所有人驾驶与登记车主不一致的车辆发生交通事故时,需要区别不同情况确定赔偿责任主体。

(1)根据《中华人民共和国民法典》第一千二百一十条规定"当事人之间已经以买卖或者其他方式转让并交付机动车但是未办理登记,发生交通事故造成损害,属于该机动车一方责任的,由受让人承担赔偿责任",以及《最高人民法院关于连环购车未办理过户手续,原车主是否对机动车发生交通事故致人损害承担责任的请示的复函》规定"连环购车未办理过户手续,因车辆已交付,原车主既不能支配该车的运营,也不能从该车的运营中获得利益,故原车主不应对机动车发生交通事故致人损害承担责任",买卖车辆没有办理过户登记的,因车辆已交付,故依法应由实际取得车辆并实际使用车辆的买方,承担侵权责任,即买方是车辆实际所有人、受益人,应为赔偿责任主体。卖方虽是名义所有人,但既不能支配车辆运营,也不能获得运营利益,不承担赔偿责任。

(2)根据《中华人民共和国民法典》第一千二百一十四条规定"以买卖或者其他方式转让拼装或者已经达到报废标准的机动车,发生交通事故造成损害的,由转让人和受让人承担连带责任",买卖拼装车、报废车辆,买方在使用中发生交通事故造成损害的,由买卖双方承担连带责任,即买卖双方违法买卖具有安全隐患的车辆,对道路安全就是一个严重的威胁,应当对其行为买单,双方都是赔偿责任主体。

(3)根据《最高人民法院关于购买人使用分期付款购买的车辆从事运输因交通事故造成他人财产损失保留车辆所有权的出卖方不应承担民事责任的批复》规定"采取分期付款方式购车,出卖方在购买方付清全部车款前保留车辆所有权的,购买方以自己名义与他人订立货物运输合同并使用该车运输时,因交通事故造成他人财产损失的,出卖方不承担民事责任",保留所有权的车辆发生交通事故时,即使尚未办理变更登记手续,亦应由买方承担赔偿责任,卖方不承担责任。分期付款购车情形下,买方只需支付首付款,即取得车辆占有和使用的权利,并在约定期限内分期支付车辆价款;卖方保留对车辆的所有权,在买方违约时,依据其所有权可以取回其车辆。显然,卖方保留所有权的目的是担保债权的实现。究其实质,所有权保留仅是债权担保的一种手段,车辆占有和使用等实际的支配权已经转移给买方,运行利益也归属于买方,名义车主的所有权趋于空洞化,保留的仅是在对方违约情况下的取回权。因此,在买方实际支配下的车辆发生交通事故,赔偿责任主体应是买方,而非保留所有权的卖方。

4.以挂靠形式从事道路运输经营的车辆发生交通事故

根据《中华人民共和国民法典》第一千二百一十一条规定"以挂靠形式从事道路运输经营活动的机动车,发生交通事故造成损害,属于该机动车一方责任的,由挂靠人和被挂靠人承担连带责任",挂靠人是车辆的实际所有人,是车辆运营收益的实际享有者,应当为赔偿责任主体;被挂靠人是车辆的登记车主,是向社会公示的车辆所有人和经营人,该车辆的运营活动也是以被挂靠人的名义进行,故对外应当由其承担相应的民事责任,即被挂靠人也是赔偿责任主体。

挂靠运输经营行为系违反行政法律法规强制性规定而被明令禁止的行为,被挂靠人却仍然为之,且其将经营许可证租借给他人,并允许挂靠人使用其名义系其自愿选择,视为其自愿承担了他人在运营中可能带来的风险,造成危险的扩大,并放任风险的发生,主观上对风险发生亦存在明显的过错,客观上是对挂靠人进行运输经营可能给不特定的第三人带来的危险的放任,提高了挂靠车辆发生事故的可能性和危害性。而挂靠人明知自己不具有运营资质,挂靠他人名义运营,对风险的发生主观上同样具备明显过错,且其作为车辆实际所有人,对事故的发生亦是当然的责任主体。虽然在造成损害的过错上,挂靠人与被挂靠人可能并不相同。但二者之间相互明知,共同实施违法行为,两者的过错相互结合造成事故发生,构成共同侵权,依法应当承担连带责任。

5.盗窃、抢劫或者抢夺的车辆发生交通事故

根据《中华人民共和国民法典》第一千二百一十五条规定"盗窃、抢劫或者抢夺的机动车发生交通事故造成损害的,由盗窃人、抢劫人或者抢夺人承担赔偿责任。盗窃人、抢劫人或者抢夺人与机动车使用人不是同一人,发生交通事故造成损害,属于该机动车一方责任的,由盗窃人、抢劫人或者抢夺人与机动车使用人承担连带责任",车辆被盗抢,车辆所有人与使用人相分离,车辆所有非因自己意愿,也非自己过错脱离了对车辆的控制,对此后的交通事故既无法预见也无法预防。因此,在盗抢行为发生之后,盗抢的车辆发生交通事故并造成损害的,与车辆所有人无关,车辆所有人依法不应承担责任,此时盗抢人是赔偿责任主体。如果盗抢人非法控制他人车辆后,又将车辆出售、出租、借用、赠送,允许他人驾驶车辆,而驾驶人对车辆为被盗抢主观上也无明知态度,此时发生交通事故由盗抢人与使用人共同承担连带责任,即盗抢人与使用人均为赔偿责任主体。

6.送交修理或保管期间的车辆发生交通事故

送交修理或保管期间的车辆发生交通事故时,赔偿责任主体应当为修理人或保管人。车辆送交修理期间,修理厂依据和车主的约定,取得了对车辆的控制权和支配权。修理厂在试车或者车辆运行过程中发生交通事故造成他人损害的,修理厂应当作为民事赔偿主体。在修理厂保管车辆过程中,修理厂的工作人员或其他人驾驶车辆发生事故的,修理厂也应承担损害赔偿责任。同样,在委托保管的情形下,保管人成为实际支配者,那么在车辆交付保管期间发生交通事故的,保管人应当承担赔偿责任。

7.套牌的车辆发生交通事故

套牌的车辆("套牌车"指不法分子伪造和非法套取真牌车的号牌、型号和颜色,使走私、拼装、报废和盗抢来的车辆在表面披上了"合法"的外衣)发生交通事故时,根据《最高人

民法院关于审理道路交通事故损害赔偿案件适用法律若干问题的解释》第三条规定"套牌机动车发生交通事故造成损害,属于该机动车一方责任,当事人请求由套牌机动车的所有人或者管理人承担赔偿责任的,人民法院应予支持;被套牌机动车所有人或者管理人同意套牌的,应当与套牌机动车的所有人或者管理人承担连带责任",因被套牌车辆所有人对于事故发生并不存在过错,故此时应当由套牌车辆所有人承担赔偿责任。但是,如被套牌车辆所有人同意套牌时,套牌与被套牌车辆所有人应承担连带责任,即均为赔偿责任主体。

8.路面缺陷、破损导致车辆发生交通事故

根据《最高人民法院关于审理道路交通事故损害赔偿案件适用法律若干问题的解释》第七条规定"因道路管理维护缺陷导致机动车发生交通事故造成损害,当事人请求道路管理者承担相应赔偿责任的,人民法院应予支持,但道路管理者能够证明已按照法律法规、规章、国家标准、行业标准或者地方标准尽到安全防护、警示等管理维护义务的除外",第八条规定"未按照法律、法规、规章或者国家标准、行业标准、地方标准的强制性规定设计、施工,致使道路存在缺陷并造成交通事故,当事人请求建设单位与施工单位承担相应赔偿责任的,人民法院应予支持",道路管理部门(城市道路由城市建设市政管理部门管理,国道、省道由交通运输部门管理)对辖区内的道路负有法定管理养护职责,其未尽到道路管理养护义务,对事故发生存在过错的,应当承担相应赔偿责任,同时未按照规定施工的建设单位与施工单位也均有可能成为赔偿责任主体。

三、保险公司在交通事故损害赔偿诉讼中的地位

在交通事故责任纠纷中,保险公司起着至关重要的作用。关于保险公司的诉讼地位,有三种观点:

第一种观点认为,保险公司应当作为共同被告。其依据是保险公司对受害人的直接赔付义务,保险公司在侵权法律关系中是直接的被告。

第二种观点认为,保险公司在交通事故人身损害赔偿诉讼中对其诉讼标的没有独立的请求权,但处理结果有法律上的利害关系,应当属于无独立请求权的第三人。

第三种观点认为,保险公司的诉讼地位取决于原告,即受害人的选择,受害人有权决定保险公司为被告或者第三人的诉讼地位。对此,根据《最高院关于审理道路交通事故损害赔偿案件适用法律若干问题的解释》第二十二条规定"人民法院审理道路交通事故损害赔偿案件,应当将承保交强险的保险公司列为共同被告。但该保险公司已经在交强险责任限额范围内予以赔偿且当事人无异议的除外。人民法院审理道路交通事故损害赔偿案件,当事人请求将承保商业三者险的保险公司列为共同被告的,人民法院应予准许",交强险的保险公司是法定的共同被告,即使受害人不将其列为共同被告,法院往往也会依职权追加,但如果保险公司赔付义务已经履行完毕,那么可以不再作为被告参与诉讼;商业险的保险公司是否列为共同被告则是依据受害人的请求。实践中,赔偿权利人即受害人为了便于索

赔,一般都会将保险公司直接列为被告,保险公司参加诉讼能够减少受害人的诉累,有利于受害方权利的保护。

综上所述,交通事故损害赔偿案件的正确处理,首先是要正确认定赔偿权利主体、赔偿责任主体以及保险公司的主体资格和在诉讼中的主体地位。由于交通事故的情形相当之复杂,具体案件的主体认定,还需要具体情况具体分析,根据法律规定予以确认。

第三节　赔偿纠纷解决方式

交通事故发生后,双方当事人针对不涉及刑事责任的交通事故,就造成的损害赔偿事宜,可以本着平等自愿的原则协商和解,自行解决交通事故损害赔偿争议纠纷,也可以申请公安机关交通管理部门或者人民调解委员会居中进行调解,或者直接向人民法院提起民事诉讼。

一、和解

交通事故损害赔偿和解,指当事人在交通事故赔偿纠纷中,通过协商达成一致意见,自愿放弃或减少部分权益,并达成赔偿协议的一种方式。

根据《中华人民共和国道路交通安全法》第七十条规定,在道路上发生交通事故,未造成人身伤亡,当事人对事实及成因无争议的;或者仅造成轻微财产损失,并且基本事实清楚的,可以由双方当事人协商和解,而不必通过公安机关交通管理部门处理。当事人直接进行和解的优点是速度快、效率高,但缺点是可能获得的赔偿比较少以及可能存在后续问题,比如后遗症无法解决、对方违约等。

★示例★

交通事故损害赔偿和解协议书(模板)

甲方:×××,身份证号码:×××,住址:×××,电话:×××,以下简称"甲方"。

乙方:×××,身份证号码:×××,住址:×××,电话:×××,以下简称"乙方"。

甲乙双方在平等、自愿的基础上,本着公平、公正、合理、合法、诚实信用的原则,就××年××月××日在××地段发生的交通事故造成的损害达成赔偿如下协议,双方共同遵守,任何一方不得反悔。

一、甲方自愿当场一次性支付乙方各种法定的交通事故损害赔偿项目共计人民币××元(大写:××元整)。

二、乙方同意接受上述赔偿款项,并放弃对甲方的其他一切权利,不得再要求甲方进行任何形式的赔偿或承担任何形式的责任,不得再以任何理由和借口纠缠甲方,包括向任何机关或部门通过诉讼或非诉讼的形式主张权利。

三、甲乙双方当事人应积极协助交警机关处理事故,积极联系保险公司进行理赔,不得相互设置障碍。

四、本协议生效后,乙方保证没有其他权利人或利害关系人就此次交通事故再向甲方主张权利,若因此给甲方造成其他损失,则由乙方承担全部责任。

五、本协议于××年××月××日,在×××交警大队的见证下,经双方签字后立即生效。

六、本协议一式三份,甲、乙双方和×××交警大队各持一份。

甲方签字:

乙方签字:

公安机关交通管理部门:

××年××月××日

(以上模板仅供参考,具体内容需要根据交通事故实际情况进行合理调整)

二、调解

交通事故损害赔偿调解,指当事人对交通事故造成的损害赔偿产生争议时,共同请求第三方对其争议进行调解,以解决赔偿争议的活动,具体可以分为一般中间人调解、行业调解、行政调解、人民调解和司法调解等,本节着重讨论的是行政调解和人民调解。

(一)行政调解

行政调解,即由公安机关交通管理部门进行的交通事故损害赔偿调解活动。根据《道路交通事故处理程序规定》第八十七条规定,公安机关交通管理部门应当按照合法、公正、自愿、及时的原则进行调解,并且调解应当公开进行,但是当事人申请不予公开的除外。

1.提出调解申请

根据《道路交通事故处理程序规定》第八十六条规定,交通事故当事人向公安机关交通管理部门申请调解,应当双方协商一致,共同提出书面调解申请。提出调解申请的期限为十日,自收到道路交通事故认定书或者上一级交通管理部门维持原道路交通事故认定的复核结论之日起算。

2.通知调解时间、地点

根据《道路交通事故处理程序规定》第八十八条规定,公安机关交通管理部门应当与交通事故当事人约定调解的时间、地点,并于调解时间三日前通知当事人。口头通知的,应当记入调解记录。调解参加人员因故不能按期参加调解的,应当在预定调解时间一日前通知承办的交通警察,请求变更调解时间。

3.调解参加人员

根据《道路交通事故处理程序规定》第八十九条规定,下列人员可以参加调解,但任何一方的人数不得超过三人:(1)道路交通事故当事人及其代理人;(2)道路交通事故车辆所有人或者管理人;(3)承保机动车保险的保险公司人员;(4)公安机关交通管理部门认为有必要参加的其他人员。

4.调解开始时间

根据《道路交通事故处理程序规定》第九十条规定,公安机关交通管理部门受理调解申请后,因交通事故造成的损害不同,调解开始时间也不同:(1)造成人员死亡的,从规定的办理丧葬事宜时间结束之日起;(2)造成人员受伤的,从治疗终结之日起;(3)因伤致残的,从定残之日起;(4)造成财产损失的,从确定损失之日起。如公安机关交通管理部门受理调解申请时已超过前款规定的时间,调解自受理调解申请之日起开始。

5.调解程序

根据《道路交通事故处理程序规定》第九十一条规定,交通警察应当按照以下程序进行调解:(1)告知各方当事人的权利、义务;(2)听取当事人各方的请求和理由;(3)根据道路交通事故认定书认定的事实,以及《中华人民共和国道路交通安全法》第七十六条关于交通事故损害赔偿责任分担原则的规定,确定当事人承担的损害赔偿责任;(4)计算损害赔偿的数额,确定各方当事人各自承担的比例,人身损害赔偿项目与标准按照《中华人民共和国民法典》《最高人民法院关于审理人身损害赔偿案件适用法律若干问题的解释》(2022年修正)、《最高人民法院关于审理道路交通事故损害赔偿案件适用法律若干问题的解释》等有关规定执行,财产损失的修复费用、折价赔偿费用则按照实际价值或者评估机构的评估结论计算;(5)确定赔偿履行方式及期限。公安机关交通管理部门应当在查清交通事故的事实及原因,分清各方当事人的是非责任,确定交通事故造成的全部损失的情况下进行调解。

6.调解期限

根据《道路交通事故处理程序规定》第九十条规定,调解的期限为十日,自调解开始之日起算。第九十三条规定,经调解达成协议的,当场制作道路交通事故损害赔偿调解书,由各方当事人签字,分别送达各方当事人,调解书经各方当事人共同签字后生效。经调解达不成协议的,应当终止调解,制作道路交通事故损害赔偿调解终结书送达各方当事人。

7.调解协议内容

根据《道路交通事故处理程序规定》第九十三条规定,经调解达成协议的,公安机关交通管理部门制作的道路交通事故损害赔偿调解书应当载明以下内容:

(1)调解依据;(2)道路交通事故认定书认定的基本事实和损失情况;(3)损害赔偿的项目和数额;(4)各方的损害赔偿责任及比例;(5)赔偿履行方式和期限;(6)调解日期。调解协议的内容不得违反法律、行政法规的规定,不得损害国家、社会公共利益和他人的合法权益。

8.调解终止

根据《道路交通事故处理程序规定》第九十四条规定,有下列情形之一的,公安机关交通管理部门应当终止调解,并记录在案:(1)在调解期间有一方当事人向人民法院提起民事诉讼的;(2)一方当事人无正当理由不参加调解的;(3)一方当事人调解过程中退出调解的。

(二)人民调解

人民调解,指人民调解委员会通过说服、疏导等方法,促使当事人在平等协商基础上自愿达成调解协议,解决交通事故损害赔偿纠纷的活动。根据《中华人民共和国人民调解法》(以下简称《人民调解法》)第三条规定,人民调解委员会调解民间纠纷,应当遵循在当事人自愿、平等的基础上进行调解;不违背法律法规和国家政策;尊重当事人的权利,不得因调解而阻止当事人依法通过仲裁、行政、司法等途径维护自己的权利的原则。

1.调解申请

根据《道路交通事故处理程序规定》第八十四条、第八十五条,以及《人民调解法》第十八条规定,当事人对交通事故造成的损害赔偿产生争议时,可以向人民调解委员会申请调解。公安机关交通管理部门对适宜通过人民调解方式解决的交通事故损害赔偿纠纷,可以在受理前告知当事人向人民调解委员会申请调解;或者在接受当事人申请行政调解的同时,可以主动告知当事人能够自愿、自由地决定先选择向人民调解委员会申请调解。公安机关交通管理部门要明确地告诉当事人,两种调解无先后之分,在人民调解不成功,未达成调解协议的情况下,可以自人民调解委员会作出终止调解之日起三日内,一致书面申请行政调解即由公安机关交通管理部门进行调解。

2.调解参加人员

根据《人民调解法》第十九条、第二十条规定,在人民调解中,关于调解的主持人和参加人员,既可以由人民调解委员会指定一名或者数名人民调解员进行调解,也可以由当事人选择一名或者数名人民调解员进行调解。在征得当事人同意后,还可以邀请当事人的亲属、邻里、同事等参与调解,也可以邀请具有专门知识、特定经验的人员或者有关社会组织的人员参与调解,还支持当地公道正派、热心调解、群众认可的社会人士参与调解。可见,人民调解主持人员和参与人员的设置,相比起《道路交通事故处理程序规定》中行政调解的人员设置,非常灵活。

3.调解结果

(1)根据《人民调解法》第二十六条规定,调解不成的,应当终止调解,并依据有关法律法规的规定,告知交通事故当事人可以依法通过仲裁、行政、司法等途径维护自己的权利。

(2)根据《人民调解法》第二十八条、第二十九条、第三十条、第三十二条、第三十三条规定,调解达成协议的,可以制作调解协议书,调解协议书可以载明下列事项:①当事人的基本情况;②交通事故损害赔偿纠纷的主要事实、争议事项以及各方当事人的责任;③当事人达成调解协议的内容,履行的方式、期限。调解协议书自各方当事人签名、盖章或者捺印,人民调解员签名并加盖人民调解委员会印章之日起生效;也可以采取口头协议方式,但人民调解员应当记录口头协议的内容,口头调解协议自各方当事人达成协议之日起生效。

达成调解协议后,当事人之间就调解协议的内容或履行发生争议的,一方当事人可以向人民法院提起诉讼;或者当事人认为有必要的,可以自调解协议生效之日起三十日内共同向人民法院申请司法确认。经过司法确认,一方当事人拒绝履行或者未全部履行的,对方当事人可以向人民法院申请强制执行。

三、诉讼

交通事故损害赔偿诉讼,指发生交通事故后,当事人到法院起诉赔偿,包含了准备材料、立案、庭审、判决、执行等步骤。根据《道路交通事故处理程序规定》第八十四条规定,当事人对交通事故造成的损害赔偿产生争议时,可以向人民法院提起民事诉讼。

诉讼程序一般分为三个阶段:一审、二审、执行,但并非所有案件都要经历这些程序,只有那些案情特别复杂的或者当事人争议比较大的案件才会经历这么多程序,甚至还会经历再审程序。

实践中,多数交通事故案件适用简易程序进行审理,按照我国法律规定,人民法院适用简易程序审理的案件,应当在立案之日起三个月内审结。适用简易程序审理的案件,审理期限到期后,双方当事人同意继续适用简易程序的,由人民法院院长批准,可以延长审理期限,延长后的审理期限累计不得超过六个月。人民法院发现案情复杂,需要转为普通程序审理的,应当在审理期限届满前作出裁定并将合议庭组成人员及相关事项书面通知双方当事人。案件转为普通程序审理的,应当在立案之日起六个月内审结,审理期限自人民法院立案之日计算,有特殊情况需要延的,由本院院长批准,可以延长六个月,还需要延长的,报请上级人民法院批准。

1.一审:立案、起诉

(1)向交警队申请调取车辆的行驶证和保险凭证、驾驶人员的驾驶证等相关材料。如果是公司或单位车辆(车辆的所有人是公司或单位),还须到市场监督管理部门调取公司或单位的基本资料,以便索赔确定赔偿责任主体。

（2）准备材料,包括民事起诉状、证据材料等。

（3）向有管辖权的法院立案庭递交起诉材料。

（4）立案审查与庭前准备。符合立案条件的,法院会通知当事人7日内交纳诉讼费,交费完毕后予以立案;不符合立案条件,法院会裁定不予受理或驳回起诉。对法院裁定不服的,当事人应当在10日内向上级人民法院提出上诉。受理后,法院5日内将起诉材料副本送达对方当事人,对方当事人15日内进行答辩,并通知当事人进行证据交换。法院可以根据当事人的申请,作出财产保全裁定,并立即开始采取保全措施。排期开庭,法院应当提前3日通知当事人,包括开庭时间、地点、承办人。公开审理的案件应当提前3日进行公告。

（5）开庭审理。宣布开庭,核对当事人身份,宣布法庭或合议庭的组成人员,告知当事人的权利和义务,询问是否申请回避。然后进行:①法庭调查,即当事人陈述案件事实;②举证质证,即出示书证、物证、视听资料、证人证言等证据材料,双方当事人就证据材料发表意见。证人出庭作证的,法庭应当告知其如实作证的义务以及作伪证的法律后果,并责令其签署保证书;③法庭辩论,即各方当事人就有争议的事实和法律问题,进行辩驳和论证;④法庭调解。

（6）调解结案。在法庭主持下,双方当事人协商解决纠纷,达成调解协议制作调解书,双方当事人签收后生效。当事人对于法院作出的调解书不能提起上诉,即无上诉权,当事人只能履行调解书内容或申请执行。

（7）判决结案。

①不同意调解或未达成调解协议的,由法庭或合议庭合议作出裁决。

②同意裁决的,当事人自动履行生效法律文书确定的义务或向法院申请执行。

③不同意裁定的,当事人自送达之日起,10日内向上级人民法院提出上诉。

④不同意判决的,当事人自送达之日起,15日内向上级人民法院提出上诉。

2.二审:上诉

（1）当事人不服一审法院裁定或判决,可以在法定期限内提出上诉。不服的当事人可以向一审法院承办人递交上诉状,并按规定交纳上诉费,5日内法院向对方当事人送达上诉状副本,对方15日内进行答辩。

（2）二审法院审查一审法院移送的上诉材料及卷宗,符合条件,予以立案,移送审判庭审理。案件事实基本清楚,可以不开庭审理,但必须与双方当事人进行谈话或沟通。如果需要开庭审理,应当提前3日通知当事人开庭时间、地点、承办人。

（3）开庭审理。宣布开庭,核对当事人身份,宣布合议庭成员,告知当事人权利义务,询问是否申请回避。然后进行:①法庭调查,即当事人陈述案件事实;②举证质证,即出示书证、物证、视听资料、证人证言等证据材料,双方当事人就证据材料发表意见。证人出庭作证的,法庭应当告知其如实作证的义务以及作伪证的法律后果,并责令其签署保证书;③法庭辩论,即各方当事人就有争议的事实和法律问题,进行辩驳和论证;④法庭调解。

（4）调解结案。在法庭主持下，双方当事人就纠纷达成协议，由法院制作调解书，双方当事人签收后生效。

（5）判决结案。

①维持原判。对认定事实清楚和适用法律正确的判决，应裁定驳回上诉，维持原判，宣判后当事人应当自动履行裁判文书确定的义务。

②直接改判。有两种情况：一是原判决认定事实没有错误，但适用法律有错误，应当改判；一是原判决认定事实不清楚或者证据不足的，通过第二审开庭审理，查明事实后直接改判，宣判后当事人应当自动履行裁判文书确定的义务。

③发回重审。同样有两种情况：一是原判决认定的事实不清楚或者证据不足，可以裁定撤销原判，发回一审人民法院重新审判；二是发现一审法院审理违反诉讼程序（比如审判组织的组成不合法、应当回避的审判人员未回避、违法剥夺当事人辩论权利等），应当裁定撤销原判，发回一审人民法院重新审判。

（6）申请再审：对于二审的判决，如不服，可以向上级人民法院提出再审申请。接收再审申请书之后，法院会进行审查是否需要再审。如果需要再审的，法院会作出裁定提审案件或者指令其他法院再审，也有可能发回重审。审理程序同一审、二审。再审期间，不停止生效判决的执行。

四、执行

（1）法院判决书、调解书生效后，如果赔偿义务人在规定时间内自动履行，则案件结束；如果赔偿义务人拒绝履行，赔偿权利人可以向人民法院申请强制执行。

（2）申请执行的期间为两年。申请执行时效的中止、中断，适用法律有关诉讼时效中止、中断的规定。申请执行的期间，从法律文书规定履行期间的最后一日起计算；法律文书规定分期履行的，从规定的每次履行期间的最后一日起计算；法律文书未规定履行期间的，从法律文书生效之日起计算。

（3）申请执行的管辖法院。由第一审人民法院或者与第一审人民法院同级的被执行的财产所在地人民法院执行。

（4）人民法院自收到申请执行书之日起超过六个月未执行的，申请执行人可以向上一级人民法院申请执行。

第八章

交通肇事的刑事责任及辩护

第一节　交通肇事罪的犯罪构成

　　普通的交通事故会由公安机关交通管理部门处理,造成损害无法达成一致的,通过交通事故纠纷进行民事诉讼程序处理。但是,当行为人违反交通运输管理法规导致发生严重交通事故,造成法律规定的严重后果时,行为人就要为此承担相应的刑事责任。《中华人民共和国刑法》第一百三十三条对交通肇事罪作出规定,即交通肇事罪是指违反交通运输管理法规,因而发生重大事故,致人重伤、死亡或者造成公私财产重大损失的行为。

　　在交通事故案件中,行为人承担刑事责任的前提,是其行为符合交通肇事罪的构成要件。交通肇事罪的构成要件为四部分,包括:客体、客观方面、主体、主观方面。

一、客体

　　犯罪客体即刑法所保护的而被犯罪行为所侵害的法益。交通肇事罪侵犯的客体,是交通运输的安全。该罪规定在《中华人民共和国刑法》分则第二章"危害公共安全罪"中,是因为交通肇事罪在客观上侵害了不特定多数人的生命财产安全,其犯罪行为实质上侵害的是公共安全。

二、客观方面

　　交通肇事罪的客观方面表现为违反交通运输法规、制度、发生重大交通事故、致人重伤、死亡或者使公私财产遭受重大损失。如交通肇事致一人以上重伤,负事故全部或主要责任,并且有下列情形之一:酒后、吸毒后驾驶;无证驾驶;明知具有安全隐患而驾驶;严重超载驾驶。它的表现主要分为以下四个部分:

　　(1)肇事人必须违反了交通运输管理法规制度。从客观方面看,行为人必须有违反交通运输管理法规的行为,这是构成交通肇事罪的前提条件。肇事人在交通运输中,如果没有违反交通管理法规制度,即使是发生致人重伤、死亡或者使公私财产遭受重大损失的结果,也不构成交通肇事罪。

　　(2)肇事人发生重大事故、致人重伤、死亡或者使公私财产遭受重大损失的行为,必须发生在交通运输的过程中,这是交通肇事罪的特定空间条件。如果事故发生在交通运输过程以外,它就不可能构成交通肇事罪。这也是构成交通肇事罪的前提。

（3）肇事人必须实际发生了重大事故，造成致人重伤、死亡或者使公私财产遭受损失的严重后果。这是构成交通肇事罪的必要条件之一。肇事人虽然违反了交通运输管理法规制度，但是没有造成上述法定严重后果的，就不能构成交通肇事罪。

（4）肇事人的违章行为造成的严重后果之间必须存在着彼此联系的因果关系。虽然行为人有违法行为，造成严重后果，但是在时间上不存在先行后续的因果关系，就不构成交通肇事罪。

三、主体

交通肇事罪的主体是一般主体，即年满16周岁、具有刑事责任能力的自然人，包括从事交通运输和非交通运输人员。交通事故案件具有复杂性、多样性的鉴定，各方当事人的责任是十分细致的，如是否违反地区性交通管理规定、命令和城建、路政管理部门的有关规定等。在交通事故中有非交通运输人员肇事，如非驾驶人开车撞死行人或翻车造成死亡，又如骑车人违反交通法规将行人撞死，也认定其构成交通肇事罪，也按交通运输人员交通肇事罪的规定处罚。

四、主观方面

本罪主观方面表现为过失，包括疏忽大意的过失和过于自信的过失。构成交通肇事罪的过失是行为人对自己的违法行为可能造成严重结果的心理状态而言；肇事者由于疏忽大意而没有预见到可能产生的严重后果以致违反交通运输管理法规本身，则可能是明知故犯；或者虽预见到了，但又轻信能够避免，以致造成严重后果。

第二节　交通肇事罪的处罚标准

一、重大财产损失

在事故处理中，交通事故造成的财产损失，是指道路交通事故造成的车辆、财产直接损失折款，还含现场抢救（险）、人身伤亡善后处理的费用，但不含停工、停产、停业等所造成的财产间接损失。从交通事故等级划分标准来看，重大财产损失的范围是3万元以上不足6万元，相当多的事故都很容易达到重大事故的程度。但是，交通肇事罪的财产判定标准与财产损失无关,只与无能力赔偿的数额有关。

《最高人民法院关于审理交通肇事刑事案件具体应用法律若干问题的解释》(法释〔2000〕33号,以下简称《解释》)第2条第1款第3项规定,造成公共财产或者他人财产直接损失,负事故全部或者主要责任,无能力赔偿数额在30万元以上的,构成交通肇事罪。

在财产损失的理解上,一定要注意以下几点:

(1)一定是"公共财产或他人财产损失"。自己的损失不论多大,均不构成交通肇事罪;

(2)一定是"无能力赔偿"的金额。也就是说,不管财产实际损失多大,只要不能偿还的部分低于30万元,均不构成交通肇事罪。

(3)"无能力赔偿数额在60万元以上的",法定刑在3年以上7年以下有期徒刑。

(4)无能力赔偿数额的起点数额标准,各地高级人民法院可以根据本地区的情况自行在30万元至60万元、60万元至100万元的幅度内确定,但需要报最高人民法院备案。

只有财产损失的情况下,除了财产数额的认定标准以外,还需要交通肇事者承担交通事故全部责任或主要责任。这是交通肇事罪犯罪构成中事故责任的普通要求。单独以财产损失构成交通事故罪的情况下,均处3年以下有期徒刑或拘役。

二、致人重伤

一般情况下,重大交通事故中关于重伤人员的数量要求是"3人以上10人以下(包括3人和10人)"。这里的重伤,按司法部、最高人民法院、最高人民检察院、公安部发布的《人体重伤鉴定标准》执行,必须进行鉴定。如果经鉴定,仅致人轻伤的,则不构成本罪。重伤情况下,除了满足重大交通事故的重伤人数要求以外,交通肇事者必须承担事故全部责任或者主要责任,即普通要求。《解释》第2条第2款创设了新的入刑标准,是司法解释在法律规定以外的创设。该标准降低了重伤的人数要求,但增加了一些附加条件。

交通事故中重伤1人或2人,一样有可能构成交通肇事罪,但必须同时具备一些特殊条件。交通肇事者必须承担交通事故的全部责任或者主要责任,也是满足普通要求。重伤1人或2人构成交通肇事罪还需要具备的条件是,交通肇事者属于以下六种情形任意一项,包括:酒驾、毒驾,无证驾驶,明知不安全车辆而驾驶,明知无牌或报废车辆而驾驶,严重超载驾驶,肇事逃逸。

三、致人死亡

一次死亡1至2人的交通事故为重大交通事故,符合交通肇事罪的危害后果条件。死亡以事故发生后7天内死亡为限,但仅具有统计学意义,与交通肇事罪的认定无关。需要注意的是,如果受害人在事故发生后很长一段时间死亡,仍然可能构成交通肇事罪。不过,交通事故与死亡之间的因果关系或者说参与度,可能会影响交通肇事罪的量刑。死亡1至2人时,交通肇事者应当承担交通事故的全部责任或主要责任,即普通责任要求。

第三节　特殊的交通肇事犯罪

一、肇事后逃逸

所谓逃逸,客观上表现为逃离事故现场、畏罪潜逃的行为,逃逸行为一经实施,即告成立。即便肇事人逃离事故现场不远或不久,即被交警追获或者被其他人拦截、扭送,均不影响交通肇事后逃逸的认定,因而不存在"逃逸未遂"的问题。如果行为人确已构成交通肇事后逃逸,那么,即便行为人在逃逸过程中或是在逃逸状态持续过程中,能及时放弃其逃避法律追究的目的,主动投案,如实供述,听候处理,且也不论其中止逃逸是基于个人良心发现还是害怕罪责加重等何种缘故,该事后"中止逃逸"的行为均不得推翻对其先前逃逸行为的认定,而仅认定其事后的行为为自首,即分开认定,而不宜相互冲抵。

肇事人在肇事后运送伤者去医院抢救。在未来得及报案前就在途中或医院被抓获的,一般应认定为无逃避法律追究目的,但若是在将伤者送到医院后又偷偷离开的,有报案条件和可能而不予报案事后被抓获的,就应当认定为具有逃避法律追究的目的。同样,在基于临时躲避被害人亲属加害的情况下,肇事人的临时躲避行为只是基于被害人亲属现实加害的急迫情形或现实加害的高度可能而采取的临时不得已的紧急或预防性避难措施,目的在临时躲避,应认定为不具有逃避法律追究的目的,不属于肇事后逃逸;反之,在临时躲避情形消失后,在有报案条件及可能的情况下,仍不予报案而继续逃避的,其性质又转化为肇事后逃逸,同样应当认定为具有逃避法律追究的目的。

那么如何准确把握"交通肇事后将被害人带离事故现场后遗弃,致使被害人无法得到救助而死亡"的情形。行为人在肇事后将被害人带离现场,此目的虽然是为了救治被害人,但当其认为被害人已经死亡后,又将被害人遗弃后逃跑。此时行为人的主观心态已经发生了变化:从积极救治被害人,到为逃避法律追究弃尸逃离。行为人在案发前有充分的时间和条件报案,但仍故意隐匿直至被抓获归案。则此行为符合交通肇事后逃逸的特征,构成肇事后逃逸。

认定肇事人"逃逸"不能仅看肇事人是否离开现场,其关键在于肇事人是否同时具备"积极履行救助义务"和"立即投案"的行为特征。如果肇事人肇事后积极对被害人进行救助,如拦截车辆将被害人送往医院,并立即报案在医院守候等待公安机关的审查处理,虽然其离开了肇事现场,但系为了救助被害人所致,当然不属于交通肇事后"逃逸"。反之,如果肇事人积极履行救助义务后没有立即投案,如将被害人送往医院后而逃跑的;或者虽然肇事人立即投案但有能力履行却没有积极履行救助义务,均属于肇事后"为逃避法律追究"的"逃逸"行为。

判断行为人是否构成"交通肇事后逃逸",应主要从以下几方面来进行分析:

1.考查行为人是否明知自己造成了交通事故

这里所说的"明知",是指行为人"知道"或者"应当知道"。如果行为人"应当知道"自己造成了交通事故而装作不知道,逃离事故现场的,仍应认定为"交通肇事后逃逸"。判断行为人是否明知,应坚持主客观相统一的原则,不仅要看行为人的供述,还应从肇事当时的时间、地点、路况、行为人具备的知识、经验等方面客观地评判其是否明知,从而确定其是否构成逃逸。

2.考查行为人是否具有逃避法律追究的主观目的

这里的"逃避法律追究",既包括逃避刑事法律追究,也包括逃避民事法律追究、行政法律追究。具体而言,就是不履行相关法定义务,如保护现场、抢救伤者、迅速报案、听候处理等义务,逃避承担相应的法律责任,如民事赔偿、行政处罚、刑事定罪处刑等责任。行为人在发生交通事故后,只要逃避上述任何一种法律责任追究,即为"逃避法律追究"。

3.考查行为人客观上是否实施了逃离现场的行为

具体而言,是指行为人交通肇事后,在接受事故处理机关首次处理前,故意逃离事故现场或相关场所,使自身不受被害方、群众或事故处理人员控制的行为。这里就涉及对"交通肇事后逃逸"的时空界定问题,只有对"逃逸"的时间、地点予以明确,才能准确判断行为人是否实施了逃离现场的行为。首先,必须对行为人"逃逸"的时间予以界定。《解释》将"逃逸"的时间界定为"在发生交通事故后"。只有发生在交通事故发生后、行为人接受事故处理机关首次处理前这一段时间内的逃跑行为方能成立本规定中的"逃逸"。所谓首次处理,是指事故处理机关将行为人列为肇事嫌疑人采取的首次处理措施,如接受审讯、酒精含量检测、行政拘留、刑事拘留等。如行为人交通肇事后留在现场接受调查,但未如实供述,且让他人顶罪,事故处理机关对其询问时并未将其列为肇事嫌疑人,其事后逃跑的,也应认定为交通肇事后逃逸。但如果行为人接受首次处理后逃跑,由于被害人一般都已经得到救治,事故行为人也已确定,行为人的逃跑不会再扩大或加重对被害人的危害后果,实为脱离事故处理机关控制、监管的脱逃行为,故不应再将其认定为交通肇事后的逃逸行为,对此,依法追究其脱逃行为的责任即可。如果行为人在事故发生后已被公安机关采取刑事拘留或者取保候审等强制措施,又实施逃离现场行为的,可依法追究其脱逃行为的责任,而不应再将其脱逃行为认定为交通肇事后的逃逸行为。需要注意的是,行为人为逃避法律追究,在事故发生后、被作为肇事嫌疑人接受事故处理机关首次处理前,实施逃离现场行为的,一经实施即告成立,不论其逃离现场多远或逃逸的时间有多久,也不论其逃逸后有何举动,均不影响对其逃逸行为性质的认定。因此,行为人为逃避法律追究,逃离事故现场,后基于个人良心发现而返回现场、接受处理，或者逃离现场不远即被拦截、抓获，均不影响"交通肇事后逃逸"情节的成立。其次，必须对行为人"逃逸"的空间予以界定。《解释》未对逃跑的场所作出限定，但从其条文意旨看，应不局限于"事故发生现场"。所谓现场，是指犯罪分子作案的地点和遗留与犯罪有关的痕迹、物品的一切场所。我们认为，交通肇事逃逸的现场不仅包括事故发生现场，而且包括与事故发生现场具有紧密联系的场所，如抢救事故伤亡者的医院、调查事故责任的公安机关交通管理部门等。因为逃离事故发生现场固然会使事故责任认定等陷于困境，但逃离医院、公安机关交通管理部门等场所也会妨碍事故处理，逃避法律追究。例如，行为人交通肇事后未逃离事故现场，主动将伤者送往医院抢救，后恐承担医疗费用或者为了逃避刑事责任而擅自离开医院的，属逃离现场，应认定为逃逸。又如，行为人交通肇事后主动前往公安机关交通管理部门办公楼，欲投案自首，后畏罪潜逃，其离开事故发生现场时虽未产生逃避法律追究目的，但离开事故处理现场的目的是逃避法律追究，亦属逃离现场，应认定为逃逸。

交通肇事后逃逸的基本含义是指发生交通事故后，肇事者不履行保护现场、积极抢救、迅速报案等义务，而逃跑的行为。根据《解释》第三条的规定，要认定逃逸，行为人主观上必须具有"为了逃避法律追究"的目的，客观上实施了逃跑行为，且这里的逃跑不应限定为仅从事故现场逃跑。司法实践中，存在大量交通肇事后逃逸的情形。有的肇事者因在事故中受伤而没有现场逃跑的条件，却在治疗中见机逃离；有的肇事者将伤者送到医院抢救后发现伤势严重或者死亡，则留下假名、假电话后失踪。这些情况同样体现出行为人的主观恶性加深，加大了案件的侦破难度，增加了被害人生命财产损失的风险。基于上述分析，只要是在交通肇事后为逃避法律追究而逃离的行为，都应当认定为交通肇事后逃逸。

构成交通肇事后逃逸应当同时具备以下三个条件：①行为必须齐备交通肇事罪的基本犯罪构成要件，这是认定交通肇事后逃逸情节的基础条件。②行为人主观上具有逃避法律追究的目的，这是认定交通肇事后逃逸的主观条件。逃避法律追究，包括逃避刑事责任、民事责任、行政责任追究。实践中，行为人如果没有正当的理由离开事故现场（包括但不限定于事故现场），应当认定行为人具有逃避法律追究之主观目的。③客观上有逃离的行为，且逃离行为可能影响到对被害人的救助、导致事故损失的扩大、妨害民警对事故的查处。如果行为人的逃离没有影响其对道路交通安全法规定之法定义务的履行，则不应认定其逃离行为构成交通肇事后逃逸情节，从而不应承担交通肇事罪加重之刑罚。

二、关于非机动车驾驶人的责任

发生交通事故后，非机动车驾驶人可能产生刑事责任和民事责任两部分。

1.刑事责任

一是"交通肇事罪共犯"。《最高人民法院关于审理交通肇事刑事案件具体应用法律若干问题的解释》第五条第二款:"交通肇事后,单位主管人员、机动车辆所有人、承包人或者乘车人指使肇事人逃逸,致使被害人因得不到救助而死亡的,以交通肇事罪的共犯论处。"

适用此款,第一,主体必须是单位主管人员、机动车辆所有人、承包人或者乘车人。第二,行为必须是"指使肇事人逃逸"。第三,后果必须是"逃逸致人死亡"。肇事前指使违章、肇事后指使逃逸但未致人死亡的,都不构成交通肇事罪的共犯。

二是"指使、强令违章构成交通肇事罪"。《最高人民法院关于审理交通肇事刑事案件具体应用法律若干问题的解释》第七条"单位主管人员、机动车辆所有人或者机动车辆承包人指使、强令他人违章驾驶造成重大交通事故,具有本解释第二条规定情形之一的,以交通肇事罪定罪处罚。"

适用此条需注意,与交通肇事罪的共犯不同,第一,主体不包括"乘车人",仅为单位主管人员、机动车辆所有人、承包人;第二,指使、强令行为发生在肇事前;第三,驾驶人的行为构成交通肇事罪。

需要注意的是,机动车所有人、管理人疏于管理,长期放任违章驾驶,发生重大交通事故的,应当认定对交通事故负有直接责任。符合条件的,可以以交通肇事罪追究刑事责任。

例如,《刑事审判参考》第84号案例明确指出,作为船舶所有人的法定代表人,并没有直接从事运输工作,符合条件的,同样可以交通肇事罪追究刑事责任。将不具备适航条件的'榕建'号投入运营,实质上是指使违章驾驶。在'榕建'号投入营运后,对船舶长期超载运输不予管理,听任长期违章驾驶,最终导致因违章驾驶而倾覆,造成特大交通事故,以交通肇事罪定罪处罚的规定。

2.民事责任

《最高人民法院关于审理道路交通事故损害赔偿案件适用法律若干问题的解释》第一条规定,机动车发生交通事故造成损害,机动车所有人或者管理人有下列情形之一,人民法院应当认定其对损害的发生有过错,并适用《中华人民共和国民法典》第一千二百零九条的规定确定其相应的赔偿责任:

(1)知道或者应当知道机动车存在缺陷,且该缺陷是交通事故发生原因之一的;

(2)知道或者应当知道驾驶人无驾驶资格或者未取得相应驾驶资格的;

(3)知道或者应当知道驾驶人因饮酒、服用国家管制的精神药品或者麻醉药品,或者患有妨碍安全驾驶机动车的疾病等依法不能驾驶机动车的;

(4)其他应当认定机动车所有人或者管理人有过错的。

所以,机动车所有人、管理人在对损害发生有过错的情况下,也应承担相应的赔偿责任。

三、关于酒驾下的交通肇事与危害公共安全

一般情况下,醉酒驾车肇事和采用放火、决水、爆炸等危险方法危害公共安全的行为在

危害公共安全性质上有差异,不能把醉酒驾车肇事简单地一律认定为以危险方法危害公共安全罪。醉酒驾车肇事行为在何种情况下与放火、决水、爆炸等危害公共安全行为在性质上相当,要在具体案件中根据行为的时间、地点、方式、环境等情况来具体分析判断,不能单纯以危害后果来判断醉酒驾车肇事行为是否构成以危险方法危害公共安全罪。

何种情形下构成以危险方法危害公共安全罪,最高人民法院2009年9月11日《关于醉酒驾车犯罪法律适用问题的意见》第一条给予了明确,即"行为人明知酒后驾车违法、醉酒驾车会危害公共安全,却无视法律醉酒驾车,特别是在肇事后继续驾车冲撞,造成重大伤亡,说明行为人主观上对持续发生的危害结果持放任态度,具有危害公共安全的故意。对此类醉酒驾车造成重大伤亡的,应依法以危险方法危害公共安全罪定罪。"

在具体认定上,醉酒驾车肇事,大致具有以下三种情形:

第一种情形是醉酒驾车肇事后,立即停止行驶,即所谓一次碰撞,除非有确实、充分的证据,一般情况下都是认定行为人对危害结果持过失态度,进而以交通肇事罪论处。

第二种情形是醉酒驾车肇事后,为避免造成其他危害后果采取紧急制动措施,但因惊慌失措,而发生二次碰撞,其主观罪过为过失。同时符合过失以危险方法危害公共安全罪和交通肇事罪的构成要件的,因二者对应的法条具有一般条款与特别条款的关系性质,以交通肇事罪定罪更为妥当。

第三种情形是醉酒驾车肇事后,继续驾车行驶,以致再次肇事,造成更为严重的后果,即也发生二次碰撞。这种情形明显反映出行为人不计醉酒驾驶后果,对他人伤亡的危害结果持放任态度,主观上具有危害公共安全的间接故意,应当构成以危险方法危害公共安全罪。

当然,关于罪过,应当结合行为人是否具有驾驶资质、是否正常行驶、行驶速度、车况路况、能见度、案发地点车辆及行人多少、肇事后的表现以及行为人关于主观心态的供述、相关证人的证言等情况,进行综合认定。

对于仅发生一次冲撞行为的情形,并非绝对排除构成以危险方法危害公共安全罪的可能。对于具有以下情形之一,确有证据证实行为人明知酒后驾车可能发生交通事故,仍执意驾车,导致一次冲撞发生重大伤亡的,仍然可能依法构成以危险方法危害公共安全罪:①行为人曾有酒后驾车交通肇事经历的;②在车辆密集的繁华地段故意实施超速50%以上驾驶、违反交通信号灯驾驶、逆向行驶等严重威胁道路交通安全的行为;③驾车前遭到他人竭力劝阻,仍执意醉驾的。这些情节一定程度上反映出行为人对危害后果可能持放任心态。另外,醉酒驾驶撞死人的,还可能构成故意杀人罪。这时,就需要判断其辨认能力和控制能力受到酒精的影响程度,特别是行为人实施了交通肇事和致人死亡两种行为的,需要判断行为人对其致人死亡行为是否有认识。

对于为逃避酒驾检查而驾车冲撞警察和他人车辆的行为构成以危险方法危害公共安全罪。

四、关于乘客与驾驶人殴打发生交通事故

（1）公交车驾驶人在车辆行驶中擅离职守足以危及公共安全的行为应按以危险方法危害公共安全罪定罪处罚。

（2）乘客殴打正在驾驶车辆的驾驶人从而引发交通事故的，大致有两种情形：

①殴打行为足以致驾驶人失去对车辆的有效控制，从而直接引发交通事故的。

②殴打行为不足以致驾驶人失去对车辆的有效控制，但引发驾驶人擅离驾驶岗位进行互殴，导致车辆失去控制，进而间接引发交通事故的。

第一种情形，车辆失去控制造成交通事故是由乘客殴打行为直接所致，因果关系明显。对此，行为人的行为如符合故意伤害罪、以危险方法危害公共安全罪的构成的，应当以此定罪量刑。

第二种情形，车辆失去控制造成交通事故虽是由驾驶人擅离职守直接所致，但乘客的殴打行为又是引发驾驶人擅离职守与其斗殴的唯一原因。对此，行为人的行为构成过失以危险方法危害公共安全罪。

五、关于交通肇事罪的自首

由于保护现场、抢救伤者、向公安机关报告等是《中华人民共和国道路交通安全法》等法律法规规定的行为人义务，因此交通肇事罪中是否存在自首，往往有一定争议。

对此，最高人民法院2010年12月22日《关于处理自首和立功若干具体问题的意见》第一条给予了明确："交通肇事后保护现场、抢救伤者，并向公安机关报告的，应认定为自动投案，构成自首的，因上述行为同时系犯罪嫌疑人的法定义务，对其是否从宽、从宽幅度要适当从严掌握。交通肇事逃逸后自动投案，如实供述自己罪行的，应认定为自首，但应依法以较重法定刑为基准，视情决定对其是否从宽处罚以及从宽处罚的幅度。"

所以，交通肇事后报警并留在现场等候处理的，应认定为自动投案。交通肇事后逃逸又自动投案的，同样构成自首，应在逃逸情节的法定刑幅度内视情决定是否从轻处罚。

第四节　交通肇事罪的辩护技巧

刑事辩护是司法制度中的重要节点，是刑事诉讼制度中的重要环节，其倡导尊重犯罪

嫌疑人、被告人在没有经过法律程序判决之前，被推定为无罪状态，此时可以有辩护权和诉讼权，可以委托律师或者辩护人参与到实际刑事诉讼程序中去，以确保与追诉机关之间处于平等对抗的关系，继而保证其合法权益得到保护。从这个角度来看，针对交通肇事罪的刑事辩护，可以更加全面地掌握事实真相，可以使得程序更加正义，实际的诉讼效率得到进一步的提升。

一、立足概念和犯罪构成，奠定辩护基础

辩护律师需要对交通肇事刑事相关的概念有着更加深入的了解，奠定良好的辩护基础，这是最为基本的职业要求。对于涉嫌交通肇事罪的刑事案件，需要从客观构成要件来进行归结。交通肇事罪客观方面表现为违反交通管理法规，进而出现了重大交通事故的，导致别人出现重伤，死亡或者公私财产受到严重损害。因此，认定交通肇事罪必须要有违反交通运输管理法规的行为，这是前提；同时，实施的违法行为造成的影响，是否达到了重大交通事故的程度，比如是否出现了重伤或者死亡的情况，公私财产是否有重大损失。

比如在城区，行人比较多，机动车来往的道路上，违反交通规章制度，这就可以将其界定为危害公共安全，有可能被认定为交通肇事罪。但是如果实际的行驶情境是这样的：行人比较少，并且没有机动车来往，此时出现的重大交通事故，就没有公共安全危害的性质，此时可以将其界定为过失重伤罪和过失致死亡罪。也就是说，对于实际交通肇事案件的辩护律师而言，需要对于法律中关于交通肇事罪的形成构件有着深刻的认知，并且分解成为不同的判定基准，然后将其作为辩护的节点，这样可以赢得有利的辩护地位。

二、区分此罪和彼罪

区分交通肇事罪与其他罪。如果在实际交通事故中，出现过失损坏交通工具或者设施，并且使得他人发生交通事故，此时会出现伤亡结果，会被界定为过失损坏交通工具或者设施罪。如果在实际交通事故中，行为人使用交通工具，存在故意杀人或伤害他人的情况，此时会被界定为故意杀人罪、故意伤害罪。再者，还需要区分好交通肇事罪与数罪，比如在实际交通事故中，行为人盗窃他人的机动车，并且出现违反交通法规的情况，由此造成交通事故的，构成犯罪，并且以交通肇事罪和盗窃罪并罚。

再者，要懂得区分交通行政管理责任和刑法责任。交通运输部门是认定对应责任的主体，会对于实际交通事故的场合进行判定，据此认定实际责任，很明显此处认定的是行政管理的责任。法院在判定实际罪行的时候，不会直接将交通运输部门的责任认定作为结果，而是依照刑法来对于实际构成要件进行界定。

三、从量刑处罚入手，推崇量刑中的权益保护

依照司法中对于交通运输肇事后逃逸的界定，肇事后逃逸是指行为人在出现交通肇事

罪之后,为了逃避法律追究而出现了逃跑的行为。《中华人民共和国刑法》第一百三十三条明确提出:对于交通肇事罪的,处3年以下有期徒刑或者拘役;对于在实际交通运输肇事后逃逸或者情节比较严重的,判处3年以上7年以下有期徒刑;对于逃逸导致人死亡的,判处7年以上有期徒刑。在实际辩护的过程中,还可以将焦点放在其他特别恶劣情节上,主要包括如下几种情况:死亡2人以上或者重伤5人以上,此时需要承担事故全部责任或者主要责任;死亡6人以上的,此时需要承担同等责任;造成财产损失的,此时需要承担全部或者主要责任,没有能力赔偿数额在60万元以上的。还有因为逃逸导致人死亡的情形,行为人在发生交通肇事之后,为了逃避法律责任选择逃跑,导致被害人因为得不到救治而出现死亡;再者行为人在交通肇事之后,带着被害人逃离现场,以便隐瞒实际事实,最终导致被害人因为不能救治而出现死亡或者严重残疾的,会将其界定为故意杀人罪、故意伤害罪;还有一种情况,行为人在交通肇事之后,以为被害人死亡,然后为了隐藏自己的罪行,就将其沉入到河流中去,最终导致被害人溺死,这种会被界定为过失杀人罪,如果前者交通肇事罪符合实际构件,会以数罪并罚的方式来进行惩处。

四、关注相似罪名,构建良好辩护环境

在对交通肇事罪进行刑事辩护的过程中,还需要关注相似罪名,采取对应的措施实现良好辩护环境的构建。也就是说,辩护律师从相似罪名的角度入手,为实际的嫌疑人进行辩护。依照最高人民法院司法解释中的条款诠释,在公共交通管理的范围内,出现重大交通事故的,会以交通肇事罪来进行处罚。如果在实际范围之外,出现伤亡或者重大损失的,不会将其界定为交通肇事罪,而是将其纳入其他罪名来进行处理。具体来讲,在此方面主要有如下几种情况:其一,在公共交通管理的范畴之外,行为人使用交通工具进行生产作业,但是存在不服从管理、违反对应生产安全管理规章制度,比如单位主管人员要求他人驾驶对应车辆去进行违章操作,此时出现的伤亡事故,会被界定为重大责任事故罪,而不是交通肇事罪。其二,在公共交通管理范畴之外,驾驶机动车辆进行生产或者作业,存在安全隐患,但是一经提出反馈之后,负责劳动安全管理的直接责任人还是要求其继续施工。由此出现的实际重大伤亡事故,会将其将界定为重大劳动安全事故罪。其三,在公共交通管理范畴之外,驾驶机动车辆进行非生产或者非作业活动,导致出现了死亡,会被界定为过失致人死亡罪;对于造成重伤的,会被界定为重伤罪;导致交通工具出现损失的需要将其界定为过失损坏交通工具罪。也就是说,辩护律师需要对于行为人处于特殊境况下的情况进行全面了解,然后站在保护行为人利益的角度,选择更加有利于其的罪行,然后在实际的刑事辩护中,将此作为实际的主要辩护内容,就可以起到良好的辩护效果。

从上述阐述的内容来看,在对于交通肇事罪进行刑事辩护的时候需要酌情来进行处理,但是有一点是十分明确的,那就是作为刑事辩护律师需要准确地判定实际情况,并且从保护实际嫌疑人的角度入手,选择最为理想的情况,然后在此基础上寻找对应的证据,

举出对应的法律认可的构件,撰写出更加翔实的案件辩护词,由此使得实际的行为人能够得到更加理想的辩护,这对于辩护人自身权益的保护而言,是很有必要的。为此,作为刑事辩护律师,需要不断研究各种案例,对于其中的各种特殊性做到了然于胸,提升自身的专业素养,确保辩护的能力得到提升,继而更好地在实际的案件中发挥自己的效能。

第五节　交通肇事罪经典案例

(1)交通肇事后指使他人顶替应认定为交通肇事后逃逸。顶罪者主观上为了包庇他人犯罪,构成犯罪的,应以包庇罪追责。

CASE 案例

来源:最高人民法院《人民司法·案例》2012年第06期,案号:浙江省温州市中级人民法院(2011)浙温刑终字第191号。

基本案情:费××在未取得驾驶证情况下驾驶超载货车时,遇行人钱××突然横穿马路,费××采取措施但仍避让不及将钱××碰倒,致其当场死亡。肇事后费××指使黄×顶替,经公安认定,费××负主要责任,法医鉴定,钱××符合遭机动车碰撞、碾压致颈部、胸部重度毁损伤而死亡。

裁判要点:交通肇事后,肇事者让他人顶替,让人顶替的行为本质上属于交通肇事后的逃跑行为,应认定为交通肇事后逃逸,从重处罚。顶替者主观上为了包庇他人犯罪,构成犯罪的,应以包庇罪追究刑事责任。

裁判理由:费××违反交通管理法规,造成交通事故致一人死亡,肇事后逃逸,负该事故的主要责任,其行为已构成交通肇事罪。肇事后费××要求黄×顶替,隐瞒自己为肇事者的事实,其虽无逃离现场的行为,但找人顶替逃避法律追究,客观方面表现为隐匿自己为肇事者,其行为符合逃逸的实质要件。顶替行为严重妨碍公安机关正常侦查活动,社会影响恶劣,应认定包庇罪,酌情从重处罚。

(2)交通肇事者让人顶罪的行为本质上是肇事后逃避责任的逃跑行为,应认定为交通肇事逃逸。对顶罪者,如果是同案犯,其作伪证的行为不构成新罪。

CASE 案例

来源:《人民法院报》2012年5月31日。

基本案情:夏××将其承租的小型轿车交由无驾驶证的胡×驾驶。因驾驶不当,该车蹿出绿化带与非机动车道刘×的自行车碰撞造成两车受损及夏××受伤、刘×死亡。案发后夏××受胡×指使,向公安机关谎称是其驾驶车辆,胡×逃离现场。几日后,胡×主动投案。

裁判要点:交通肇事后指使同案犯顶替认定为交通肇事逃逸。顶罪的同案犯作伪证的行为不构成新的犯罪。

裁判理由:胡×、夏××违反交通安全法规造成刘×死亡的重大交通事故,应认定为交通肇事罪。胡×指使他人顶罪,应认定为肇事后逃逸,同时客观上构成了妨害作证的行为,但其目的为逃避法律责任,在认定"肇事后逃逸"情节时已经予以评价,根据禁止重复评价原则,不再认定为妨害作证罪。其有自首情节,可从轻处罚。夏××的行为因其不具有期待可能性,也不另定包庇罪或伪证罪。

（3）交通肇事犯罪中,乘车人明知发生交通事故,仍指使肇事人驾车逃逸的,与肇事人构成共犯。

CASE 案例

来源:国家法官学院《中国审判案例要览》（2009年刑事审判案例卷）,案号:福建省泉州市中级人民法院(2008)泉刑终字第808号。

基本案情:章××乘坐林××酒后驾驶的小轿车与蔡××无证驾驶的二轮摩托车(后载吴××)发生碰撞,将蔡××碾压在轿车底部,章××明知轿车发生交通事故,仍唆使林××驾车逃逸,蔡××被拖拽300余米后死亡。经认定,林××应负事故全部责任,经法医鉴定,蔡××因创伤性、失血性休克合并闭合性颅脑损伤死亡。案发后,林××家属分别代为赔偿死者家属、吴××人民币236490元、41000元。

裁判要点:乘车人明知交通事故,仍指使肇事人逃逸,致使被害人因被肇事车辆长距离拖拽,未得到及时救治而死亡,乘车人与肇事人构成交通肇事罪的共犯。

裁判理由:根据尸检报告"尸体上未发现车辆碰撞当时引起死亡的致命性损伤"即后来章××明知事故后仍指使逃逸造成的拖拽才导致被害人死亡,虽然交通肇事罪是过失犯罪,肇事行为不存在共犯问题,但在逃逸问题上,林××主观是故意,章××指使逃逸,具有共同犯意,又有逃逸行为,而且与死亡结果具有刑法上的因果关系。所以林××与章××应以交通肇事罪的共犯论处。

(4)交通肇事致死后逃逸区别于逃逸致死。发生二次交通事故,不能确定被害人确切死亡时间的,应依照有利于被告原则,推定肇事者系肇事致死后逃逸。

CASE 案例

来源:最高人民法院中国应用法学研究所《人民法院案例选》2010年第4辑,案号:福建省厦门市中级人民法院(2010)厦刑终字第60号。

基本案情:魏××驾驶灯光不符合要求的重型牵引车与骑自行车的吴×发生碰撞后逃逸,后何×将倒地的吴×碾压死亡。何×报警,交警大队勘查后认定一辆肇事车不在现场。魏××报警谎称其车刚到该处停放的货车,货车将自行车撞倒。公安机关认定魏××的车与事故现场证据吻合。后经民警教育,魏××供认犯罪事实。后魏××与吴×家属达成赔偿协议并支付赔偿款。吴×家属书面谅解并建议从轻处罚。

裁判要点:行为人违反交通安全法规发生事故逃逸,被害人倒地又发生二次事故,无法确定死亡时间,应推定死亡于第一次事故。

裁判理由:魏××在肇事后有逃逸行为,但由于被害人死亡时间无法确定,既可能死亡于第一次事故又可能死亡于第二次事故,依据存疑时有利于被告人的原则,认定吴×死于第一次事故。另魏××肇事后并未主动投案,虽支付了赔偿款,但仍不应适用缓刑。

(5)行为人因履行救助义务离开现场,不应认定为逃逸。

CASE 案例

来源:《人民法院报》2007年2月5日。

基本案情:阮××酒后无证驾驶无牌两轮摩托车(后载李××),碰撞到骑自行车的郑××,造成三人倒地受伤,阮××、李××的伤口在流血,遂去医院救治,郑××的同伴杨××报警后二人回居住处,次日郑××去医院治疗,进行了开颅手术。法医鉴定,郑××为重伤甲级,交警大队认定阮××负全责。

裁判要点:如果行为人肇事后驾驶机动车是为及时抢救自方伤者,履行救助义务而离开现场的,就不能认定其主观上有逃避法律追究的目的。

裁判理由:阮××违规驾驶且负事故全部责任,已构成交通肇事罪。对于离开现场的问题,三人虽均受伤,但阮××、李××二人外伤明显,由于下雨,二人一同离开现场目的是去医院救治,符合情理。不宜认定阮××具有逃逸情节。

(6)行为人因逃避殴打逃离现场不属于交通肇事后逃逸。

CASE 案例

来源：最高人民法院中国应用法学研究所《人民法院案例选》2010年第4辑,案号:北京第一市中级人民法院(2009)一中刑终字第1907号。

基本案情:石××由于操作不当驾驶机动车进入非机动车道,将骑自行车的罗××,行人赵××撞倒,致使罗××死亡,赵××受伤。事故后石××返回现场,在询问伤者的同时给自己亲属打电话告知此事。石××亲属赶来后报警并叫救护车。后死者亲属赶来欲殴打石××,石××为躲避殴打逃离现场,次日投案。经认定,石××负事故全部责任。涉案轿车投保了交强险。

裁判要点:行为人发生事故逃逸,是为了躲避受害人亲属的殴打,不符合交通肇事逃逸的法定要件。

裁判理由:交通肇事后逃逸是指行为人在发生交通事故后,为逃避法律追究而逃跑的行为。本案中石××逃离现场的目的是躲避被害人家属的殴打,并不是为了逃避法律制裁,并且已到公安机关投案,所以不构成交通肇事逃逸。

(7)肇事者在交通事故后主动报警等候调查,但在调查和处理阶段逃匿的,应当视为交通肇事后逃逸。

CASE 案例

来源：最高人民法院中国应用法学研究所《人民法院案例选》2011年第1辑,案号:福建省厦门市海沧区人民法院(2009)海刑终字第122号。

基本案情:陈××驾驶振远有限公司的货车与许××(未取得摩托车驾驶证,未佩戴安全头盔)相撞,事故后陈××主动报警并在现场等候交警处理,许××抢救无效死亡,陈××如实供述罪行并提供担保人担保。但在随后事故处理阶段逃离厦门,直至将近三年后才投案。交警认定陈××负全责。案发后经交警队调解,振远有限公司已先行同许××家属达成民事赔偿协议,赔偿44万元并已履行。

裁判要点:被告人在事故发生后主动报警并在现场等候交警调查,但在事故调查和处理阶段逃匿近三年,置处理结果和赔偿不顾,应视为肇事后逃逸。

裁判理由:虽事故后陈××主动报警并在现场等候交警处理,但在事故处理阶段陈××逃离并多年后才投案,其行为是为了逃避法律制裁,符合肇事后逃逸的情节。

(8)肇事逃逸行为作为定罪情节后不能再作为量刑情节从重处罚。

CASE
案例

来源：最高人民法院《人民司法·案例》2010年第14期，案号：重庆市第一中级人民法院（2010）渝一中法刑终字第46号。

基本案情：左××未取得驾驶证的情况下，驾车搭乘张××，与徐××驾驶的二轮摩托车相撞，徐××当场死亡，张××受伤。左××在将张××送医院后弃车逃逸。交警大队认定左××承担事故主要责任，徐××承担次要责任。其后左××自首，并与被害人家属达成赔偿协议，被害人家属予以谅解。

裁判要点：行为人违反交通安全法规发生事故逃逸，依据禁止重复评价原则，对行为人的逃逸行为已经作为定罪情节予以考虑后，不应再作为量刑情节从重处罚。

裁判理由：左××肇事后逃逸已构成交通肇事罪，但原判在量刑时，将已作为入罪要件认定的逃逸行为再作为量刑的加重情节予以处罚，违反了禁止重复评价的原则，量刑不当，应予以纠正。

第六节　危险驾驶罪的犯罪构成

危险驾驶罪是指在醉酒状态，或者以追逐竞驶、严重超载、违法运输危险化学品等方式在道路上驾驶机动车，危及公共安全的行为。伴随着我国社会的发展，越来越多的车辆走进家庭，车辆在社会中随处可见。而车辆的增多，在满足现代社会人们对出行方便要求的同时，也会带来一些负面影响。比如交通事故频发、道路安全不能完全得到保障。据不完全统计，我国每年都会发生50多万起交通事故，超过十多万人死于交通事故。交通事故除了带来较大的死亡人数之外，还给经济造成巨大损失。究其原因，很多驾驶人缺乏安全驾驶的意识，导致各种不规范驾驶现象在现实中普遍存在。这几年来，追逐竞驶、醉酒驾驶等危险驾驶行为屡禁不止。而法律作为上层建筑的重要组成部分，势必要随着经济生活的变化而变化。

危险驾驶罪的设立有效遏制了醉驾、飙车等恶劣驾驶行为，在一定程度上减少了交通事故导致的死伤结果发生。但是，危险驾驶犯罪发生率仍居高不下。根据最高人民法院公布的有关数据，自2011年醉驾入刑以来，全国法院审结的危险驾驶罪案件数量已经由2013年的9万多件、居当年刑事犯罪案件数量的第三位、占当年法院审结的全部刑事案件总数的

9.5%,发展为2015年的近14万件、居当年刑事犯罪案件数量的第二位、占全部刑事案件总数的12.61%,进而到2019年的31.9万件、超过盗窃罪,居刑事犯罪案件数量之首、占全部刑事案件的24.6%。到2020年,全国法院审结醉驾等危险驾驶犯罪案件总数为28.9万件,占刑事案件总数的比例高达25.9%,危险驾驶罪成为名副其实的第一大罪,比盗窃罪高出1.71倍。

危险驾驶罪的构成要件同样包括四部分。

一、客体

危险驾驶罪侵犯的法益是公共交通安全。公共交通安全是指不特定多数人生命、健康、公私重大财产安全以及良好的公共交通秩序。它是以公众的生命、健康、财产的侵害或者危险为内容的犯罪,注重行为对"公众"利益的侵犯,并不要一定要有危害后果的产生。《刑法修正案(八)》新增危险驾驶罪的目的,是将生命、健康、财产等个人的法益抽象为社会利益作为保护对象,所以应当重视其社会性。"公众"与"社会性"要求重视量的"多数"。"多数"是公共交通安全这一概念的核心。因此,不特定多数人的生命、健康、财产的安全,就是公共安全。"不特定",即指犯罪行为可能侵犯的对象和可能造成的结果事先无法确定,行为人对此既无法具体预料也难以实际控制,行为的危险或行为造成的危害结果可能随时扩大或增加。"多数人",则难以用具体数字表述,行为使较多的人感受到生命、健康或者财产受到威胁时,应认为危害了公共安全。只要行为危害了不特定多数人的生命、健康、财产的安全,就属于危害公共安全。如果行为仅侵犯了特定的少数人的生命、健康或者财产的,则不构成危害公共安全。

二、客观方面

构成此罪要求在客观行为方面,要同时满足四个方面的条件。

1.要在道路上进行

这里的道路,是指公路、城市道路和虽然在单位管辖范围内但允许社会车辆通行的地方,比如公共停车场、广场等用于公众通行的场所。交通肇事罪的适用范围包括公路和水上交通运输。交通运输罪中的公路必须是公共交通管理范围内的公路、城镇道路以及水路。

2.行为对象驾驶的是机动车

按照《中华人民共和国道路交通安全法》第一百一十九条的规定,机动车是指以动力装置驱动或者牵引,上道路行驶的供人员乘用或者用于运送物品以及进行工程专项作业的轮式车辆,包括大型机动车、小型机动车、专用汽车,但是不包括电动自行车。

3.行为方式(共四种)

1)驾驶机动车追逐竞驶

驾驶机动车追逐竞驶是指在道路上以同行的其他车辆为竞争目标,追逐竞驶的行为。

但要情节恶劣才构成本罪。

我们认为"追逐竞驶",是指在道路上以同行的其他车辆为竞争目标,追逐行驶(可以包括以不知者为其"追逐竞驶"的目标)的行为。实践中包括在道路上进行汽车驾驶"计时赛",或者若干车辆在同行行进中互相追赶,进行竞技或者竞驶的行为。追逐竞驶要求以产生抽象的交通危险的方式驾驶,行为的基本方式是随意追逐、超越其他车辆,频繁并线、突然并线,或者近距离驶入其他车辆之前等。追逐竞驶既可以是二人以上基于意思联络而实施,也可能是单个人实施。我们认为,追逐竞驶,是指行为人在道路上高速、超速行驶,随意追逐、超越其他车辆,频繁、突然并线,近距离驶入其他车辆之前等危险驾驶行为。按照追逐竞驶的参与人数大体上可以将追逐竞驶分为三类:

(1)一人实施的追逐竞驶。行为人既可能始终针对同一目标车辆进行追逐,也可能在追逐过程中改变原有目标去追逐其他车辆。被追逐的一方由于不具有与他人相互追逐竞驶的意图,虽然客观上呈现出与行为人互相追逐竞驶的状态,但不构成危险驾驶罪。

(2)二人实施的追逐竞驶。此种行为主要存在于相约竞技型和斗气型追逐竞驶中。二人在道路上因斗气或比赛互相追逐、挤靠、别挡,均针对对方采取具有一定危险性的驾驶方式,对交通秩序的破坏性明显更大,定罪时应从严掌握。实践中还有二人相约从不同地点出发,为争取先到目的地在道路上分别与其他车辆追逐竞驶的情况,二人虽未互相追逐竞驶,但都以途中的不特定车辆为超越目标,也属于追逐竞驶。

(3)多人追逐竞驶。此种行为主要存在于有组织的竞技型追逐竞驶中,如多人驾驶改装车参与非法赛车活动,具有参与人数多、车辆性能超标、危险性大等特点,是当前的重点打击对象。当然,实践中也存在多人驾驶普通车辆在行车过程中为追求刺激追逐竞驶的情况。

2)醉酒驾驶机动车

醉酒驾驶机动车,是在醉酒状态下驾驶机动车的行为。醉酒驾驶是比酒驾更严重的行为,如果只是酒驾不构成本罪。

醉酒分为生理性醉酒和病理性醉酒,病理性醉酒属于精神病,而生理性醉酒则不属于精神病。根据醉酒的程度,生理性醉酒可分为轻度醉酒、中度醉酒和高度醉酒。

其中,轻度醉酒者和中度醉酒者的辨认和控制能力虽有一定程度的减弱但并未丧失,属于完全刑事责任能力人或限制刑事责任能力人;高度醉酒者存在意识障碍,对自己的行为无辨认和控制能力,属于无刑事责任能力人。

危险驾驶罪中的醉酒既包括生理性醉酒和病理性醉酒。但在病理性醉酒的情形中,要看行为人是否明知自己有病理性醉酒的生理特点。

如果明知而故意饮酒使自己陷于病理性醉酒的状态后驾驶机动车,根据"原因自由行为"理论,其仍要承担刑事责任;如果行为人不知道自己有病理性醉酒的生理特点,饮酒后陷于病理性醉酒的状态并驾驶机动车行驶,根据"主客观一致"的原则,刑法不应对此种行为人在意志无法控制状态下的行为加以处罚。

3）从事校车业务或者旅客运输，严重超过额定乘员载客，或者严重超过规定时速行驶

从事校车业务或者旅客运输，严重超过额定乘员载客，或者严重超过规定时速行驶，是严重的超载和超速行为。

此类行为首先需要依据有关法规规定的载客标准或者时速标准，再结合严重程度加以认定。根据有关规定和从实践操作来看，超速10%以内的，一般都不进行行政处罚，当然更不可能作为严重超速的犯罪来处理。

4）违反危险化学品安全管理进行危险化学品的运输，并危及公共安全的行为

构成本类型犯罪的行为依据是《危险化学品安全管理条例》。该条例第五章规定了危险化学品运输安全。例如，根据《危险化学品安全管理条例》第四十三条的规定，从事危险化学品运输，必须取得危险货物道路运输许可、水路运输许可，并向工商行政管理部门办理登记手续。危险化学品道路运输企业、水路运输企业应当配备专职安全管理人员。第四十九条规定，未经公安机关批准，运输危险化学品的车辆不得进入限制通行的区域。违反相关法规，危及公共安全，就会构成危险驾驶罪。违反了交通运输管理法规，在不构成危险驾驶罪时，会受到相应的行政处罚，在构成危险驾驶罪的同时，并不因为行为人受到刑事处罚而免除其行政处罚。例如，驾驶人血液中酒精含量为20～80mg/100ml的为酒后驾驶。酒后驾驶不构成醉酒驾驶型危险驾驶罪，但是根据《中华人民共和国道路交通安全法》第九十一条的规定，饮酒后驾驶机动车的，将受到暂扣驾驶证和罚款的处罚。因饮酒后驾驶机动车被处罚，再次饮酒后驾驶机动车的，会被处以行政拘留、罚款和吊销机动车驾驶证的处罚。对醉酒驾驶构成犯罪的，除要受到刑事处罚外，还会受到吊销机动车驾驶证，5年内不得重新取得机动车驾驶证的行政处罚。根据《中华人民共和国道路交通安全法》第九十二条的规定，公路客运车辆载客超过额定乘员的，处200元以上500元以下的罚款；超过额定乘员20%或者违反规定载货的，处500元以上2000元以下的罚款。其中，超过额定乘员时，不当然构成超载型危险驾驶罪。但是，当超过额定乘员20%时，就可能达到了严重超载，就有可能构成危险驾驶罪。此时，刑事处罚和行政处罚会同时存在。

4. 情节条件

本罪属于危险犯，只要实施上述行为之一，无论是否造成严重后果即构成犯罪。构成危险驾驶罪要求具有"情节恶劣"的情形。法条对于"情节恶劣"没有作具体的规定。《刑法修正案（八）》规定追逐竞驶型危险驾驶罪以"情节恶劣"为构成条件之一，属于典型的情节犯。"情节恶劣"的界定直接关系到犯罪的成立与否，是判断犯罪与违法的依据和界限。对"情节恶劣"的认定，可从以下几个方面加以认定：

第一，追逐竞驶的时间。人流量大情况下发生的追逐竞驶显然要比人烟稀少时的危害严重得多，而人流量在不同时间段显著不同，如白天上班高峰期间追逐竞驶要比在夜深人静时危害严重，节假日期间追逐竞驶要比平日危害严重。因此，追逐竞驶发生时间与情节

恶劣程度直接相关。

第二,追逐竞驶的地点。不同地点因人流量、交通状况不同而存在不同的危害性。如主干道、人行道、步行街等人流量相对较多,在此进行追逐竞驶危害较大。再如公共车库、厂房等场所的道路人流量相对较少,道路交通相对简单,故危险性也相对较小。

第三,追逐竞驶的速度。不同的行驶速度对社会造成的影响也不同,超速程度与危害性成正比,超速越严重的危险驾驶行为的危害性越大。

第四,危害结果。危险驾驶罪属于抽象危险犯,无论是否具有现实的、具体的危害结果,都可能构成危险驾驶罪。如对他人人身安全和财产造成现实危害,触犯其他严重罪行时,根据想象竞合犯"从一重处断"的原则,以其他罪行定罪处罚。但有的危险驾驶行为(如来回穿插、频繁并线、逆行)虽未触犯其他严重罪行,或未造成人员、财产损失,却导致交通堵塞、瘫痪、引发公共恐慌程度等,亦可将其作为定罪量刑时考虑的危害结果因素。

第五,追逐竞驶次数。追逐竞驶行为的次数也是影响"情节恶劣"是否成立的因素之一。对于偶发性且没有造成客观危害的追逐竞驶行为,应持宽容态度。而对于多次实施追逐竞驶行为并以此为乐,则应认定为具有较大危害性。

第六,主观恶性。情节是主客观要素的统一体,具体到追逐竞驶行为,反映犯罪主观方面的情节主要包括犯罪的动机、目的、是否有预谋,以及罪过的形式及其程度等。可作为主观恶性的考量因素有:为炫耀和显示或为追求刺激、争强好胜、发泄怨气等故意选择在闹市进行飙车;明知自己无证、吸毒仍旧飙车;事先有预谋地进行飙车;曾因追逐竞驶受过行政处罚或刑事处罚仍屡教不改、明知故犯的情况。

三、主体

本罪的主体是一般主体,凡年满16周岁且具有辨认和控制自己行为能力的人,都可以成为危险驾驶罪的主体。在醉酒驾驶和追逐竞驶的危险驾驶行为之中,行为人是以机动车为驾驶工具而进行的犯罪,因此此时处罚的对象只能是直接驾驶、操控机动车的人。而根据刑法的新规定,机动车所有人、管理人若是对超载超速、违规运输化学品的行为负有直接责任的,也是构成危险驾驶罪的。从这一规定来看,刑法是扩大了危险驾驶罪的主体,是法律进一步完善的体现。在现实生活中,这两类情形的行为人往往都是受雇于人,在雇主(机动车的管理人、所有人)的授意下从事违法行为。若此时单单处罚行为人,是不公平的,他们本身就处于弱势地位。单位由于其不能驾驶机动车,也不属于机动车的管理人、所有人因此不能成为本罪的主体。

四、主观方面

危险驾驶罪的主观方面是指行为人对自己危险驾驶行为以及因危险驾驶行为造成结果的心理态度,包括三个方面的内容。第一,故意和过失,也称为罪过形式。第二,犯罪目的和犯罪动机。第三,认识错误,包括事实认识错误和法律认识错误。对于犯罪目的和犯罪动机,本罪未对其进行限定。只要客观上实施行为,对道路交通安全产生了抽象的危险,无论行为人是基于怎样的目的和动机,都不影响此罪的认定。而认识错误,危险驾驶罪也无特殊的情形,按照普通罪处理即可。危险驾驶罪的主观方面应当从罪过形式分析,即从行为人意识和意志两个角度进行。意识是指行为人对危险驾驶行为的认识和分辨情况,但不要求行为人意识到自己的行为属于违法的。现实实践中很多犯罪嫌疑人会以自己不知在从事违法行为而妄想逃避刑事处罚。如果不认识行为的刑事违法性就不能构成罪过,不成立犯罪的话,就会有更多的人以自己不懂法为借口逃避处罚。而意志因素是指行为人根据其对事物的认识,决定控制自己行为的心理因素。刑法上包括希望、放任、疏忽、轻信这四种形式,即故意、间接故意、疏忽大意的过失以及轻信能够避免的过失。笔者认为,在危险驾驶罪中,行为人对自己的危险驾驶行为是一种放任行为,罪过形式为间接故意。行为人明知自己醉酒、追逐竞驶、超载超速、运输危险化学品是破坏交通道路安全,存在着不安全的隐患。但是行为人仍旧放任这种结果的发生。

第七节　危险驾驶罪的辩护技巧

《刑法修正案(八)》明确了"醉酒驾驶"入刑,《刑法修正案(九)》进一步修改,将其作为第一百三十三条之一予以明确。作为辩护律师,关于是否构罪、如何才能不起诉成为常被咨询到的问题,尤其是很多公务人员、特殊职业群体在涉嫌危险驾驶后特别担心因刑事处罚给工作造成影响,因此笔者从以下几个方面浅谈危险驾驶罪的辩护思路。

一、从定罪量刑的关键证据找破绽

这类犯罪案件指控的主要证据有三部分:一是立案手续、查获经过说明等程序性证据;二是笔录类等言词证据;三是呼气检测报告、血液酒精含量检测文书等检测类证据,或称鉴定类文书。因为法律规定醉驾的主要确定标准还是血液酒精检测,因此定案关键证据就是血液酒精含量检测报告,如果该报告否定不了,即便是其他证据存在瑕疵,也不会影响法院对犯罪事实的认定。

1. 血液的抽取程序规定

按照公安部的规定,整个呼气测试和抽血过程是需要制作笔录,并录像、拍照,对执法取证过程进行记录,如果缺少上述证据,则属于严重的程序瑕疵。

2.血液提取的时间规定

公安机关发现违法行为后,应立即提取血样,规定中要求公安机关在发现有酒驾嫌疑时应当立即提取血样,如何界定"立即"需要综合案件的具体情况来认定。

3.血液是否现场封装

根据《关于办理醉酒危险驾驶刑事案件的意见》第八条的规定,抽取的静脉血必须现场封装,每个单独封装在一个封装带内,由民警、医生、被抽血人签字。

4.血液存储问题

根据《关于办理醉酒危险驾驶刑事案件的意见》第八条规定血液提取后要按照有关规范和技术保管检材,应在五个工作日内送检。

5.鉴定意见的问题

例如鉴定机构未经检验检测机构计量认证,检材与《血样提取登记表》的记载不一致,检材的流转、保管、送检等各个环节缺乏清晰的证明,鉴定程序违反规定,鉴定过程和鉴定方法不符合相关专业的规范要求等。

笔者检索后发现了很多因为证据原因导致存疑不起诉的案例,例如青海省共和县人民检察院发布的共检刑不诉〔2023〕5号案例中,因为侦查机关提取血样不符合法定程序导致证据不足,做不起诉处理;在江苏省盐城市人民检察院发布的徐某涉嫌危险驾驶罪一案中,因为侦查机关没有立即将提取的血液样本送检(因事发时是国庆节,节假日导致送检延误),导致对徐某做存疑不起诉处理。

二、从案件事实中寻找从轻减轻的情节

(1)车辆类型和安全状况。一般认为醉酒驾驶机动车才是犯罪,对于特殊车辆,如二轮摩托车、营运机动车或工程车,实务中都有明确的从轻或从重的规定。

(2)危险驾驶行为发生时的交通环境。时间、途经的路段、人流车流情况等。

(3)行为人被查获时的精神状态和行为表现。是否吸食毒品、服用麻醉药物;是否抗拒执法或者有逃跑行为。我们认为一般的逃避行为不应认为抗拒执法,更不应认定从重处罚,如发现交警设卡查酒驾,掉头试图逃避检查或言语上有部分不配合的行为。

(4)事故发生后的表现,有无逃逸、及时报警或积极救援等。

(5)赔偿损失和认罪、悔罪态度。积极理赔并获得受害人谅解的,一般都会在量刑时予以考虑。当事人的认罪、悔罪态度、是否存在自首等。

三、依据法律规定争取不起诉、免于刑事处罚、缓刑的机会

因交通事故涉嫌构成刑事犯罪(如危险驾驶罪、交通肇事罪)被公安机关立案侦查后,当事人应保持冷静,切勿作出逃逸、冲撞检查卡口或与执法人员发生冲突等行为,以免事态升级、增加刑事责任。

建议当事人尽早聘请专业律师介入,配合公安机关办案,并根据具体情况依法争取缓刑、免予刑事处罚或不起诉等有利处理结果。

(一)缓刑的适用条件与限制

根据《人民法院关于常见犯罪的量刑指导意见(试行)》及其实施细则的相关精神,具备以下情形之一的,法院可依法酌情适用缓刑:

(1)认罪态度好,积极配合办案;

(2)主动赔偿损失、取得被害人谅解;

(3)醉酒程度不高,社会危害性较轻;

(4)初犯、偶犯,且犯罪情节轻微;

(5)其他符合法律规定的缓刑适用情形。

但以下情形,一般不宜适用缓刑:

(1)血液酒精含量明显过高(实践中如超过240mg/100mL);

(2)曾因危险驾驶受过刑事处罚或行政处罚;

(3)无证驾驶、使用伪造牌证、严重超速超载、组织飙车等严重违法行为;

(4)发生事故后逃逸但未构成交通肇事罪等更重犯罪;

(5)抗拒执法或阻碍检查的;

(6)其他不符合缓刑条件的情形。

(二)免予刑事处罚的可能情形

根据《中华人民共和国刑法》第三十七条规定,以及司法实务中广泛参考的《人民法院关于常见犯罪的量刑指导意见(试行)》,若行为人具有以下情形,可依法免予刑事处罚:

(1)醉酒驾驶但血液酒精含量较低(如100mg/100mL以下),未造成他人伤害或仅本人轻伤;

(2)特殊情境下为迫切需要(如送病人就医、短距离挪车),社会危害性轻微;

(3)主动中止驾驶行为、配合检查、认罪态度良好;

(4)其他不构成犯罪或虽构成犯罪但依法可以免予刑罚的情形。

应注意,是否免刑需综合判断行为人的主观恶性、社会危害后果、悔罪表现等多个方面,由检察机关和法院依法决定。

(三)律师辩护与合理应对的重要性

在涉刑事案件处理中,律师可在以下方面提供关键帮助:

(1)审查案件是否符合立案标准,是否存在证据不足情形;

（2）争取认罪认罚从宽、申请取保候审；

（3）向检察院申请相对不起诉或建议法院判处缓刑、免刑；

（4）引导行为人积极赔偿并取得谅解，作为量刑情节。

（四）温馨提示：防范大于补救

虽然法律为轻微醉驾行为提供了宽容处理的可能性，但醉驾本质上仍是刑事犯罪，具有高度的社会危害性。酒后不开车，不仅是守法，更是对生命安全的尊重。

第九章

全国各地交通事故人身损害
赔偿标准

随着我国户籍制度改革的推进以及经济社会的不断发展,城乡差距逐渐缩小,交通事故损害赔偿标准问题面临着新情况、新形势。2019年4月15日,中共中央、国务院公布《关于建立健全城乡融合发展体制机制和政策体系的意见》,明确提出"改革人身损害赔偿制度,统一城乡居民赔偿标准"的要求。

2019年9月2日,最高人民法院印发《关于授权开展人身损害赔偿标准城乡统一试点的通知》,授权各高级人民法院在辖区内开展人身损害赔偿纠纷案件统一城乡居民赔偿标准试点工作,由此全国范围"同命同价"试点工作帷幕正式拉开。全国各地根据辖区的实际情况开展试点工作,在试点地区范围、试点案件类型、赔偿计算标准方面采用了不同做法。其中,在试点地区范围方面,有全辖区开展试点和辖区内部分地区开展试点两种做法。在试点案件类型方面,有的省、自治区、直辖市是在全部人身损害赔偿类民事纠纷案件中开展试点工作,有的是在机动车交通事故责任纠纷等部分类型案件中开展试点工作。在赔偿计算标准方面,主要有采用城镇居民标准和全体居民标准两种做法,总体上全体居民标准高于农村居民标准,但低于城镇居民标准,也有部分地区进行了探索,采用了其他标准。2021年8月24日,最高人民法院又印发《关于进一步推进人身损害赔偿标准城乡统一试点工作的通知》,要求各地法院扩大试点范围,并将赔偿标准统一到城镇居民标准上来。2022年5月1日,《最高人民法院关于修改〈最高人民法院关于审理人身损害赔偿案件适用法律若干问题的解释〉的决定》正式开始施行,其中将施行后发生的侵权行为引起的人身损害赔偿,由原来的城乡区分修改为统一采用城镇居民标准计算,真正实现了"同命同价"裁判标准全国统一,符合现代社会文明发展的需求。

本章根据《最高人民法院关于审理人身损害赔偿案件适用法律若干问题的解释》(2022年修正)第十二条"残疾赔偿金根据受害人丧失劳动能力程度或者伤残等级,按照受诉法院所在地上一年度城镇居民人均可支配收入标准"、第十五条"死亡赔偿金按照受诉法院所在地上一年度城镇居民人均可支配收入标准"、第十七条"被扶养人生活费根据扶养人丧失劳动能力程度,按照受诉法院所在地上一年度城镇居民人均消费支出标准计算"以及第二十二条"本解释所称'城镇居民人均可支配收入''城镇居民人均消费支出''职工平均工资',按照政府统计部门公布的各省、自治区、直辖市以及经济特区和计划单列市上一年度相关统计数据确定"等法律条文的规定,并结合全国各地开展人身损害赔偿标准城乡统一试点工作发布的相关文件,整理了最近四五年全国各地交通事故人身损害赔偿项目中残疾赔偿金、死亡赔偿金、被扶养人生活费的计算标准,供读者参考。

第一节 华北地区赔偿标准

一、北京市

(一)法律文件依据

2020年3月24日,北京市高级人民法院发布《关于开展人身损害赔偿纠纷案件统一城乡居民赔偿标准试点工作的通知》,要求"全市法院受理的侵权行为发生于2020年4月1日(含本日)后的机动车交通事故责任纠纷案件、交通肇事刑事案件的附带民事诉讼案件不再区分城镇居民与农村居民,试行按统一赔偿标准计算残疾赔偿金、死亡赔偿金及被扶养人生活费(被扶养人生活费计入残疾赔偿金或死亡赔偿金)。残疾赔偿金、死亡赔偿金按照北京市上一年度全市居民人均可支配收入标准计算;被扶养人生活费按照北京市上一年度全市居民人均消费性支出标准计算"。2021年9月17日,北京市高级人民法院发布《关于进一步推进人身损害赔偿标准城乡统一试点工作的通知》,要求"全市法院受理的侵权行为发生于2021年10月1日(含本日)后的全部人身损害赔偿类民事纠纷案件、交通肇事刑事案件的附带民事诉讼案件不区分城镇居民与农村居民,试行按统一赔偿标准计算残疾赔偿金、死亡赔偿金及被扶养人生活费(被扶养人生活费计入残疾赔偿金或死亡赔偿金):残疾赔偿金、死亡赔偿金按照北京市上一年度城镇居民人均可支配收入标准计算;被扶养人生活费按照北京市上一年度城镇居民人均消费性支出标准计算"。

(二)主要计算标准

1.2020年

注:侵权行为发生于2020年4月1日(含本日)之后的案件,按照上一年度即2019年的标准计算。

(1)2019年全市居民人均可支配收入:67756元/年;

(2)2019年全市居民人均消费性支出:43038元/年。

2.2021年

侵权行为发生于2021年10月1日之前。

(1)2020年全市居民人均可支配收入:69434元/年;

（2）2020年全市居民人均消费性支出：38903元/年。

侵权行为发生于2021年10月1日（含本日）之后。

（1）2020年城镇居民人均可支配收入：75602元/年；

（2）2020年城镇居民人均消费性支出：41726元/年。

3.2022年

（1）2021年城镇居民人均可支配收入：81518元/年；

（2）2021年城镇居民人均消费性支出：46776元/年。

4.2023年

（1）2022年城镇居民人均可支配收入：84023元/年；

（2）2022年城镇居民人均消费性支出：45617元/年。

（三）适用赔偿项目

1.残疾/死亡赔偿金

（1）试点：全市居民人均可支配收入标准；

（2）现行：城镇居民人均可支配收入标准。

2.被扶养人生活费

（1）试点：全市居民人均消费性支出标准；

（2）现行：城镇居民人均消费性支出标准。

二、天津市

（一）法律文件依据

2019年12月31日，天津市高级人民法院发布《关于开展人身损害赔偿案件统一城乡标准试点工作的意见（试行）》，明确自2019年12月31日起，全市法院涉及人身损害赔偿的案件，不再按照受害人住所地或经常居住地、收入来源等区分不同情况，残疾赔偿金、死亡赔偿金统一按照天津市上一年度城镇居民人均可支配收入标准计算；全市法院涉及人身损害赔偿的案件，被抚养人生活费统一按照天津市上一年度城镇居民人均消费性支出标准计算；本意见自印发之日起执行，本意见印发前已经终审的案件，或者适用审判监督程序再审的案件，不适用本意见。

（二）主要计算标准

1.2019年

注：自2019年12月31日起，尚未终审的案件，按照上一年度即2018年的标准计算。

（1）2018年城镇居民人均可支配收入：42976元/年；

（2）2018年城镇居民人均消费性支出：32655元/年。

2.2020年

（1）2019年城镇居民人均可支配收入：46119元/年；

（2）2019年城镇居民人均消费性支出：34811元/年。

3.2021年

（1）2020年城镇居民人均可支配收入：47659元/年；

（2）2020年城镇居民人均消费性支出：30895元/年。

4.2022年

（1）2021年城镇居民人均可支配收入：51486元/年；

（2）2021年城镇居民人均消费性支出：36067元/年。

5.2023年

（1）2022年城镇居民人均可支配收入：47659元/年；

（2）2022年城镇居民人均消费性支出：30895元/年。

（三）适用赔偿项目

1.残疾/死亡赔偿金

试点、现行：城镇居民人均可支配收入标准。

2.被扶养人生活费

试点、现行：城镇居民人均消费性支出标准。

三、河北省

（一）法律文件依据

2020年2月24日，河北省高级人民法院发布《关于开展人身损害赔偿标准城乡统一试点实施方案》，明确全省各级法院受理的机动车交通事故责任纠纷案件以及雄安新区法院受理的人身损害赔偿纠纷案件，侵权行为发生在2020年1月1日（含本日）之后的，死亡赔偿金、残疾赔偿金统一按照河北省政府统计部门公布的上一年度河北省城镇居民人均可支配收入计算；被扶养人生活费统一按照河北省政府统计部门公布的上一年度河北省城镇居民人均消费性支出计算。

（二）主要计算标准

1.2020年

注：侵权行为发生于2020年1月1日（含本日）之后的案件，按照上一年度即2019年的标准计算。

（1）2019年城镇居民人均可支配收入：35738元/年；

（2）2019年城镇居民人均消费性支出：23483元/年。

2.2021年

（1）2020年城镇居民人均可支配收入：37286元/年；

（2）2020年城镇居民人均消费性支出：23167元/年。

3.2022年

（1）2021年城镇居民人均可支配收入：39791元/年；

（2）2021年城镇居民人均消费性支出：24192元/年。

4.2023年

（1）2022年城镇居民人均可支配收入：41278元/年；

（2）2022年城镇居民人均消费性支出：20571元/年。

（三）适用赔偿项目

1.残疾/死亡赔偿金

试点、现行：城镇居民人均可支配收入标准。

2.被扶养人生活费

试点、现行：城镇居民人均消费性支出标准。

四、山西省

（一）法律文件依据

2019年12月30日，山西省高级人民法院发布《关于在民事诉讼中开展人身损害赔偿标准城乡统一试点工作的意见》，明确人身损害发生于2020年1月1日（含本日）之后的，全省各级人民法院在民事诉讼中计算人身损害赔偿数额时，不再区分城镇居民与农村居民，均按照山西省统计局公布的城镇居民统计数据计算。

（二）主要计算标准

1.2020年

注：人身损害发生于2020年1月1日（含本日）之后的案件，按照上一年度即2019年的标准计算。

（1）2019年城镇居民人均可支配收入：33262元/年；

（2）2019年城镇居民人均消费性支出：21159元/年。

2.2021年

(1)2020年城镇居民人均可支配收入：34793元/年；

(2)2020年城镇居民人均消费性支出：20332元/年。

3.2022年

(1)2021年城镇居民人均可支配收入：37433元/年；

(2)2021年城镇居民人均消费性支出：21965元/年。

4.2023年

(1)2022年城镇居民人均可支配收入：39532元/年；

(2)2022年城镇居民人均消费性支出：21923元/年。

(三)适用赔偿项目

1.残疾/死亡赔偿金

试点、现行：城镇居民人均可支配收入标准。

2.被扶养人生活费

试点、现行：城镇居民人均消费性支出标准。

五、内蒙古自治区

(一)法律文件依据

2020年3月24日，内蒙古自治区高级人民法院发布《关于开展人身损害赔偿标准城乡统一试点工作的实施意见》，明确自2020年4月1日起，新受理的一审民事案件，全区各级法院在民事诉讼中开展人身损害赔偿标准城乡统一试点工作，在计算人身损害赔偿数额时，不再区分城镇居民与农村居民人均可支配收入、人均消费性支出，残疾赔偿金、死亡赔偿金、均按照内蒙古自治区人民政府统计部门公布的上一年度城镇居民人均可支配收入计算，被扶养人生活费按照内蒙古自治区人民政府统计部门公布的上一年度城镇居民人均消费性支出计算。

(二)主要计算标准

1.2020年

注：受理于2020年4月1日(含本日)之后的一审民事案件，按照上一年度即2019年的标准计算。

(1)2019年城镇居民人均可支配收入：40782元/年；

(2)2019年城镇居民人均消费性支出：25383元/年。

2.2021年

（1）2020年城镇居民人均可支配收入：41353元/年；

（2）2020年城镇居民人均消费性支出：23888元/年。

3.2022年

（1）2021年城镇居民人均可支配收入：44377元/年；

（2）2021年城镇居民人均消费性支出：27194元/年。

4.2023年

（1）2022年城镇居民人均可支配收入：46295元/年；

（2）2022年城镇居民人均消费性支出：26667元/年。

（三）适用赔偿项目

1.残疾/死亡赔偿金

试点、现行：城镇居民人均可支配收入标准。

2.被扶养人生活费

试点、现行：城镇居民人均消费性支出标准。

第二节　华东地区赔偿标准

一、上海市

（一）法律文件依据

2019年12月27日，上海市高级人民法院发布《关于开展人身损害赔偿标准城乡统一试点工作的实施意见》，明确自2020年1月1日起，发生的侵权行为引发的各类人身损害赔偿案件，按照政府统计部门公布的上一年度上海市居民人均可支配收入及人均消费性支出计算残疾赔偿金、死亡赔偿金、被扶养人生活费。2022年1月19日，上海市高级人民法院发布《关于进一步推进人身损害赔偿标准城乡统一试点工作的意见》，要求全市法院受理的2022年1月1日（含本日）后发生的侵权行为引起的人身损害赔偿纠纷案件，残疾赔偿金、死亡赔偿金按照上海市人民政府统计部门公布的上一年度上海市城镇居民人均可支配收入，被扶养人生活费按照上海市人民政府统计部门公布的上一年度上海市城镇居民人均消费性支出标准计算。

(二)主要计算标准

1.2020年

注:侵权行为发生于2020年1月1日(含本日)之后的案件,按照上一年度即2019年的标准计算。

(1)2019年全市居民人均可支配收入:69442元/年;

(2)2019年全市居民人均消费性支出:45605元/年。

2.2021年

(1)2020年全市居民人均可支配收入:72232元/年;

(2)2020年全市居民人均消费性支出:42536元/年。

3.2022年

(1)2021年城镇居民人均可支配收入:82429元/年;

(2)2021年城镇居民人均消费性支出:51295元/年。

4.2023年

(1)2022年城镇居民人均可支配收入:84034元/年;

(2)2022年城镇居民人均消费性支出:48111元/年。

(三)适用赔偿项目

1.残疾/死亡赔偿金

(1)试点:全市居民人均可支配收入标准;

(2)现行:城镇居民人均可支配收入标准。

2.被扶养人生活费

(1)试点:全市居民人均消费性支出标准;

(2)现行:城镇居民人均消费性支出标准。

二、江苏省

(一)法律文件依据

2020年3月20日,江苏省高级人民法院发布《关于开展人身损害赔偿标准城乡统一试点工作的实施方案》,明确自2020年3月20日起,尚未审结的一审、二审涉及人身损害赔偿的各类民事案件不再区分受害人的户籍性质,城镇和农村居民采用相同的赔偿标准。其中,残疾赔偿金=(上一年度全省居民人均工资性收入+上一年度全省居民人均经营净收入)×上一年度全省平均负担系数×劳动力丧失比例×20年(六十周岁以上的,年龄每增加一岁减少一年;七十五周岁以上的,按五年计算);死亡赔偿金=(上一年度全省居民人均工资性收入+上一年度全省居民人均经营净收入)×上一年度全省平均负担系数×20年(六十周岁以上的,年龄每增加一岁减少一年;七十五周岁以上的,按五年计算);每一被扶养人生活费=上一年度全省居民人均消费性支出额×劳动力丧失比例×被扶养年数÷共同扶养人数。

2022年6月14日,江苏省高级人民法院发布《关于适用人身损害赔偿标准有关问题的通知》,明确2022年5月1日起发生的侵权行为引起的人身损害赔偿案件,适用《最高人民法院关于审理人身损害赔偿案件适用法律若干问题的解释》(2022年修正);2022年4月30日前发生的侵权行为引起的人身损害赔偿案件,继续适用《关于开展人身损害赔偿标准城乡统一试点工作的实施方案》。

(二)主要计算标准

1.2020年

注:自2020年3月20日起,尚未终审的案件,按照上一年度即2019年的标准计算。

(1)2019年全省居民人均工资性收入:23836元/年;2019年全省居民人均经营净收入:5636元/年;2019全省平均负担系数:1.78;

(2)2019年全省居民人均消费性支出:26697元/年。

2.2021年

(1)2020年全省居民人均工资性收入:24657元/年;2020年全省居民人均经营净收入:5703元/年;2020全省平均负担系数:1.84;

(2)2020年全省居民人均消费性支出:26225元/年。

★示例★

(2022)苏05民终738号案件:根据江苏省高级人民法院《关于开展人身损害赔偿标准城乡统一试点工作的实施方案》的规定,残疾赔偿金根据上一年度江苏省居民人均可支配收入中工资性收入与经营净收入之和乘以全省平均负担系数的标准,按照受害人丧失劳动能力程度或者伤残等级计算。一审法院以2020年度江苏省居民人均可支配收入中工资性收入、经营净收入之和、全省平均负担系数计算,施阿奎的死亡赔偿金为279312元[(24657+5703)×5×1.84]。

3.2022年

侵权行为发生于2022年4月30日之前。

(1)2021年全省居民人均工资性收入:26721元/年;2021年全省居民人均经营净收入:6215元/年;2021全省平均负担系数:1.80;

(2)2021年全省居民人均消费性支出:31451元/年。

★示例★

(2022)苏02民终6175号案件:残疾赔偿金应当根据上一年度江苏省居民人均可支配收入中工资性收入与经营净收入之和乘以全省平均负担系数的标准,2021年度江苏省居民人均可支配收入中的工资性收入、经营净收入和全省平均负担系数依次为26721元、6215元、1.8,故我省居民的残疾赔偿金的计算标准应为(26721+6215)×1.8=59284.8元/年。

侵权行为发生于2022年5月1日(含本日)之后。
(1)2021年城镇居民人均可支配收入:57743元/年;
(2)2021年城镇居民人均消费性支出:36558元/年。
4.2023年
(1)2022年城镇居民人均可支配收入:60178元/年;
(2)2022年城镇居民人均消费性支出:37796元/年。

(三)适用赔偿项目

1.残疾/死亡赔偿金
(1)试点:(居民人均可支配收入中工资性收入+经营净收入)×全省平均负担系数的标准;
(2)现行:城镇居民人均可支配收入标准。
2.被扶养人生活费
(1)试点:居民人均消费性支出标准,但被扶养人生活费不再作为单独的赔偿项目,不影响赔偿总额;
(2)现行:城镇居民人均可支配收入标准。

三、浙江省

(一)法律文件依据

2021年9月8日,浙江省高级人民法院发布《关于人身损害赔偿纠纷案件统一城乡居民赔偿标准的通知》,明确自2021年9月8日(含当日)起,发生的侵权行为引发的人身损害赔偿纠纷案件,残疾/死亡赔偿金、被扶养人生活费均按照浙江省城镇居民收入及支出标准计算,适用范围为全省。

在此之前,浙江地区均已试点统一人身损害赔偿标准,具体有:杭州市中级人民法院发布《关于人身损害赔偿纠纷案件统一城乡居民标准等问题的意见》、嘉兴市中级人民法院发布《关于开展人身损害赔偿标准城乡统一试点实施方案》、温州市中级人民法院发布《关于人身损害赔偿纠纷案件统一城乡居民标准等问题的会议纪要》、绍兴市中级人民法院发布

《关于开展人身损害赔偿标准城乡统试点实施方案》、湖州市中级人民法院发布《关于在人身损害赔偿纠纷案件审理中统一适用相关民事赔偿标准试点方案》、金华市中级人民法院发布《关于在人身损害赔偿纠纷案件审理中统一适用相关民事赔偿标准的通知》、衢州市中级人民法院发布《关于开展人身损害赔偿标准城乡统试点的通知》、台州市中级人民法院发布《关于人身损害赔偿纠纷案件统一城乡居民标准的意见》、丽水市中级人民法院发布《关于开展人身损害赔偿标准城乡统一试点实施方案》、舟山市中级人民法院发布《关于人身损害赔偿纠纷案件统一城乡居民标准等问题的意见》。除宁波市试点按照宁波市城镇居民人均可支配收入、城镇居民人均消费性支出标准计算残疾/死亡赔偿金、被扶养人生活费以外（宁波市中级人民法院发布《关于开展人身损害赔偿标准城乡统一试点工作通知》），其余地市均试点按照浙江省全体居民人均可支配收入、全体居民人均消费支出计算残疾/死亡赔偿金、被扶养人生活费。

（二）主要计算标准

一般地区：杭州市、嘉兴市、温州市、绍兴市、湖州市、金华市、衢州市、台州市、丽水市、舟山市。

1.2020年

注：侵权行为发生于2020年4月1日（含本日）之后（杭州）、2020年1月1日（含本日）之后（嘉兴、绍兴、湖州、金华、衢州、台州、丽水）的案件，或者自2020年1月1日起（温州）、2020年4月1日起（舟山）尚未终审的案件，按照上一年度即2019年的标准计算。

（1）2019年浙江省全体居民人均可支配收入：49899元/年；

（2）2019年浙江省全体居民人均消费性支出：32026元/年。

2.2021年

侵权行为发生于2021年9月8日之前。

（1）2020年浙江省全体居民人均可支配收入：52397元/年；

（2）2020年浙江省全体居民人均消费性支出：31295元/年。

侵权行为发生于2021年9月8日（含本日）之后。

（1）2020年浙江省城镇居民人均可支配收入：62699元/年；

（2）2020年浙江省城镇居民人均消费性支出：36197元/年。

3.2022年

（1）2021年浙江省城镇居民人均可支配收入：68487元/年；

（2）2021年浙江省城镇居民人均消费性支出：42193元/年。

4.2023年

（1）2022年浙江省城镇居民人均可支配收入：71268元/年；

（2）2022年浙江省城镇居民人均消费性支出：44511元/年。

特殊地区:宁波市。

1.2020年

注:自2020年1月1日起,尚未终审的案件,按照上一年度即2019年的标准计算。

(1)2019年宁波市城镇居民人均可支配收入:64886元/年;

(2)2019年宁波市城镇居民人均消费性支出:38274元/年。

2.2021年

侵权行为发生于2021年9月8日之前。

(1)2020年宁波市城镇居民人均可支配收入:68008元/年;

(2)2020年宁波市城镇居民人均消费性支出:38702元/年。

侵权行为发生于2021年9月8日(含本日)之后。

(1)2020年浙江省城镇居民人均可支配收入:62699元/年;

(2)2020年浙江省城镇居民人均消费性支出:36197元/年。

3.2022年

(1)2021年浙江省城镇居民人均可支配收入:68487元/年;

(2)2021年浙江省城镇居民人均消费性支出:42193元/年。

4.2023年

(1)2022年浙江省城镇居民人均可支配收入:71268元/年;

(2)2022年浙江省城镇居民人均消费性支出:44511元/年。

(三)适用赔偿项目

一般地区:杭州市、嘉兴市、温州市、绍兴市、湖州市、金华市、衢州市、台州市、丽水市、舟山市。

1.残疾/死亡赔偿金

(1)试点:浙江省全体居民人均可支配收入标准;

(2)现行:浙江省城镇居民人均可支配收入标准。

2.被扶养人生活费

(1)试点:浙江省全体居民人均消费性支出标准;

(2)现行:浙江省城镇居民人均消费性支出标准。

特殊地区:宁波市。

1.残疾/死亡赔偿金

(1)试点:宁波市城镇居民人均可支配收入标准;

(2)现行:浙江省城镇居民人均可支配收入标准。

2.被扶养人生活费

(1)试点:宁波市城镇居民人均消费性支出标准;

（2）现行：浙江省城镇居民人均消费性支出标准。

四、安徽省

（一）法律文件依据

2019年12月9日,安徽省高级人民法院发布《关于开展人身损害赔偿标准城乡统一试点实施方案》,明确自2019年12月16日起,尚未审结的一审人身损害赔偿案件,统一按城镇居民标准计算有关赔偿费用。

（二）主要计算标准

1.2019年

注：自2019年12月16日起,尚未审结的一审案件,按照上一年度即2018年的标准计算。

（1）2018年城镇居民人均消费性支出：34393元/年；

（2）2018年城镇居民人均消费性支出：21523元/年。

2.2020年

（1）2019年城镇居民人均可支配收入：37540元/年；

（2）2019年城镇居民人均消费性支出：23782元/年。

3.2021年

（1）2020年城镇居民人均可支配收入：39442元/年；

（2）2020年城镇居民人均消费性支出：22683元/年。

4.2022年

（1）2021年城镇居民人均可支配收入：43009元/年；

（2）2021年城镇居民人均消费性支出：26495元/年。

5.2023年

（1）2022年城镇居民人均可支配收入：45133元/年；

（2）2022年城镇居民人均消费性支出：26832元/年。

（三）适用赔偿项目

1.残疾/死亡赔偿金

试点、现行：城镇居民人均可支配收入标准。

2.被扶养人生活费

试点、现行：城镇居民人均消费性支出标准。

五、福建省

(一)法律文件依据

2019年10月29日,福建省高级人民法院即发布《关于在省内部分地区开展人身损害赔偿标准城乡统一试点的通知》,决定在厦门、莆田、平潭三地法院开展人身损害赔偿纠纷案件统一城乡居民赔偿标准试点工作,并要求试点地区人身损害赔偿标准城乡统一自2020年1月1日起试行。2021年10月31日,福建省高级人民法院发布《关于在全省范围内进一步推进人身损害赔偿标准城乡统一试点工作的通知》,明确自2021年11月1日起在全省范围内进一步开展人身损害赔偿标准城乡统一试点工作,新受理的一审人身损害赔偿纠纷案件,不再区分城镇居民与农村居民赔偿标准,残疾赔偿金、死亡赔偿金、被扶养人生活费均统一按照政府统计部门公布的省、经济特区和计划单列市上一年度城镇居民人均可支配收入标准计算。2022年5月1日,《最高人民法院关于审理人身损害赔偿案件适用法律若干问题的解释》(2022修正)开始施行,规定统一采用城镇居民标准计算,其中"城镇居民人均可支配收入""城镇居民人均消费支出"按照政府统计部门公布的各省、自治区、直辖市以及经济特区和计划单列市上一年度相关统计数据确定。

(二)主要计算标准

1.2020年

注:自2020年1月1日起,按照上一年度即2019年的标准计算。

(1)2019年福建省城镇居民人均可支配收入:45620元/年;

(2)2019年福建省城镇居民人均消费性支出:30946元/年。

2.2021年

(1)2020年福建省城镇居民人均可支配收入:47160元/年;

(2)2020年福建省城镇居民人均消费性支出:30487元/年。

3.2022年

(1)2021年福建省城镇居民人均可支配收入:51140元/年;

(2)2021年福建省城镇居民人均消费性支出:33942元/年。

4.2023年

(1)2022年福建省城镇居民人均可支配收入:53817元/年;

(2)2022年福建省城镇居民人均消费性支出:35692元/年。

经济特区:厦门市。

1.2020年

注:自2020年1月1日起,按照上一年度即2019年的标准计算。

（1）2019年厦门市城镇居民人均可支配收入：59018元/年；

（2）2019年厦门市城镇居民人均消费性支出：38442元/年。

2.2021年

（1）2020年厦门市城镇居民人均可支配收入：61331元/年；

（2）2020年厦门市城镇居民人均消费性支出：38069元/年。

3.2022年

（1）2021年厦门市城镇居民人均可支配收入：67197元/年；

（2）2021年厦门市城镇居民人均消费性支出：43010元/年。

4.2023年

（1）2022年厦门市城镇居民人均可支配收入：70467元/年；

（2）2022年厦门市城镇居民人均消费性支出：45165元/年。

（三）适用赔偿项目

1.残疾/死亡赔偿金

试点、现行：福建省/厦门市城镇居民人均可支配收入标准。

2.被扶养人生活费

试点、现行：福建省/厦门市城镇居民人均消费性支出标准。

六、江西省

（一）法律文件依据

2020年3月16日，江西省高级人民法院发布《关于开展人身损害赔偿标准城乡统一试点工作的意见》，明确侵权行为发生在2020年4月1日（含当日）以后的，全省法院受理的各类人身损害赔偿纠纷案件，包括民事案件、刑事附带民事案件，如涉及残疾赔偿金、死亡赔偿金以及被扶养人生活费赔偿标准计算的，均统一按照江西省城镇居民标准计算。

（二）主要计算标准

1.2020年

注：侵权行为发生于2020年4月1日（含当日）之后的案件，按照上一年度即2019年的标准计算。

（1）2019年城镇居民人均可支配收入：36546元/年；

（2）2019年城镇居民人均消费性支出：22714元/年。

2.2021年

（1）2020年城镇居民人均可支配收入：38556元/年；

（2）2020年城镇居民人均消费性支出：22134元/年。

3.2022年

（1）2021年城镇居民人均可支配收入：41684元/年；

（2）2021年城镇居民人均消费性支出：24587元/年。

4.2023年

（1）2022年城镇居民人均可支配收入：43697元/年；

（2）2022年城镇居民人均消费性支出：25976元/年。

（三）适用赔偿项目

1.残疾/死亡赔偿金

试点、现行：城镇居民人均可支配收入标准。

2.被扶养人生活费

试点、现行：城镇居民人均消费性支出标准。

七、山东省

（一）法律文件依据

2020年3月12日，山东省高级人民法院发布《关于开展人身损害赔偿标准城乡统一试点工作意见的通知》，规定自2020年3月12日起，在民事诉讼中，对各类人身损害赔偿纠纷案件（含海事案件），一审、二审尚未审结的，不再区分城镇居民和农村居民，统一按照山东省城镇居民赔偿标准计算相关项目赔偿数额。

（二）主要计算标准

1.2020年

注：自2020年3月12日起，尚未审结的一审、二审案件，按照上一年度即2019年的标准计算。

（1）2019年城镇居民人均可支配收入：42329元/年；

（2）2019年城镇居民人均消费性支出：26731元/年。

2.2021年

（1）2020年城镇居民人均可支配收入：43726元/年；

（2）2020年城镇居民人均消费性支出：27291元/年。

3.2022年

（1）2021年城镇居民人均可支配收入：47066元/年；

（2）2021年城镇居民人均消费性支出：29314元/年。

4.2023年

(1)2022年城镇居民人均可支配收入:49050元/年;

(2)2022年城镇居民人均消费性支出:30391元/年。

(三)适用赔偿项目

1.残疾/死亡赔偿金

试点、现行:城镇居民人均可支配收入标准。

2.被扶养人生活费

试点、现行:城镇居民人均消费性支出标准。

第三节　华中地区赔偿标准

一、河南省

(一)法律文件依据

2019年12月20日,河南省高级人民法院发布《关于开展人身损害赔偿案件统一城乡标准试点工作的意见(试行)》,明确自2019年12月20日起,全省法院机动车交通事故责任纠纷案件,一审、二审尚未审结的,不再区分受害人住所地或经常居住地、收入来源等因素,其残疾赔偿金、死亡赔偿金、被扶养人生活费统一按照河南省城镇居民标准计算。2021年11月1日,河南省高级人民法院发布《关于进一步推进人身损害赔偿案件统一城乡标准试点工作的意见(试行)》,规定自2021年11月1日起,全省法院人身损害赔偿类民事纠纷案件,残疾赔偿金、死亡赔偿金、被扶养人生活费统一按照河南省城镇居民标准计算。

(二)主要计算标准

1.2019年

注:自2019年12月20日起,一审、二审尚未审结的案件,按照上一年度即2018年的标准计算。

(1)2018年城镇居民人均可支配收入:31874.19元/年;

(2)2018年城镇居民人均消费性支出:20989.15元/年。

2.2020年

(1)2019年城镇居民人均可支配收入:34200.97元/年;

(2)2019年城镇居民人均消费性支出:21971.57元/年。

3.2021年

(1)2020年城镇居民人均可支配收入:34750.34元/年;

(2)2020年城镇居民人均消费性支出:20644.91元/年。

4.2022年

(1)2021年城镇居民人均可支配收入:37095元/年;

(2)2021年城镇居民人均消费性支出:23178元/年。

5.2023年

(1)2022年城镇居民人均可支配收入:38484元/年;

(2)2022年城镇居民人均消费性支出:23539元/年。

(三)适用赔偿项目

1.残疾/死亡赔偿金

试点、现行:城镇居民人均可支配收入标准。

2.被扶养人生活费

试点、现行:城镇居民人均消费性支出标准。

二、湖北省

(一)法律文件依据

2019年12月31日,湖北省高级人民法院发布《关于开展人身损害赔偿标准城乡统一试点工作的通知》,明确侵权行为发生在2020年1月1日后的人身损害赔偿纠纷案件,对于残疾赔偿金、死亡赔偿金、被抚养人生活费,统一按照湖北省城镇居民标准计算。

(二)主要计算标准

1.2020年

注:侵权行为发生于2020年1月1日(含本日)之后的案件,按照上一年度即2019年的标准计算。

(1)2019年城镇居民人均可支配收入:37601元/年;

(2)2019年城镇居民人均消费性支出:26422元/年。

2.2021年

(1)2020年城镇居民人均可支配收入:36706元/年;

（2）2020年城镇居民人均消费性支出：22885元/年。

3.2022年

（1）2021年城镇居民人均可支配收入：40278元/年；

（2）2021年城镇居民人均消费性支出：28506元/年。

4.2023年

（1）2022年城镇居民人均可支配收入：42626元/年；

（2）2022年城镇居民人均消费性支出：29121元/年。

（三）适用赔偿项目

1.残疾/死亡赔偿金

试点、现行：城镇居民人均可支配收入标准。

2.被扶养人生活费

试点、现行：城镇居民人均消费性支出标准。

三、湖南省

（一）法律文件依据

2021年10月14日，湖南省高级人民法院发布《关于进一步推进人身损害赔偿标准城乡统一试点工作的通知》，明确自2021年11月1日起，将人身损害赔偿标准城乡统一试点工作范围扩大至湖南省全辖区，将试点案件类型范围扩大至所有人身损害赔偿类民事纠纷。

在此之前，湖南省高级人民法院根据最高法授权及各地申请情况，已经批复同意长沙、岳阳、常德、郴州四个地区两级法院就机动车交通事故责任纠纷案件开展统一城乡居民赔偿标准试点工作。2019年12月20日，长沙市中级人民法院发布《关于在全市机动车交通事故责任纠纷案件中统一适用城镇居民人身损害赔偿标准的意见的通知（试行）》；2020年1月1日，常德市中级人民法院发布《关于在全市机动车交通事故责任纠纷案件中统一适用城镇居民人身损害赔偿标准的意见（试行）》；2020年1月1日，岳阳市中级人民法院发布《关于在全市机动车交通事故责任纠纷案件中统一适用城镇居民人身损害赔偿标准的意见（试行）》；2019年12月9日，郴州市中级人民法院发布《关于在全市机动车交通事故责任纠纷案件中统一适用城镇居民人身损害赔偿标准的意见（试行）》。

★示例★

（2020）湘1024民初1585号案件：本院认为，公民的合法权益受法律保护，根据最高人民法院《关于授权开展人身损害赔偿标准城乡统一试点的通知》，湖南省高级人民法院已批复同意郴州市两级法院在辖区内就机动车交通事故责任纠纷案件开展统一城乡居民赔偿标准试点工作,故本案原告诉请的残疾赔偿金按湖南省上年度城镇居民人均可支配收入标准计算,被扶养人生活费也按湖南省上一年度城镇居民人均消费性支出标准计算。

(二)主要计算标准

1.2020年

注:2020年的案件(长沙、岳阳、常德、郴州四个地区),按照上一年度即2019年的标准计算。

(1)2019年城镇居民人均可支配收入:39842元/年;

(2)2019年城镇居民人均消费性支出:26924元/年。

2.2021年

注:自2021年11月1日起,试点工作范围扩大至湖南省全辖区。

(1)2020年城镇居民人均可支配收入:41698元/年;

(2)2020年城镇居民人均消费性支出:26796元/年。

3.2022年

(1)2021年城镇居民人均可支配收入:44866元/年;

(2)2021年城镇居民人均消费性支出:28294元/年。

4.2023年

(1)2022年城镇居民人均可支配收入:47301元/年;

(2)2022年城镇居民人均消费性支出:29580元/年。

(三)适用赔偿项目

1.残疾/死亡赔偿金

试点(长沙、岳阳、常德、郴州)、现行(全省):城镇居民人均可支配收入标准。

2.被扶养人生活费

试点(长沙、岳阳、常德、郴州)、现行(全省):城镇居民人均消费性支出标准。

第四节　华南地区赔偿标准

一、广东省

(一)法律文件依据

2019年12月20日,广东省高级人民法院发布《关于在全省法院民事诉讼中开展人身损害赔偿标准城乡统一试点工作的通知》,决定在全省法院民事诉讼中开展人身损害赔偿标准城乡统一试点工作,对2020年1月1日以后发生的人身损害,在民事诉讼中统一按照有关法律和司法解释规定的广东省城镇居民标准(一般地区)计算残疾赔偿金、死亡赔偿金、被扶养人生活费。2022年5月1日,《最高人民法院关于审理人身损害赔偿案件适用法律若干问题的解释》(2022年修正)开始施行,规定统一采用城镇居民标准计算,其中"城镇居民人均可支配收入""城镇居民人均消费支出"按照政府统计部门公布的各省、自治区、直辖市以及经济特区和计划单列市上一年度相关统计数据确定。

(二)主要计算标准

一般地区:除深圳市、珠海市、汕头市以外的其他地区。

1.2020年

注:人身损害发生于2020年1月1日之后(含本日)的案件,按照上一年度即2019年的标准计算。

(1)2019年广东省城镇居民人均可支配收入:48118元/年;

(2)2019年广东省城镇居民人均消费性支出:34424元/年。

2.2021年

(1)2020年广东省城镇居民人均可支配收入:50257元/年;

(2)2020年广东省城镇居民人均消费性支出:33511元/年。

3.2022年

(1)2021年广东省城镇居民人均可支配收入:54854元/年;

(2)2021年广东省城镇居民人均消费性支出:36621元/年。

4.2023年

（1）2022年广东省城镇居民人均可支配收入：56905元/年；

（2）2022年广东省城镇居民人均消费性支出：36936元/年。

★示例★

（2022）粤2071民初31364号案件（广东省中山市第一人民法院）、（2023）粤20民终2006号案件（广东省中山市中级人民法院）：关于舒×的损失，一审法院认定如下，残疾赔偿金，按2021年广东省城镇居民人均可支配收入54854元/年×20年×10%计算为109708元。

计划单列市：深圳市。

1.2020年

（1）2019年深圳市城镇居民人均可支配收入：62522元/年；

（2）2019年深圳市城镇居民人均消费性支出：43113元/年。

2.2021年

（1）2020年深圳市城镇居民人均可支配收入：64878元/年；

（2）2020年深圳市城镇居民人均消费性支出：40581元/年。

3.2022年

（1）2021年深圳市城镇居民人均可支配收入：70847元/年；

（2）2021年深圳市城镇居民人均消费性支出：46286元/年。

4.2023年

（1）2022年深圳市城镇居民人均可支配收入：72718元/年；

（2）2022年深圳市城镇居民人均消费性支出：44793元/年。

★示例★

（2020）粤0304民初55297号案件（广东省深圳市福田区人民法院）、（2021）粤03民终26708号案件（广东省深圳市中级人民法院）：本案中，在现有证据足以证明李××已经在城镇连续居住一年以上且主要收入来源于城镇的情况下，一审以深圳市居民人均可支配收入作为计算残疾赔偿金的标准并无不当。

经济特区：珠海市、汕头市。

1.2020年

（1）2019年珠海市城镇居民人均可支配收入：55219元/年；

（2）2019年珠海市城镇居民人均消费性支出：40031元/年；

（3）2019年汕头市城镇居民人均可支配收入：31416元/年；

（4）2019年汕头市城镇居民人均消费性支出：23854元/年。

2.2021年

（1）2020年珠海市城镇居民人均可支配收入：58475元/年；

（2）2020年珠海市城镇居民人均消费性支出：37778元/年；

（3）2020年汕头市城镇居民人均可支配收入：32922元/年；

（4）2020年汕头市城镇居民人均消费性支出：24050元/年。

3.2022年

（1）2021年珠海市城镇居民人均可支配收入：64234元/年；

（2）2021年珠海市城镇居民人均消费性支出：43957元/年；

（3）2021年汕头市城镇居民人均可支配收入：35601元/年；

（4）2021年汕头市城镇居民人均消费性支出：25268元/年。

4.2023年

（1）2022年珠海市城镇居民人均可支配收入：65743元/年；

（2）2022年珠海市城镇居民人均消费性支出：42857元/年；

（3）2022年汕头市城镇居民人均可支配收入：37037元/年；

（4）2022年汕头市城镇居民人均消费性支出：25094元/年。

（三）适用赔偿项目

1.残疾/死亡赔偿金

试点、现行：广东省/深圳市/珠海市/汕头市城镇居民人均可支配收入标准。

2.被扶养人生活费

试点、现行：广东省/深圳市/珠海市/汕头市城镇居民人均消费性支出标准。

二、广西壮族自治区

（一）法律文件依据

2019年12月26日，广西壮族自治区高级人民法院发布《关于开展人身损害赔偿标准城乡统一试点工作的通知》，明确自2020年1月1日起，全区各级人民法院统一展开试点工作，新受理的一审案件按照广西城镇居民标准计算相关赔偿项目。

（二）主要计算标准

1.2020年

注：自2020年1月1日（含本日）起，新受理的一审案件，按照上一年度即2019年的标准

计算。

    (1)2019年城镇居民人均可支配收入:34745元/年;

    (2)2019年城镇居民人均消费性支出:21591元/年。

2.2021年

    (1)2020年城镇居民人均可支配收入:35859元/年;

    (2)2020年城镇居民人均消费性支出:20907元/年。

3.2022年

    (1)2021年城镇居民人均可支配收入:38530元/年;

    (2)2021年城镇居民人均消费性支出:22555元/年。

4.2023年

    (1)2022年城镇居民人均可支配收入:39703元/年;

    (2)2022年城镇居民人均消费性支出:22438元/年。

(三)适用赔偿项目

1.残疾/死亡赔偿金

试点、现行:城镇居民人均可支配收入标准。

2.被扶养人生活费

试点、现行:城镇居民人均消费性支出标准。

三、海南省

(一)法律文件依据

2020年1月9日,海南省高级人民法院发布《关于统一全省人身损害赔偿纠纷案件赔偿标准的意见(试行)》,明确自2020年1月1日起,正式启动人身损害赔偿纠纷案件统一赔偿标准试点工作,尚未终审的案件,不再区分受害人户籍以及住所地、经常居住地、收入来源等因素,其残疾赔偿金、死亡赔偿金、被扶养人生活费均统一按照海南省城镇居民标准计算。

(二)主要计算标准

1.2020年

注:自2020年1月1日起,尚未终审的案件,按照上一年度即2019年的标准计算。

    (1)2019年城镇居民人均可支配收入:36017元/年;

    (2)2019年城镇居民人均消费性支出:25317元/年。

2.2021年

    (1)2020年城镇居民人均可支配收入:37097元/年;

    (2)2020年城镇居民人均消费性支出:23560元/年。

3.2022年

（1）2021年城镇居民人均可支配收入：40213元/年；

（2）2021年城镇居民人均消费性支出：27565元/年。

4.2023年

（1）2022年城镇居民人均可支配收入：40118元/年；

（2）2022年城镇居民人均消费性支出：26418元/年。

（三）适用赔偿项目

1.残疾/死亡赔偿金

试点、现行：城镇居民人均可支配收入标准。

2.被扶养人生活费

试点、现行：城镇居民人均消费性支出标准。

第五节　东北地区赔偿标准

一、辽宁省

（一）法律文件依据

2020年1月9日，辽宁省高级人民法院发布《关于开展人身损害赔偿标准城乡统一试点工作的实施方案》，明确2020年1月1日以后（含当日）立案受理的第一审侵权责任纠纷项下的人身损害赔偿纠纷民事案件，依据"全体居民人均可支配收入""全体居民人均消费支出"数据来计算赔偿金额，不再区分城镇居民和农村居民。2022年5月1日，《最高人民法院关于审理人身损害赔偿案件适用法律若干问题的解释》（2022年修正）开始施行，全国统一采用城镇居民标准计算。

（二）主要计算标准

1.2020年

注：2020年1月1日之后（含本日）立案受理的一审案件，按照上一年度即2019年的标准计算。

（1）2019年全体居民人均可支配收入：29701元/年；

（2）2019年全体居民人均消费性支出：21398元/年。

2.2021年

（1）2020年全体居民人均可支配收入：32738元/年；

（2）2020年全体居民人均消费性支出：20672元/年。

3.2022年

侵权行为发生于2022年5月1日之前。

（1）2021年全体居民人均可支配收入：35112元/年；

（2）2021年全体居民人均消费性支出：20104元/年。

侵权行为发生于2022年5月1日（含本日）之后。

（1）2021年城镇居民人均可支配收入：43051元/年；

（2）2021年城镇居民人均消费性支出：28438元/年。

4.2023年

（1）2022年城镇居民人均可支配收入：44003元/年；

（2）2022年城镇居民人均消费性支出：26652元/年。

（三）适用赔偿项目

1.残疾/死亡赔偿金

（1）试点：全体居民人均可支配收入标准；

（2）现行：城镇居民人均可支配收入标准。

2.被扶养人生活费

（1）试点：全体居民人均消费性支出标准；

（2）现行：城镇居民人均消费性支出标准。

二、吉林省

（一）法律文件依据

2020年9月25日，吉林省高级人民法院发布《关于在全省法院开展人身损害赔偿标准城乡统一试点工作的意见》，明确自2020年10月1日起，新受理的人身损害赔偿纠纷案件按照吉林省城镇居民标准执行。

（二）主要计算标准

1.2020年

注：2020年10月1日之后（含本日）新受理的案件，按照上一年度即2019年的标准计算。

（1）2019年城镇居民人均可支配收入：32299元/年；

（2）2019年城镇居民人均消费性支出：23394元/年。

2.2021年

（1）2020年城镇居民人均可支配收入：33396元/年；

（2）2020年城镇居民人均消费性支出：21623元/年。

3.2022年

（1）2021年城镇居民人均可支配收入：35646元/年；

（2）2021年城镇居民人均消费性支出：24421元/年。

4.2023年

（1）2022年城镇居民人均可支配收入：35471元/年；

（2）2022年城镇居民人均消费性支出：21835元/年。

（三）适用赔偿项目

1.残疾/死亡赔偿金

试点、现行：城镇居民人均可支配收入标准。

2.被扶养人生活费

试点、现行：城镇居民人均消费性支出标准。

三、黑龙江省

（一）法律文件依据

2019年12月23日，黑龙江省高级人民法院发布《关于统一城乡人身损害赔偿标准试点工作的意见》，明确自2020年1月1日起，新受理的一审人身损害赔偿案件，不区分城镇居民和农村居民，统一按照黑龙江省城镇居民赔偿标准计算人身损害赔偿的死亡赔偿金、残疾赔偿金、被扶养人生活费。

（二）主要计算标准

1.2020年

注：2020年1月1日之后（含本日）新受理的案件，按照上一年度即2019年的标准计算。

（1）2019年城镇居民人均可支配收入：30945元/年；

（2）2019年城镇居民人均消费性支出：22165元/年。

2.2021年

（1）2020年城镇居民人均可支配收入：31115元/年；

（2）2020年城镇居民人均消费性支出：20397元/年。

3.2022年

(1)2021年城镇居民人均可支配收入:33646元/年;

(2)2021年城镇居民人均消费性支出:24422元/年。

4.2023年

(1)2022年城镇居民人均可支配收入:35042元/年;

(2)2022年城镇居民人均消费性支出:24011元/年。

(三)适用赔偿项目

1.残疾/死亡赔偿金

试点、现行:城镇居民人均可支配收入标准;

2.被扶养人生活费

试点、现行:城镇居民人均消费性支出标准。

第六节 西南地区赔偿标准

一、重庆市

(一)法律文件依据

2020年4月29日,重庆市高级人民法院发布《关于开展机动车交通事故责任纠纷案件人身损害赔偿标准城乡统一试点工作的意见》,明确自2020年5月1日起,发生的机动车交通事故引发的人身损害赔偿纠纷案件,不区分城镇居民和农村居民,统一按照重庆市城镇居民赔偿标准计算死亡赔偿金、残疾赔偿金、含被扶养人生活费。

(二)主要计算标准

1.2020年

注:人身损害发生于2020年5月1日(含本日)之后的案件,按照上一年度即2019年的标准计算。

(1)2019年城镇居民人均可支配收入:37939元/年;

(2)2019年城镇居民人均消费性支出:25785元/年。

2.2021年

（1）2020年城镇居民人均可支配收入：40006元/年；

（2）2020年城镇居民人均消费性支出：26464元/年。

3.2022年

（1）2021年城镇居民人均可支配收入：43502元/年；

（2）2021年城镇居民人均消费性支出：29850元/年。

4.2023年

（1）2022年城镇居民人均可支配收入：45509元/年；

（2）2022年城镇居民人均消费性支出：30574元/年。

（三）适用赔偿项目

1.残疾/死亡赔偿金

试点、现行：城镇居民人均可支配收入标准。

2.被扶养人生活费

试点、现行：城镇居民人均消费性支出标准。

二、四川省

（一）法律文件依据

2019年11月22日，四川省高级人民法院发布《关于在部分地区开展人身损害赔偿纠纷案件统一城乡居民赔偿标准试点工作的通知》，明确将成都市中级人民法院、遂宁市中级人民法院、宜宾市中级人民法院、阿坝藏族羌族自治州中级人民法院列为试点法院。随后，成都市中级人民法院发布《关于开展人身损害赔偿纠纷案件统一城乡居民赔偿标准试点工作的意见（试行）》，遂宁市中级人民法院发布《关于在全市机动车交通事故责任纠纷和医疗损害责任纠纷案件中统一适用城镇居民人身损害赔偿标准的意见（试行）》，宜宾市中级人民法院发布《关于在全市机动车交通事故责任纠纷和医疗损害责任纠纷案件中统一适用城镇居民人身损害赔偿标准的意见（试行）》，阿坝州中级人民法院发布《关于开展人身损害赔偿标准城乡统一试点工作的意见（试行）》，要求侵权行为发生在2020年1月1日（含当日）以后的人身损害赔偿纠纷案件统一适用四川省城镇居民赔偿标准。2021年3月1日，四川省高级人民法院《关于在全省开展人身损害赔偿纠纷案件统一城乡居民赔偿标准试点工作的通知》正式实施，在全省各级法院全面开展人身损害赔偿纠纷案件统一城乡居民赔偿标准试点工作。

（二）主要计算标准

1.2020年

注：侵权行为发生于2020年1月1日（含当日）之后的案件，按照上一年度即2019年的标准计算。

（1）2019年城镇居民人均可支配收入：36154元/年；

（2）2019年城镇居民人均消费性支出：25367元/年。

2.2021年

（1）2020年城镇居民人均可支配收入：38253元/年；

（2）2020年城镇居民人均消费性支出：25133元/年。

3.2022年

（1）2021年城镇居民人均可支配收入：41444元/年；

（2）2021年城镇居民人均消费性支出：26971元/年。

4.2023年

（1）2022年城镇居民人均可支配收入：43233元/年；

（2）2022年城镇居民人均消费性支出：27637元/年。

（三）适用赔偿项目

1.残疾/死亡赔偿金

试点（成都市、遂宁市、宜宾市、阿坝藏族羌族自治州）、现行（全省）：城镇居民人均可支配收入标准。

2.被扶养人生活费

试点（成都市、遂宁市、宜宾市、阿坝藏族羌族自治州）、现行（全省）：城镇居民人均消费性支出标准。

三、贵州省

（一）法律文件依据

2019年11月5日，贵州省高级人民法院发布《关于授权开展人身损害赔偿标准城乡统一试点的通知》，通知各中院在辖区内自行选择2个以上县、区法院作为试点法院，开展人身损害赔偿纠纷案件统一城乡居民赔偿标准试点工作。2019年12月1日，六盘水市中级人民法院发布《关于在全市范围内开展人身损害赔偿标准城乡统一试点的通知》，明确自2019年12月1日起，立案的一审人身损害赔偿纠纷案件，不再区分受害人住所地或经常居所、收入来源等因素，其伤残赔偿金、死亡赔偿、被扶养人生活费统一按照贵州省城镇居民标准计算。2022年5月1日,《最高人民法院关于审理人身损害赔偿案件适用法律若干问题的解释》(2022年修正)开始施行,全国统一采用城镇居民标准计算。

(二)主要计算标准

1.2019年

注:2019年12月1日(含本日)之后立案受理的一审案件(六盘水市),按照上一年度即2018年的标准计算。

(1)2018年城镇居民人均可支配收入:31592元/年;

(2)2018年城镇居民人均消费性支出:20788元/年。

2.2020年

(1)2019年城镇居民人均可支配收入:34404元/年;

(2)2019年城镇居民人均消费性支出:21402元/年。

3.2021年

(1)2020年城镇居民人均可支配收入:36096元/年;

(2)2020年城镇居民人均消费性支出:20587元/年。

4.2022年

(1)2021年城镇居民人均可支配收入:39211元/年;

(2)2021年城镇居民人均消费性支出:25333元/年。

5.2023年

(1)2022年城镇居民人均可支配收入:41086元/年;

(2)2022年城镇居民人均消费性支出:24230元/年。

(三)适用赔偿项目

1.残疾/死亡赔偿金

试点、现行:城镇居民人均可支配收入标准。

2.被扶养人生活费

试点、现行:城镇居民人均消费性支出标准。

四、云南省

(一)法律文件依据

2020年3月25日,云南省高级人民法院发布《关于开展人身损害赔偿标准城乡统一试点工作的通知》,明确侵权行为发生在2020年4月1日后的机动车交通事故责任纠纷案件,全省法院审理不再区分城镇居民和农村居民,死亡赔偿金、残疾赔偿金、被扶养人生活费统一按照云南省城镇居民标准计算。

(二)主要计算标准

1.2020 年

注:侵权行为发生于 2020 年 4 月 1 日(含本日)之后的案件,按照上一年度即 2019 年的标准计算。

(1)2019 年城镇居民人均可支配收入:36238 元/年;

(2)2019 年城镇居民人均消费性支出:23455 元/年。

2.2021 年

(1)2020 年城镇居民人均可支配收入:37500 元/年;

(2)2020 年城镇居民人均消费性支出:24569 元/年。

3.2022 年

(1)2021 年城镇居民人均可支配收入:40905 元/年;

(2)2021 年城镇居民人均消费性支出:27441 元/年。

4.2023 年

(1)2022 年城镇居民人均可支配收入:42168 元/年;

(2)2022 年城镇居民人均消费性支出:26240 元/年。

(三)适用赔偿项目

1.残疾/死亡赔偿金

试点、现行:城镇居民人均可支配收入标准。

2.被扶养人生活费

试点、现行:城镇居民人均消费性支出标准。

五、西藏自治区

(一)法律文件依据

2020 年 3 月 12 日,西藏自治区高级人民法院发布《关于开展人身损害赔偿标准城乡统一试点实施方案》,明确自 2020 年 4 月 1 日起,全区各级人民法院受理的一审人身损害赔偿案件,不再区分受害人住所地或经常居住地、主要收入来源地等因素,其死亡赔偿金、残疾赔偿金、被抚养人生活费统一按照西藏城镇居民标准计算。

(二)主要计算标准

1.2020 年

注：2020 年 4 月 1 日之后(含本日)受理的一审案件,按照上一年度即 2019 年的标准计算。

(1)2019 年城镇居民人均可支配收入：37410 元/年；

(2)2019 年城镇居民人均消费性支出：25637 元/年。

2.2021 年

(1)2020 年城镇居民人均可支配收入：41156 元/年；

(2)2020 年城镇居民人均消费性支出：24927 元/年。

3.2022 年

(1)2021 年城镇居民人均可支配收入：46503 元/年；

(2)2021 年城镇居民人均消费性支出：28159 元/年。

4.2023 年

(1)2022 年城镇居民人均可支配收入：48753 元/年；

(2)2022 年城镇居民人均消费性支出：28265 元/年。

(三)适用赔偿项目

1.残疾/死亡赔偿金

试点、现行：城镇居民人均可支配收入标准。

2.被扶养人生活费

试点、现行：城镇居民人均消费性支出标准。

第七节　西北地区赔偿标准

一、陕西省

(一)法律文件依据

2021 年 9 月 26 日,陕西省高级人民法院发布《关于在全省人身损害赔偿类民事纠纷案件中统一适用城镇居民人身损害赔偿标准的意见（试行）》，将案件范围从机动车事故责任纠纷案件扩大到人身损害赔偿类民事纠纷案件，明确自2021年10月1日起，人身损害赔偿类民事纠纷案件统一按照陕西省城镇居民标准计算残疾赔偿金、死亡赔偿金、被扶养人生活费。在此之前，陕西省高级人民法院已于2019年12月1日起在全省机动车事故责任纠纷案件中开展统一城乡居民赔偿标准试点工作，并制定了《关于在全省机动车事故责任纠纷案件中统一适用城镇居民人身损害赔偿标准的意见（试行）》，明确机动车事故责任纠纷案件中不再区分受害人住所地或经常居住地、收入来源等因素，其残疾赔偿金、死亡赔偿金、被扶养人生活费统一按照陕西省城镇居民标准计算。

（二）主要计算标准

1.2019年

注：2019年12月1日（含本日）之后的案件，按照上一年度即2018年的标准计算。

（1）2018年城镇居民人均可支配收入：33319元/年；

（2）2018年城镇居民人均消费性支出：21966元/年。

2.2020年

（1）2019年城镇居民人均可支配收入：36098元/年；

（2）2019年城镇居民人均消费性支出：23514元/年。

3.2021年

（1）2020年城镇居民人均可支配收入：37868元/年；

（2）2020年城镇居民人均消费性支出：22866元/年。

4.2022年

（1）2021年城镇居民人均可支配收入：40713元/年；

（2）2021年城镇居民人均消费性支出：24784元/年。

5.2023年

（1）2022年城镇居民人均可支配收入：42431元/年；

（2）2022年城镇居民人均消费性支出：24766元/年。

（三）适用赔偿项目

1.残疾/死亡赔偿金

试点、现行：城镇居民人均可支配收入标准。

2.被扶养人生活费

试点、现行：城镇居民人均消费性支出标准。

二、甘肃省

(一)法律文件依据

2020年2月25日,甘肃省高级人民法院会同甘肃省公安厅、甘肃省司法厅、中国银保监管委会甘肃局四部门印发《甘肃省道路交通事故损害赔偿项目计算标准(试行)》,对道路交通事故赔偿项目计算标准做了进一步具体细化,为在其他类型人身损害赔偿案件中推行城乡统一标准试点工作积累了经验、奠定了基础。

(二)主要计算标准

1.2020年

注:2020年2月25日(含本日)之后的案件,按照上一年度即2019年的标准计算。

(1)2019年城镇居民人均可支配收入:32323.4元/年;

(2)2019年城镇居民人均消费性支出:24453.9元/年。

2.2021年

(1)2020年城镇居民人均可支配收入:33821.8元/年;

(2)2020年城镇居民人均消费性支出:24614.6元/年。

3.2022年

(1)2021年城镇居民人均可支配收入:36187元/年;

(2)2021年城镇居民人均消费性支出:25757元/年。

4.2023年

(1)2022年城镇居民人均可支配收入:37572元/年;

(2)2022年城镇居民人均消费性支出:25207元/年。

(三)适用赔偿项目

1.残疾/死亡赔偿金

试点、现行:城镇居民人均可支配收入标准。

2.被扶养人生活费

(1)试点:城镇/农村居民人均消费性支出标准(就高原则)。

(2)现行:城镇居民人均消费性支出标准。

三、青海省

(一)法律文件依据

2020年4月23日,青海省高级人民法院发布《关于开展人身损害赔偿标准城乡统一试点工作的实施意见》,明确自2020年7月1日起,尚未审结的人身损害赔偿案件,死亡赔偿金、残疾赔偿金、被扶养人生活费按照青海省城镇居民标准计算。

(二)主要计算标准

1.2020年

注:自2020年7月1日起,尚未审结的案件,按照上一年度即2019年的标准计算。

(1)2019年城镇居民人均可支配收入:33830元/年;

(2)2019年城镇居民人均消费性支出:23799元/年。

2.2021年

(1)2020年城镇居民人均可支配收入:35506元/年;

(2)2020年城镇居民人均消费性支出:24315元/年。

3.2022年

(1)2021年城镇居民人均可支配收入:37745元/年;

(2)2021年城镇居民人均消费性支出:24513元/年。

4.2023年

(1)2022年城镇居民人均可支配收入:38736元/年;

(2)2022年城镇居民人均消费性支出:21700元/年。

(三)适用赔偿项目

1.残疾/死亡赔偿金

试点、现行:城镇居民人均可支配收入标准。

2.被扶养人生活费

试点、现行:城镇居民人均消费性支出标准。

四、新疆维吾尔自治区

(一)法律文件依据

2019年11月29日,新疆维吾尔自治区高级人民法院发布《关于开展人身损害赔偿纠纷案件统一适用城镇居民人身损害赔偿标准试点工作的通知》,明确自2019年12月1日起,昌吉回族自治州、阿克苏地区所辖两级法院新受理的一审人身损害赔偿纠纷案件和尚未审结的一审、二审人身损害赔偿纠纷案件,不再区分受害人住所地或经常居住地、收入来源等因素,其残疾赔偿金、死亡赔偿金、被扶养人生活费统一按照新疆城镇居民标准计算。2020年5月27日,新疆维吾尔自治区高级人民法院发布《关于扩大开展人身损害赔偿纠纷案件统一适用城镇居民人身损害赔偿标准试点工作的通知》,明确自2020年6月1日起,将试点范围扩展到全区范围,新受理的一审案件和尚未审结的一、二审案件,统一适用新疆城镇居民标准计算。

(二)主要计算标准

1.2019 年

注:自 2019 年 12 月 1 日起,新受理的一审案件和尚未审结的一、二审案件(昌吉回族自治州、阿克苏地区),按照上一年度即 2018 年的标准计算。

(1)2018 年城镇居民人均可支配收入:32764 元/年;

(2)2018 年城镇居民人均消费性支出:24191 元/年。

2.2020 年

注:自 2020 年 6 月 1 日起,试点范围扩展到全区范围。

(1)2019 年城镇居民人均可支配收入:34664 元/年;

(2)2019 年城镇居民人均消费性支出:25594 元/年。

3.2021 年

(1)2020 年城镇居民人均可支配收入:34838 元/年;

(2)2020 年城镇居民人均消费性支出:22592 元/年。

4.2022 年

(1)2021 年城镇居民人均可支配收入 37642 元/年;

(2)2021 年城镇居民人均消费性支出:28692 元/年。

5.2023 年

(1)2022 年城镇居民人均可支配收入:38410 元/年;

(2)2022 年城镇居民人均消费性支出:24142 元/年。

(三)适用赔偿项目

1.残疾/死亡赔偿金

试点(昌吉回族自治州、阿克苏地区)、现行(全区):城镇居民人均可支配收入标准。

2.被扶养人生活费

试点(昌吉回族自治州、阿克苏地区)、现行(全区):城镇居民人均消费性支出标准。

五、宁夏回族自治区

(一)法律文件依据

2019 年 11 月 18 日,宁夏回族自治区高级人民法院发布《关于开展人身损害赔偿标准城乡统一试点的通知》,确定银川市中级人民法院和银川市兴庆区人民法院为试点法院,明确自2020年1月1日起开展试点工作。2022年5月1日,最高人民法院《关于审理人身损害赔偿案件适用法律若干问题的解释》(2022修正)开始施行,全国统一采用城镇居民标准计算。

★示例★

1.(2021)宁0104民初5960号案件(银川市兴庆区人民法院)、(2021)宁01民终2896号案件(银川市中级人民法院):经法院委托重新鉴定,原告构成九级伤残,原告按照城镇居民人均可支配收入34328元/年计算残疾赔偿金,符合法律规定,故法庭认定的残疾赔偿金为137312元(34328元/年×20年×20%)予以支持。

2.(2019)宁0104民初14897号案件(银川市兴庆区人民法院)、(2020)宁01民终2882号案件(银川市中级人民法院):一审法院按照宁夏回族自治区高级人民法院宁高法明传〔2019〕158号文件规定开展人身损害赔偿标准城乡统一试点工作(2019年1月1日起试行)文件精神,确认代某的伤残赔偿金应以城镇居民标准计算适当,上诉人代某、银川中房物业集团股份有限公司的上诉请求均不能成立,应予驳回。

(二)主要计算标准

1.2020年

注:2020年1月1日(含本日)之后的案件(银川市中级人民法院和银川市兴庆区人民法院),按照上一年度即2019年的标准计算。

(1)2019年城镇居民人均可支配收入:34328元/年;

(2)2019年城镇居民人均消费性支出:24161元/年。

2.2021年

(1)2020年城镇居民人均可支配收入:35720元/年;

(2)2020年城镇居民人均消费性支出:22379元/年。

3.2022年

(1)2021年城镇居民人均可支配收入:38291元/年;

(2)2021年城镇居民人均消费性支出:25386元/年。

4.2023年

(1)2022年城镇居民人均可支配收入:40194元/年;

(2)2022年城镇居民人均消费性支出:24213元/年。

(三)适用赔偿项目

1.残疾/死亡赔偿金

试点(银川市中级人民法院和银川市兴庆区人民法院)、现行(全区):城镇居民人均可支配收入标准。

2.被扶养人生活费

试点（银川市中级人民法院和银川市兴庆区人民法院）、现行（全区）：城镇居民人均消费性支出标准。

《最高人民法院关于审理人身损害赔偿案件适用法律若干问题的解释》（2022年修正）的正式施行，是人民法院贯彻落实党中央重大决策部署，为全面推进乡村振兴战略提供司法服务和保障的重要举措。城乡居民赔偿标准统一前，法院通常须结合受害人住所地、经常居住地等因素，确定应当采用城镇居民标准还是农村居民标准计算残疾赔偿金、死亡赔偿金、被扶养人生活费的赔偿数额，赔偿权利人为证明应适用城镇居民标准，需要承担较重的举证责任，法院也需要投入较大的时间、精力对相关证据进行审查。城乡居民赔偿标准统一后，在交通事故人身损害赔偿案件中，能够更充分地保护受害人利益，极大地降低受害人的举证难度，减轻受害人的诉累，也能够最大化地优化司法资源配置，从而使得农村居民能够更好地分享到改革的红利，促进城乡融合发展，不断增强人民群众尤其是农村居民的安全感和获得感。

第十章

交通事故案件案源开拓

第一节　案源开拓概述

案源开拓是什么？每一位律师都有自己的回答，在律师的日常工作中，总有一部分时间是属于案源开拓，因此，只有从律师工作的实践中，才能总结出何为案源开拓。所谓案源开拓，指的是律师或律师事务所通过各种方式和渠道，寻找并获取新的案件资源，以增加业务量和收入。这通常涉及市场营销、建立人际关系网络、提供高质量的法律服务以吸引口碑推荐等策略。在案源开拓的实践中，笔者将案源开拓的特征概括如下。

一、案源开拓是一项律师职业实践活动（客观实践性）

律师职业本质上是实践的，离开了与客观外在的交互联系，律师能力突破与提升均无从谈起。

案源开拓活动最本质的特征，是它存在于实践中，实践是案源开拓的生命，任何脱离实践的空谈均无法触及案源开拓活动的核心。律师只有在实践中才能学习、精进个人的案源开拓能力。实践包括直接实践活动以及间接实践经验。关于直接实践，强调律师需要亲自主动投身案源开拓的实践活动。但是，对于初入职场的律师而言，直接的实践活动相对较少，一方面，个人能力相对不足，难以进行案源开拓；另一方面，法律事务关乎客户切身利益，没有客户会将个人法律事务轻易交付一名初级律师。因此，青年律师应当具备足够的耐心，循序渐进，重视间接实践机会的获取和学习。关于间接实践，笔者将其分为初步的间接实践以及深化的间接实践，所谓初步的间接实践，是指脱离实践检验的全盘接受。案源开拓的经验方法总结具有鲜明的律师个人属性，一味地照搬照抄，并不是一个科学的学习态度。深化的间接实践包括两种：一种是有目的的学习，即结合自身的实践需要，有目的、有规划、有意识地主动学习相关领域的案源开拓实践经验。案源开拓实践多样繁复，并不通用，例如，开拓婚姻案源的律师经验并不适用于开拓建工案源的律师。要结合自身的领域有目的的吸收借鉴相关案源开拓经验。另一种参与性的间接实践，即与成熟律师合作进行案源开拓，在参与中学习、精进个人的案源开拓能力，是更进一步的间接实践活动。每一位独立主办律师均有个人特色的案源开拓经验，这些经验如同冰山效应一样被主办律师藏器于身，经验交流仅是浮于水面的一部分。案源合作的过程，是主办律师展示能力的过程，亦是学习、借鉴的过程。笔者认为，案源开拓的经验很少写在书本上，它存在于实践中，需要主办律师重视亲自实践,更需要重视案源合作、交流互鉴,实践将直接实践和间接实践结合起来,才能真正精进个人的案源开拓能力。

二、案源开拓是一项需要律师积极主动去探索尝试的实践活动(主观能动性)

案源开拓并不是一项坐而论道、守株待兔的活动,而是一项需要律师积极主动去探索尝试的活动。在案源开拓方面缺乏积极主动性,欠缺积极进取的心态,是传统律师职业的不足。案源开拓是需要积极主动的,但是这种主动不是漫无目的地盲动,需要与具体的案源开拓方式相结合,不同的方式需要不同的努力方向,这种主动也不是心血来潮的冲动,是建立在对于主客观各方面因素精准评估、科学规划的基础之上,是一种持续稳定源源不断的自信进取。换言之,案源开拓所需要的积极主动具有两方面的特征,一是明确的努力方向;二是科学地评估规划。

三、案源开拓是一项建立在业务办理能力基础之上的实践活动(能力优先性)

案源开拓能力并不是凭空产生的,是主办律师职业能力的一部分。一方面,案源开拓的前提,在于主办律师是否具备业务办理的能力,如果主办律师不会办业务,不熟悉业务办理的流程和细节,不具备业务办理的经验和技艺,则案源开拓无法持续推进;另一方面,业务办理能力与案源开拓能力并不是完全割裂的关系,两者在不同的阶段职业侧重点不同,需要优先实现业务办理能力的零的突破、阶段量变积累和质变提升之后,才可以将能力提升的关注点逐步倾向到案源开拓能力方面。业务办理能力是案源开拓能力能够持续稳定输出的基础性因素,无业务办理能力则无案源开拓能力,案源开拓的成功必然包含业务办理能力因素,但是仅有业务办理能力并不意味着案源开拓能力的必然提高。案源开拓不是业务办理本身,是一项建立在业务办理能力的基础之上的实践活动。

四、案源开拓是一项以促成价值转化为目的的实践活动(明确目的性)

案源开拓具有明确的目的,即促成委托以及扩大宣传。案源开拓最为直接的目的,便是促成客户的委托,客户愿意为律师服务付费,笔者将这一目的概括为案源开拓的短期价值。案源开拓的另一目的,是通过案源开拓积累个人客户,扩大个人职业宣传,笔者将这一目的概括为案源开拓的长期价值。案源开拓的这一目的概括解释了案源开拓过程中免费咨询的意义所在,通过咨询建立客户联系,扩大个人影响力、知名度和个人宣传,属于长远的利益。通过案源开拓活动,促成律师职业的价值转化,包括短期以及长期价值,实现律师职业长远发展。

五、案源开拓是一项开拓渠道多元化的实践活动(渠道多元化)

案源开拓渠道具有多元化的特点,笔者将案源开拓概括为四类:团队案源、法援案源、平台案源、微信案源。应当注重案源开拓渠道的多元化和整合,注重亲朋、微信、法援、团队、平台五种案源开拓方式的实践和整合。综上所述,笔者将案源开拓的特征概括为:客观实践性、主观能动性、能力优先性、明确目的性、渠道多元化。结合案源开拓活动的特征,可以概括案源开拓活动的概念:案源开拓是一项以业务办理能力为基础和前提的,以促成价值转化和扩大职业宣传为目的的,需要积极主动去探索尝试的,开拓渠道多元化的律师职业实践活动。

第二节　开拓案源的方法

　　近年来国内新入行的律师执业现状并不是很乐观,其中,案源不足成为压在无数入行律师心头的一块大石,甚至有些很有潜力的青年律师因缺乏案源而被迫放弃了律师职业。俗话说,"授人以鱼,不如授人以渔"。交通事故案件胜诉率高、执行率高、规则相对确定,学习起来能力提升快。办理交通案件不仅能够使青年律师熟练掌握民事诉讼程序,同时也对熟悉其他业务领域和程序有很多帮助。基于以上特点,交通事故案件特别适合青年律师,尤其是新手律师学习和承办。那么如何获取交通事故案件,"我的客户在哪里?"这是每一个青年律师在开始执业时都会不断追问自己和前辈律师的问题。律师行业具有不确定性、无形性、高风险性等特点,笔者将从以下几个方面介绍,以增强青年律师开拓案源的能力。

一、利用好亲朋、好友、同学、老乡、朋友圈

　　做律师后,要在第一时间向亲朋、好友、同学、老乡分享你已开始做律师的信息,多发名片,多走访,多交流感情,并保持良好的联系和问候。对于他们的咨询要表示重视,并予以耐心解答。这是很重要的一个圈子,别人对你的充分信任是你成功的基础,你的第一个客户可能就从其中产生,特别是交通事故案件,生活中,你的家人朋友或多或少都可能接触到交通事故有关的案件,这时作为与你家人朋友最近的你,就最有可能成为该交通事故案件的代理律师。

　　青年律师从业之初,首先要用好自己手中现有的人脉关系,也就是你的校园圈、朋友圈、亲友圈。我们在校园里结识了很多老师、同学,可以通过经常聚会、电话拜访等方式和老师、同学保持密切的联系,让他们知道你现在是在做律师,如果有合适的案源可以介绍给你。我们还可以参加校友会,这些校友中会有一些大大小小的企业家或社会各行各业人

士,这些校友可能会成为你的客户,或者为你引荐客户,这些基于师生情缘而结识的师兄、师姐或许会是你的坚强后盾。同时,我们通过各种渠道认识的朋友,要跟他们多联系,主动为朋友排忧解难,建立起深厚的友情,通过资源整合,这些朋友会成为你人际关系网的重要一部分。亲友团同样也很重要,多年不走动的亲戚可以多联系,无论是血亲关系还是姻亲关系的亲友,无论是穷亲戚还是富亲戚,我们都可以与之建立稳定的关系,获得对方的认可。如果是在异地执业的律师,还可以通过参加当地的老乡会来获取人脉资源。共同的家乡话题、思乡情愁,共同的饮食文化会让我们更好地融入老乡的圈子,获得一定的案源。要想尽快开拓出自己的案源,我们需要做一个积极的社会活动家,通过各种渠道和方式,打造自己的社会人脉关系网,串联起各方当事人与自己的纽带。青年律师可以通过在熟人圈、在各种可能接触到的社交活动中推销自己,表明自己的律师身份,展现自己的专业能力以获得案件委托。比如,多参加一些社会活动、朋友宴会、同学聚会、亲友婚宴等,参加活动时带上自己的名片,只要有合适的人就派发自己的名片,如果有遇到法律问题可能需要咨询的,可以热情地向对方介绍自己,免费为其提供现场简单咨询服务,如果三言两语可以讲解清楚的,直接替对方把问题解释清楚,如果三言两语解释不清的,可以留电话给对方约时间到办公室详细面谈。对于交往中碰到的一些潜在的客户,可以定期致电或上门拜访。

二、传统的口碑营销

也就是口耳相传。老客户介绍新客户,记得一定要认真热情对待,并提供最佳的法律解决方案。不论成功是否,一定要第一时间联系并感谢你的业务介绍人,告知他是否办理了委托,解决了哪些法律问题等。这是一种最原始、最传统的营销方式,但也是最有效的营销方式。往往传统的东西就是最好的。

根据营销学界经典的"250定律",每个社会中的人天生都有250名左右的客户。根据营销实验观察,每个人会经常与6个人保持紧密接触和交往,而这6个人每个人又都有自己经常保持接触和交往的6个人,这36个人每个人又有经常接触交往的6个人,这样三个层面加起来总共是258人。因此社会中的每个人,无论是青年律师还是成功的大律师,都会形成一个250人左右基本稳定的人脉圈子。假如这250人中有20%的人能为你带来80%的业务和收益,那么能经常为你带来业务的人就是50人左右,这个数字刚好说明我们的人脉圈子中前两层的36个人是我们业务主要的提供者。

多和以前的当事人联络,如果别人有需要帮助的,尽我们所能去帮助。青年律师要构筑好、利用好我们的人脉圈,这是一个投资少、见效快的好办法。这也是成功律师们历来常用的传统营销手法之一。

宣传一定要遵循间接宣传原则。自己说自己好,是王婆卖瓜,自卖自夸,难以让别人信服。只有别人说你好,才是真的好。间接宣传也叫客观评价,通过客观评价,能让别人更相信你。因此,这是一种非常有效的推广手段,当然,自己要有底气和水平。

三、利用交通事故有关的各行业人员

1. 交警、协警

交警是公安机关中负责交通秩序管理、交通事故勘察的人民警察。现在,交警在道路交通事故的处理过程中,服务的色彩更加浓厚,公安部门已经把交警的角色定位为及时取证、作出专业认定,包括勘查现场,收集证据;根据事故当事人的违章行为与交通事故的因果关系、作用大小等,做出对当事人的交通事故责任认定;对交通事故造成的伤、亡及经济损失的赔偿,召集双方当事人进行调解。

律师在平时的工作中,可以主动与当地公安机关交通管理部门进行联系和沟通,建立良好的合作关系。当交警或协警遇到交通事故案件时,就可以主动向律师介绍相关案源。

律师可以通过向公安机关申请,要求成为公安机关的法律顾问,以此为契机与交警、协警建立联系。在申请过程中,律师需要提供律师执业证明、个人简历和其他相关材料。

在办理某个交通事故案件时,当事人可以选择委托律师代理,律师可以通过与交警、协警的沟通,获取案件相关的信息和材料。如果律师在代理案件的过程中表现良好,就有可能在日后得到交警、协警的信任和介绍。

需要注意的是,无论是公安机关还是律师都需要遵守相关法律规定,并且必须保护当事人的合法权益。律师不应利用职务之便谋取不正当利益,否则将面临纪律处分和法律惩罚。

2. 医院骨科、伤科医护人员

医院骨科医护人员同样是第一时间接触到潜在事故当事人的群体。作为律师,你可以通过以下几种途径来让医院骨科、伤科医护人员向你介绍交通事故案源。

与医院建立联系:可以主动与医院的骨科、伤科医护人员建立联系,让他们知道您是一名交通事故律师,如果他们遇到了交通事故患者需要法律援助的情况,可以向你介绍案源。

参加医学专业学术活动:可以参加一些医学专业的学术活动,例如研讨会、讲座等,与医院骨科、伤科医护人员建立更深入的联系,提高你的知名度和专业声誉。

在医院开展法律知识宣传活动:与医院合作,开展一些法律知识宣传活动,例如讲座、宣传单发放等,让医院的医护人员和患者了解你的专业背景和服务内容,也可增加接触案源的机会。

在医院周围进行广告宣传:在医院周围张贴广告、发放宣传单等方式,可以让更多的人了解你的律师服务,并有可能引来案源。但需要注意的是,这种方式需要符合相关法规规定,不能过度宣传或扰乱医院秩序。

需要注意的是,在接触患者或医护人员时,律师需要严格遵守职业道德规范,不能向他人诱导或强迫提供案源。

3.司法鉴定所鉴定人

一般来说，司法鉴定所的鉴定人员不会直接向律师介绍案源。但是，律师可以通过以下方式获取司法鉴定所的鉴定意见和相关资料，以获得案源。

律师可以通过当事人委托或者法院指定的方式，申请司法鉴定。

律师可以向当事人或者法院申请调取司法鉴定机构出具的鉴定意见和相关资料。

律师可以向司法鉴定机构申请获取已经公开的司法鉴定意见和相关资料。

律师可以加入当地律师协会，通过律师协会与司法鉴定机构建立联系，获得相关信息和案源。

需要注意的是，在获取司法鉴定所的鉴定意见和相关资料时，需要遵守相关法律规定，保护当事人隐私权和商业机密。同时，律师应该保持专业和诚信，不得利用职权和专业知识谋取不当利益。

四、善于从旧案件中发现新案件、新业务

律师要有工匠精神，不要抱着"差不多就行了"的心态处理案子。认真做好每一单案子后，如当事人满意，会留下你的联系方式，有事也会首先想到你。这些案件也是业务来源之一。如果你担任企业的法律顾问，顾问单位也会有很多延伸业务，这些业务会源源不断地出现。

青年律师可以多承接刑事案件，不仅因为他们年轻可以做到更好，更重要的是通过办理刑事案件，青年律师可以顺其自然地承接与其相关的附带民事诉讼案件。根据我国《中华人民共和国刑事诉讼法》第一百零一条和第一百零四条的规定，刑事诉讼中的被害人由于被告人的犯罪行为而遭受物质损失的，在刑事诉讼过程中，有权提起附带民事诉讼。该附带民事诉讼同刑事案件由同一审判组织一并审判。在审理刑事附带民事诉讼的案件中，刑事和民事一同审判，这是具有中国特色的重要审判制度，能够更好保护受害人的合法权益，同时又节约了诉讼成本。实践中，我国目前大部分的刑事案件都会涉及附带民事诉讼赔偿的问题。根据律师的收费规定，即使是刑事附带的民事诉讼，也是按照民事诉讼的收费标准来收取律师费。如果我们的青年律师承接了刑事案件，就可以在同一审判过程中为被害人代理民事诉讼，一个案件两项业务，既增加了这部分民事案源，又增加了律师的收入，实现规模效应。

五、参与律师协会的交通事故专业委员会、专门委员会，在交通事故领域成为权威或者专家

作为律师，专业水平必不可少，这是律师生存最基本的功底。律师在达到一定工作年限以后，要积极参加交通事故专业委员会、专门委员会。参加这些委员会以后，经常参加活动，可以在短时间内提升自己的专业水平，拓宽视角，并提高自己的社会美誉度。如持续并

积极参加省级或全国论坛、学术交流会，并发表高质量的论文，同时理论结合实际，那么你很有可能就是该领域的专家级人物或领军人物，案件也会随之而来。

六、传统媒体(电视、电台、报纸、杂志)以及新型媒体(网络媒体、个人网站、律师所网站、微信公众号、微博、博客)的营销

传统媒体因其历史原因，在宣传方面的强大优势不可忽视。中央电视台有一句广告词："要相信品牌的力量!"所以青年律师要充分利用传统媒体，对自己进行全方位的、专业方面的宣传。如果一个律师能做到"报纸上有名字、电台里有声音、电视上有出镜"，那会是一种很好的互动宣传。新型媒体尤其是自媒体的崛起，也是很好的宣传阵地，可以很好地宣传和营销自己，但要花时间和精力好好打造。新媒体包括朋友圈、微信公众号等是最新型宣传工具，具有传播速度快等特点。

1.加入微信群

微信推出的当年，其用户数量已突破5000万人，根据腾讯公司2020年公布的财报信息，截至2020年底，微信月活用户已经达到12.25亿人，堪称国民使用度最高的App，是国内社交软件第一巨头。另外，微信用户在使用微信功能时不需要支付任何的费用。基于其广泛性和免费性，青年律师可以很好地利用微信工具，加入一些微信群进行自我宣传，特别是群成员大多为本地的生活沟通群，既不会产生什么费用，同时也扩大了自己的知名度。

2.加入一些QQ群、TM群

QQ群是腾讯公司最早推出的一个多人聊天互动的公众平台，在群内除了聊天，腾讯还提供了群空间服务，在群空间中，用户可以使用群BBS、相册、共享文件、群视频等方式进行交流。尽管这些年腾讯的很多用户被微信所抢占，但是QQ在国内的社交软件市场仍然占据重要地位，尤其是年龄稍大的消费者仍然习惯性使用QQ作为社交通信工具。根据腾讯公司2020年公布的财报信息，截至该年底，腾讯QQ的用户量为5.94亿人。虽然QQ现在的用户数量规模在不断缩小，但是基于其庞大的用户基数和免费使用的特性，青年律师仍然可以充分利用好该免费的宣传平台来开拓自己的案源。

3.微信公众号宣传

微信公众号是开发者或商家在微信公众平台上申请的应用账号，是一种主流的线上线下微信互动营销方式。微信公众号包括订阅号和服务号，针对已关注的粉丝形成一对多的精准信息推送，推送的形式多样化，包括文字、语音、图片、视频等。青年律师可以利用该平台，发布社会公众关注较多的关于法律热点问题的文章、法律点评，对于生活中百姓碰见较多的法律问题进行简单的普法宣传等，这些大众比较关注的、能吸引人眼球的法律文章的传播效果也是很好的。

4.微博宣传

微博在几年前曾经红极一时，很多名人都开设微博，并在微博上与社会公众进行互动。

青年律师也可以利用该免费渠道,撰写微博,向不特定的人群宣传法律和自己,以便客户找上门来。也可以通过微博上的话题互动为潜在客户提供免费的法律咨询解答。

5.抖音、快手等短视频宣传平台

目前,抖音、快手等短视频异常火爆,我们已经悄然进入了短视频的时代。无论是小学生还是退休赋闲在家的老人,抑或忙碌的上班族、居家的全职主妇,除了睡觉和工作时间,只要得空就会刷手机短视频。青年律师可以充分用好该平台,如选择适合自己的形式拍摄音乐短视频、剧情故事、法律知识小课堂等,制作自己的宣传作品并分享给平台上的用户,既实现了公益宣传又能为自己吸引客户。

6.搜索引擎推广

搜索引擎推广是指通过搜索引擎优化、搜索引擎排名以及研究关键词的流行程度和相关性,在搜索引擎的结果页面取得较高的排名的营销手段。搜索引擎在通过程序来收集网页资料后,会根据复杂的算法(各个搜索引擎的算法和排名方法是不尽相同的)来决定网页针对某一个搜索词的相关度并决定其排名。当客户在搜索引擎中查找相关产品或者服务的时候,通过专业的搜索引擎优化的页面通常可以取得较高的排名。相比上述几种宣传方式,搜索引擎推广见效要更快些。包括我们自身在内,现在已经形成一个习惯,只要是自己不了解的,就会上网通过搜索引擎去初步查找资料,然后再深入分析和思考。据百度统计,全国95%的网民都在用搜索引擎,光百度每天就要接受数亿次搜索请求。可想而知,当客户遇到法律问题需要找律师,一时又不知道哪位律师更好的时候,就会首先选择在网上搜索。目前市面上用得比较多的互联网搜索引擎主要有百度搜索、360搜索、搜狗搜索等。不同的搜索引擎,其用户不一样,收费也不一样。青年律师可以根据自己的需要选择最优的、最适合的搜索引擎做推广,把广告费用得恰到好处。

7.网站宣传

如今,大部分公司都有自己的网站、网页,以此来展示公司的特色和自己产品的优点。律师事务所作为法律服务的营利机构,也需要通过网站展示本所的形象和业务专长,便于客户找到自己、了解自己。纵观目前各大律所网站,大多数属于展示性的网站,往往是对律所的律师擅长的业务领域、有何成功案例、有何学术成果等进行展示。以网站方式营销推广自己,最大的好处就是可以通过各种资料全面展示律师、包装律师,使得客户对律师的专业服务有深入的了解,能够根据展示内容找到适合自己需求的律师。同时,在网站上宣传自己时,律师要结合自身的专业领域强项、学历、工作经历、性格等进行全面分析。特别要注意的是,在网站宣传时一定要把自己的专业强项凸显出来,体现为在某一领域的专家,这样才能体现网站宣传的价值,才能让我们从众多律师中脱颖而出。网站建好后,还得把网站宣传出去,也就是网络推广。比如,各种网络付费广告、竞价排名、千人成本(Cost Per Mille,CPM)、每点击成本(Cost Per Click,CPC)广告。百度竞价、搜狗、搜狐竞价等是常用方式,可以让我们律师和律师事务所的服务出现在搜索引擎中。再精美的网站如果束之高阁、孤芳自赏,也不会带来开拓案源的功效,必将失去建网站的意义。

8.开设与运营各种其他自媒体账号

青年律师从业之初有大量的时间可以投入到营销中,我们可以在企鹅、网易、头条、知乎、博客等各大自媒体上开设账号、宣传自己。青年律师不仅需要扎实的专业知识,更需要广泛营销自己,而且是有目的、有针对性、有规划地营销自己。从传播渠道选择而言,我们可以选择头条、企鹅、网易等越来越受到大量法律从业者喜爱的自媒体。对于刚入行的律师,没经验、没资历、没人脉、没资金,利用各大自媒体进行内容营销是提升知名度的好机会,对于个人知名度的提升会有一定帮助。

七、参加各类沙龙、培训、研讨会、交流会、聚会、商会、座谈会

律师应当成为社会活动家,积极参加各种社会活动,并多结交朋友,进行大胆发言。高质量的发言总能给别人留下美好而专业的印象。有一次,一位律师说他在参加交流会、座谈会以后,由于表现出色,立马就接到了两单法律顾问业务,如此高效的营销,你值得拥有。

全国各地抱团发展的商会、同乡会非常多,如能以适当的机会进入,比如担任商会志愿律师、免费法律顾问等,往往会接触到很多的企业资源,案子也就来了。律师可以借助这些会议,在会上发发名片、发发言,借此机会让更多的人认识你、知道你,以此扩大自己的知名度,这样不仅不花钱还起到了广告宣传作用,可能产生现实或潜在效益。青年律师通过做广告宣传自己是解决职场初期案源问题的一个较好方法,但是在广告营销中还要注意一些关键细节,切不可剑走偏锋、因小失大。比如,广告宣传时一定要坚守法律底线,不可为了达到营销目的,夸大事实、捏造案例、虚假宣传或者是诋毁同行律师、恶意竞争等。

八、参与公益活动、社区活动、普法咨询、法律援助、工会法律服务、各级党政机关的法律咨询类活动

参与公益活动、社区活动、普法咨询、法律援助、工会法律服务、各级党政机关的法律咨询类活动是非常好的宣传渠道,既无须自己花钱,也无须自己去推广,媒体在报道这些事迹时,顺带也将你推到了大众面前。

公益法律服务是低收费、免费甚至是倒贴钱的法律服务,如果客户知道你是一名热衷于公益事业的律师,是一名切切实实为老百姓办事的律师,客户对你的个人评价、信赖度都会较高。青年律师刚步入社会时做公益律师最好的途径之一就是去做免费的专题普法讲座。尽管我们国家的法治建设在日趋加强,社会公众的法治意识在逐步提升,但是普通民众能享受到的法律资源还是很匮乏的,能够获得的专业的法律服务还是很有限的。一个省,数十万名的律师中,真正走入百姓群体中开展法律服务的还是比较少的。青年律师最

大的优势就是年轻,他们有大量的时间可以为公众和小企业做点实事,并借此沉淀自己。青年律师可以利用节假日等时间,到居民社区开展法律宣传和义务咨询服务,以扩大自己的影响面。在进行义务咨询活动时,可以考虑事先制作一些醒目而简单的横幅和律所及律师个人的宣传资料,在现场分发这些宣传资料。也可以考虑在人流密集的批发市场、大型综合商场、大超市等摆摊提供免费法律咨询服务,通过免费解答法律问题,有时可能会收获一些意外的案源。青年律师还可以利用闲暇时间为中小学生开展普法专题讲座。如今,有很多校园法律问题频发,引起家长、学校、社会的关注。此外,很多青少年缺乏法律知识,不懂自我保护,很容易受到伤害,甚至受到伤害还不敢声张。通过公益讲座,让青少年学会保护自己。这样的公益事业,也体现了律师的个人价值和社会价值。另外,青年律师可以通过中小企业联合会等协会机构,常到小公司和小企业中走走,为这些亟须法律服务的起步企业提供免费的法律讲座和法律服务。除了诉讼外,一些内控制度的建设、风险的防范、合同的规范、劳动纠纷的处理等,都可以成为我们服务的内容。如果这些企业成长了,未来必将成为我们很好的客户。这些企业将是通向其他大企业的桥梁,并且是最好的桥梁,多到中小公司做些普法宣传方面的工作,客户和案源会慢慢多起来。

根据国务院《法律援助条例》的规定,"律师应当依照律师法和本条例的规定履行法律援助义务,为受援人提供符合标准的法律服务,依法维护受援人的合法权益,接受律师协会和司法行政部门的监督"。青年律师作为业内新人,更是要当仁不让地做好法律援助工作。首先,青年律师要积极参与法律援助工作,并将其当作一项长期的工作来要求自己。由于法律援助案件是政府拿钱来补助,律师的收费相对要低很多,因此有些青年律师参与法律援助的积极性并不高,甚至狭隘地认为"法律援助都是费力又赔本的活儿",这种认识实际上是错误的。作为刚入行的新人,很多青年律师都苦于没有案源,虽然法律援助案件的费用低,但是有案子可以锻炼自己并且能增加收入,何乐而不为呢?通过法律援助多做几个公益案件,也是提升自己的大好机会。其次,青年律师要做有情怀的法律援助律师。法律援助是一项充满爱和传播爱的工程,通过免费的法律救济,让贫苦的百姓能请得起律师,打得起官司,更好地通过法律手段维护自己的权益。笔者之前在做法律援助案件时,接触到的当事人都是弱小的、无助的,对他们而言,法律援助就是唯一的希望,是公平和正义的象征。几年前,笔者曾代理了一起交通事故损害赔偿的法律援助案件。受害人是一对夫妻,无子女,女方是残疾人,男方在工地做散工,男方下班回家的路上遭遇交通事故被撞,后抢救无效死亡。法院一审判决肇事者赔偿138万元。肇事者不服上诉,要求少赔80万元,理由是死者为农村户口,应按农村标准赔偿。受害人当时又气又急,突然之间失去了唯一的老伴,家里也无劳动力,赔偿金就是女方今后生活的主要经济来源,如果法院改判,她的生活将异常艰难。案件的争议焦点在赔偿金的计算标准,到底是按城镇标准还是农村标准计算。为了能够帮到受害人,笔者多次到法院、受害人户籍地村委会、现在居住地寻找线索,拿到了受害人在城镇居住已满一年的证据和土地被征用的证据。虽然他的户籍登记地在农村,但他的土地被征用,且在城镇生活工作,属于"人户分离"的失地农民。此外,笔者还调取了相关证据证明受害人的主要收入来源是陆陆续续的零散工收入。法院最终采纳了笔者的代理意见,判决驳回肇事者的上诉,维持原判。拿到判决书时,女方忍不住激动地哭了。笔者当时触动很深,这次法律援助让笔者深刻理解了法律援助的价值和律师的价值。青年律师可以利用好时间多做法律援助,用我们的专业知识为老百姓做一些力所能及的法律服务,既维护了他们的合法利益,又提高了自己的社会知名度。身为律师,应当有天生的正义感、责任心,能够路见不平、拔刀相助。法律援助充分体现了律师的执业价值。它既为青年律师解决生计问题,又让每个当事人感受到社会的阳光和公平正义,也提升了律师的知名度并树立了良好口碑。

九、发表交通事故专业性文章、著作

前面已讲到,要多利用报纸发表自己的观点。除此以外,还要在报纸上发表专业性文章,如法律分析、案例点评等。

青年律师在日常的工作和受托处理法律事项的过程中,可以稍微留点心,将自己在处理案件时所思考的东西写出来,用笔记录下这些点点滴滴,把实践经验升华到一定的理论高度,然后将这些日常积累的思想出版成书或汇编成册。通过这种方式不仅可以打造自己的个人品牌,提升自己的知名度,容易吸引到客户,也可以使你在同行业中脱颖而出。笔者在工作中经常会把自己承办的一些特殊的案件整理出来,写成一些小文章发表到业内的刊物上,既是与同行业分享经验,也是抛砖引玉提升自己。我们也一直鼓励所里的青年律师一定要尽可能地把自己办案的感悟整理成文章,彼此分享思想。出书主要有两大目的:一是通过与出版社合作公开出版发行自己的作品,在销售图书的同时,分享自己的经验和思想,接受业界的批评和指正;二是把自己的零散作品汇编成册,根据客户的不同需求,有针对性地赠送,这会让当事人感觉你是一个有思想、有深度、有高度的律师,会对你刮目相看,更有利于案件的委托。

十、选好你的师父律师

每个青年律师在刚开始从事律师职业的时候,都会有一个师父律师领着你前行,告诉你怎么做案子,怎么处理人际关系,怎么与法官沟通,怎么处理好与当事人的关系等,有些师父律师会手把手地、毫无保留地教授徒弟律师,当然也有师父律师可能忙于自己的业务而无暇过问徒弟律师的进步问题。根据本人的经验,青年律师在从业之初,需要选好一名适合自己的师父律师,并且在羽翼未满的时候"用"好你的师父律师,使自己尽快地成长。尤其是对于一些个人能力比较弱、沟通能力有所欠缺、孤身异地执业的青年律师,他们在实施我们前面所总结的这些律师取得案源的方法时可能会遇到很多困难,或者奏效很慢。这个时候,找一个好的师父律师就显得比较现实和重要了。我们可以通过师父律师来给我们介绍案源。

当然,开拓案源的方法还有很多种,适合自己的就是最好的。因此,要根据自己的具体情况,找到最适合自己成长和运用的方法,不可盲目地照搬。

参考文献

［1］中国法制出版社.中华人民共和国道路交通法律法规全书［M］.北京:中国法制出版社,
2021.

［2］国家法官学院,最高人民法院司法案例研究院.道路交通纠纷裁判规则理解与适用［M］.
北京:中国法制出版社,2023.

［3］国家法官学院,最高人民法院司法案例研究院.保险纠纷裁判规则理解与适用［M］.北
京:中国法制出版社,2023.

［4］常亚楠.最高人民法院道路交通事故司法解释精释精解［M］.北京:中国法制出版社,
2020.

［5］寿宝金.保险法实务应用全书——操作要点与案例指引［M］.北京:法律出版社,2019.

［6］关升英.道路交通事故赔偿纠纷［M］.北京:法律出版社,2016.

［7］李丽莉.道路交通事故车体痕迹鉴定［M］.北京:科学出版社,2017.

［8］庞哲学.交通事故索赔实战策略［M］.北京:法律出版社,2020.

［9］音邦定,范大平.致青年律师的信——律师如何开拓案源［M］.北京:台海出版社,2021.